21世纪

世纪

经济管理精品教材

管理科学
与工程系列

U0394020

数据库原理
与实验指导

吴冰　徐德华 ◎编著

清华大学出版社

北京

图书在版编目(CIP)数据

数据库原理与实验指导/吴冰,徐德华编著.--北京:清华大学出版社,2017

(21世纪经济管理精品教材.管理科学与工程系列)

ISBN 978-7-302-47182-0

Ⅰ.①数…　Ⅱ.①吴…②徐…　Ⅲ.数据库系统-高等学校-教材　Ⅳ.①TP311.13

中国版本图书馆 CIP 数据核字(2017)第 096291 号

责任编辑:吴　雷
封面设计:李召霞
责任校对:宋玉莲
责任印制:何　芊

出版发行:清华大学出版社

网　　　址:http://www.tup.com.cn,http://www.wqbook.com

地　　　址:北京清华大学学研大厦 A 座　　　　　邮　　编:100084

社　总　机:010-62770175　　　　　　　　　　邮　　购:010-62786544

投稿与读者服务:010-62776969,c-service@tup.tsinghua.edu.cn

质量反馈:010-62772015,zhiliang@tup.tsinghua.edu.cn

课件下载:http://www.tup.com.cn,010-62770175-4506

印　装　者:三河市少明印务有限公司

经　　　销:全国新华书店

开　　　本:185mm×260mm　　　印　　张:22.25　　　字　　数:461 千字

版　　　次:2017 年 5 月第 1 版　　　　　　　　印　　次:2017 年 5 月第 1 次印刷

印　　　数:1～3000

定　　　价:49.00 元

产品编号:071825-01

数据库技术是现代信息科学与技术的重要组成部分,是计算机数据处理与信息管理系统的核心。尤其在信息技术高速发展的今天,数据库技术的应用深入到了社会的各个领域,学习和掌握数据库知识非常必要。本书主要面向非计算机专业学生,通俗易懂、应用性强,有助于学生全面、系统地掌握数据库基础知识,并能结合所学专业开发具有应用价值的数据库管理系统。

SQL Server 是微软公司的关系型数据库系统产品,在 20 世纪 80 年代后期开始开发,先后推出了多个版本。目前,SQL Server 2012 成熟且具有众多的新特性,已成为数据库管理系统领域的引领者。SQL Server 2012 作为微软公司的信息平台解决方案,不仅延续现有数据平台的强大能力,全面支持云技术,提供对企业基础架构最高级别的支持,还提供更多、更全面的功能,以满足不同人群对信息的需求,因此许多高校均将其列入教学内容。

数据库原理与应用是普通高等院校非计算机专业的一门应用型专业基础课,它的主要任务是研究数据的存储、使用和管理,讲解数据库的基本原理、方法和应用技术,使学生能有效地使用现有的数据库管理系统和软件开发工具设计和开发数据库应用系统。

结合数据库原理与应用技术的最新发展,本书全面讲述了数据库的基本原理和 SQL Server 2012 的应用,共包含 4 部分内容:一是数据库基础部分;二是 SQL Server 2012 部分;三是以 VB. NET 为前端设计工具、SQL Server 2012 作为数据库平台的数据库应用开发部分;四是 SQL Server 2012 上机实验部分。各部分的内容概述如下。

1. 数据库基础部分。第 1 章数据库技术概述,通过引入一个简单的数据库应用系统,概述数据库和数据库系统的组成、数据库系统的体系结构、数据库系统的发展和常见的关系型数据库系统。第 2 章关系数据库,概述关系模型、数据库系统设计的基本过程和数据库规范化基础。

2. SQL Server 2012 部分。第 3 章 SQL Server 数据库,介绍了 SQL Server 2012 的组成、SQL Server 2012 数据备份与恢复和 SQL Server 2012 数据库安全性管理。第 4 章 SQL Server Management Studio 管理数据库,建立与维护数据库、数据表和索引。第 5 章关系数据库标准语言 SQL,简介 SQL、数据定义语言、数据操纵语言、数据查询语言和视图的操作。第 6 章数据库编程,介绍 Transact-SQL 语言基础、存储过程、触发器和游标。

3. 数据库应用开发部分。第 7 章 VB. NET 程序设计基础,介绍了 VB. NET 基本概念、VB. NET 可视化界面设计、VB. NET 基本语法和程序调试。第 8 章 ADO. NET 数据访问技术,简介了 ADO. NET、ADO. NET 的数据访问对象、DataSet 对象、数据绑定方式、DataView 对象和 DataGridView 对象。第 9 章数据库应用系统开发案例,讲解需求分析、设计与实现数据库、设计与实现系统、系统测试以及形成应用系统开发文档。

4. SQL Server 2012 上机实验部分。第 10 章实验指导包括初识 SQL Server Management Studio、SQL 数据定义语言、SQL 数据操纵语言、使用 SQL 语句实现单表查询、使用 SQL 语句连接查询和嵌套查询、使用 SQL 语句创建与更新视图、流程控制语句、使用 T-SQL 语句创建与更新存储过程、使用 T-SQL 语句创建与更新触发器、建立 VB. NET 和数据库的连接以及数据库应用系统设计。

本书以培养应用型和创新型数据库技术人才为目标,结合作者多年教学实践、教学改革以及应用实践编写而成,具有以下特点。

1. 实例贯穿始终。以 SQL Server 2012 为数据库管理系统平台,引入学生熟悉的系统为示例贯穿始终,以对实例的分析解决为主线,将分散的知识点通过实例融合在一起,使学生更容易理解和掌握不同知识点的应用环境,从而加深对知识点的掌握程度,并提高应用的灵活性。

2. 体系完整、条理清晰。以 SQL Server 2012 为数据库管理系统平台,分别从理论、实例、实训和综合案例的角度,系统地介绍数据库的基本原理、SQL Server 数据管理和使用方法以及数据库系统的开发方法,内容全面,知识点丰富,有助于读者理解、掌握与应用数据库。

3. 任务驱动,注重实践。紧扣理论知识点,附有小结、习题和上机实践,方便读者更加深入地进行学习。本书的系统开发案例,将数据库原理与应用技术融入实际案例中,强调实践性,突出实用性,让读者系统地体验从数据库规划设计到数据库运行维护的全过程。

4. 图文并茂。本书由浅入深、循序渐进,反映新概念、新技术,用精选的图表以及大量的截图来阐述知识内容,有助于读者加深概念理解、巩固知识和掌握要点;力求图文并茂,清晰展现概念、理论以及操作方法,使读者易于学习和掌握,逐步培养读者的学习兴趣,为实践教学打好基础。

为了便于教学,本书提供了丰富而完整的教学和学习资源,包括 PPT、课后习题答案、例题样本数据库和例题源代码等。

本书由同济大学经济管理学院吴冰、徐德华编著,编者感谢同济大学经济管理学院的研究生陈小慧、卢彦君、杜宁和陈雯霞同学在本书编写过程中做了大量的资料整理和录入工作。

由于水平有限,书中难免有不妥之处,敬请广大读者和专家学者批评指正。

编 者

2017 年 3 月

目 录 S
contents

第 *1* 章　数据库技术概述

本章通过网上购物系统示例，引入数据库系统；介绍数据库系统的组成、数据管理技术的发展历程和常见的关系型数据库系统，为数据模型的建立打下基础。

1.1　数据库示例及概述

1.1.1　应用系统示例

本节以网上购物系统为例，介绍数据库应用系统。

网上购物系统主要有以下功能。

1. 系统登录

系统登录界面如图 1.1 所示，请思考：

问题(1)：系统如何判断所输入的用户名和密码正确？

图 1.1　系统登录界面

2. 商品信息的录入、修改、删除和查询

商品信息管理界面如图 1.2 所示,请思考:

问题(2):商品信息的维护由谁负责?

问题(3):商品信息更新后,为什么客户能及时得到更新后的商品信息?

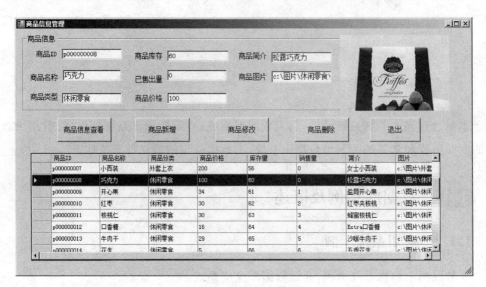

图 1.2　商品信息管理

以上问题的答案如下。

问题(1):所有用户名和密码都存储在数据库中。网上购物系统只是一个应用程序,处理的数据必须从特定的数据源中提取,这个数据源就是数据库。

问题(2):商品信息的维护由商家根据实际进货、库存和销售情况完成。

问题(3):虽然客户和商家分布于不同的地理位置,但是他们通过网络共享数据库中的信息,操作对象是相同的。因此,商品信息会随着商家的更新而及时发生变化。

1.1.2　数据库概述

1.1.1 节的网上购物系统示例,充分展示了随着计算机与网络的普及,数字技术正改变人类赖以生存的社会环境,并因此使人类的生活和工作环境具备了更多的数字化特征。计算机技术的发展为科学有效地进行数据管理提供了先进的工具和手段,用计算机管理数据的方法已经渗透到社会的各个领域。

1. 数据与信息

数据是数据库系统研究和处理的对象,是用来记录信息的可识别的符号。数据用型和值来表示。数据的型是指数据内容存储在媒体上的具体形式(例如,姓名、地址);值是

指所描述的客观事物的本体特性(例如,周四、上海市静安区)。数据在数据处理领域中涵盖的内容非常广泛,不仅包括数字、字母、文字等常见符号,还包括图形、图像、声音等媒体数据。

信息是消息,通常以文字、声音或图像的形式来表现。在软件开发过程中,所管理的很多文档中不同的数据条目通常附有相关的说明,这些说明就是起到了信息的作用。信息是反映客观世界中各种事物的特征和变化,并可借助某种载体加以传递的有用知识。

数据是信息的一种具体表示形式,信息是各种数据所包括的意义。信息可用不同的数据形式来表现,信息不随数据的表现形式而改变。例如,1980 年 10 月 1 日与 1980 - 10 - 01。信息和数据的关系是:数据是信息的载体,是信息的具体表现形式。

2. 数据处理与数据管理

数据处理是将数据转换成信息的过程,其根本目的就是从大量的、已知的数据中,根据事物之间的固有联系和规律,通过对数据的收集、转换和组织,数据的输入、存储、合并、计算和更新,数据的检索和输出等过程,提取出有价值、有意义的信息,作为决策的依据。

数据管理是数据处理的中心问题,一般情况下,数据管理应包括以下 3 方面内容。

(1) 数据组织和数据保存。为了使数据能够长期保存,数据管理工作需要将得到的数据合理地分类组织,并存储在计算机硬盘等物理介质上。

(2) 数据维护。数据管理工作要根据需要随时进行增、删、改数据的操作,即增加新数据、修改原数据和删除无效数据。

(3) 数据查询和数据统计。数据管理工作要提供数据查询和数据统计功能,以便快速准确地得到需要的数据,满足各种使用要求。

数据库系统的核心任务是数据管理,数据库系统已成为计算机应用的一个重要分支,下面将详细介绍数据库管理技术的产生和发展。

3. 数据库管理技术的产生和发展

1) 人工管理阶段

20 世纪 50 年代中期以前,计算机主要用于科学计算,相当于一个计算工具。当时的硬件状况是,外在只有纸带、卡片、磁带,没有磁盘等直接的存储设备,数据不保存在计算机内;软件状况是,没有操作系统,没有管理数据的专门软件;数据处理方式是批处理。数据的管理由程序员个人考虑安排,只有程序的概念,没有文件的概念;用户程序与物理地址直接关联,效率低,数据管理不安全灵活;数据与程序不具备独立性,数据成为程序的一部分,数据面向程序,即一组数据对应一个程序,导致程序之间大量数据重复。在人工管理阶段,应用程序与数据之间的对应关系可用图 1.3 表示。

2）文件系统阶段

从 20 世纪 50 年代后期到 60 年代中期，硬件方面已经有了磁盘、磁鼓等直接存取存储设备；软件方面，操作系统中已经有了专门的数据管理软件，一般称为文件系统；处理方式上不仅有了批处理，而且能够实时处理。所有文件由文件管理系统进行统一管理和维护。文件系统管理数据具有以下特点。

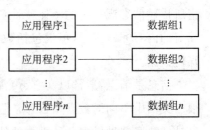

图 1.3　人工管理阶段应用程序
与数据之间的对应关系

（1）数据可以长期保存。由于计算机大量用于数据处理，数据需要长期保留在外存上反复进行查询、修改、插入和删除等操作。

（2）由文件系统管理数据。由文件系统进行数据管理，文件系统把数据组织成相互独立的数据文件。程序和数据之间由文件系统提供存取方法进行转换，使应用程序和数据之间有了一定的独立性，程序员可以不必过多地考虑物理细节，将精力集中于设计算法，而且数据在存储上的改变不一定反映在程序上，大大节省了维护程序的工作量。

文件系统阶段存在数据冗余性、数据不一致性、数据联系弱、数据安全性差、缺乏灵活性等问题。文件系统阶段应用程序与数据之间的对应关系如图 1.4 所示。

3）数据库系统阶段

自 20 世纪 60 年代后期以来，计算机管理的对象规模越来越大，应用范围越来越广，以文件系统作为数据管理手段已不能满足应用的需求，为解决多用户、多应用共享数据的需求，使数据为尽可能多的应用服务，出现了数据库技术和统一管理数据的专门软件系统——数据库管理系统（DBMS）。数据库系统阶段应用程序与数据之间的对应关系如图 1.5 所示。

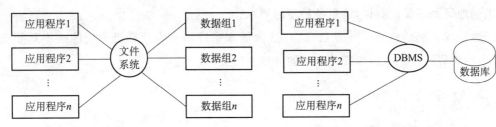

图 1.4　文件系统阶段应用程序与
数据之间的对应关系

图 1.5　数据库系统阶段应用程序与
数据之间的对应关系

从文件系统到数据库系统，标志着数据管理技术的飞跃，下面详细讨论数据库系统的组成。

1.2　数据库系统的组成

数据库系统（database system，DBS）一般由数据库（database，DB）、数据库管理系统

（database management system，DBMS）、应 用 系 统（application）、数 据 库 管 理 员（administrator）和用户（user）组成，如图 1.6 所示。

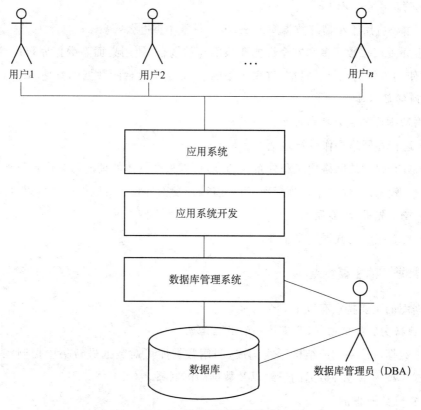

图 1.6 数据库系统的组成

数据库系统的查询过程可以概括为：用户通过应用系统输入查询条件，应用系统将查询条件转化成数据库查询命令并提交给数据库管理系统，数据库管理系统接收到查询命令后，解析执行命令并在操作系统的帮助下从数据库中提取数据返回应用系统，再由应用系统以直观友好的格式显示出查询结果。

1.2.1 数据库

数据库是按一定的数据模型组织、存储和使用的相关联的数据集合，不仅包括描述事物的数据本身，而且还包括相关事物之间的联系。

1. 数据库的分类

数据库可以分成两类：桌面型数据库和网络数据库。

1）桌面型数据库

桌面型数据库，其主要特点如下。

（1）主要运行在个人计算机上，操作系统通常为桌面型操作系统。

（2）没有或只提供有限的网络应用功能。

（3）提供功能较弱的数据库管理工具和功能较强的前端开发工具。

（4）管理简单，使用方便。

（5）主要应用于小型的数据库系统，满足日常小型办公需要。

对于并发用户数不多和安全性能要求不高的场合，使用桌面型数据库可以体现出管理简单、使用方便的优势。目前，许多小型的 Web 站点后台的数据库就是 Access。

2）网络数据库

网络数据库的主要特点如下。

（1）运行在网络操作系统之上。

（2）具有强大的网络功能和分布式功能，可以根据具体的情况组合成各种模式。

（3）一般来说，数据库系统管理工具、前端开发工具和后台数据库是可以分离的。

（4）技术先进，功能强大。

（5）具有完备的数据库安全性。

2. 数据库的主要特点

数据库的主要特点有以下 5 个方面。

1）数据实现集中控制，具有统一的数据结构

整个数据库按一定的结构形式构成，利用数据库可对数据进行集中控制和管理，并通过数据模型表示各种数据的组织以及数据间的联系。

2）实现数据共享

数据库系统从整体角度看待和描述数据，数据共享包含所有用户可同时存取数据库中的数据，也包括用户可以用各种方式通过接口使用数据库，并提供数据共享。用户可以同时存取数据且互不影响，大大提高了数据库的使用效率，同时数据共享可以大大减少冗余度、节约存储空间。

3）减少数据的冗余度

由于数据库实现了数据共享，从而避免了用户各自建立应用文件。减少了大量重复数据和数据冗余，维护了数据的一致性。

4）数据的独立性

数据的独立性包括数据的物理独立性和数据的逻辑独立性。

物理独立性指，用户的应用程序与数据库物理结构是相互独立的，当数据的物理结构改变时，可以保持数据的逻辑结构不变，从而应用程序也不必改变。

逻辑独立性指，用户的应用程序与数据库的逻辑结构是相互独立的，应用程序是依据数据的局部逻辑结构编写，即使数据的逻辑结构改变了，应用程序也不必修改。

5）具有安全控制机制

（1）安全性控制：数据的安全性是指保护数据，以防止不合法使用造成数据的泄密、

破坏、丢失、错误更新和越权使用,使每个用户只能按规定对某些数据以某些方式进行使用和处理。

(2)完整性控制:数据的完整性是指数据的正确性、有效性、相容性和一致性。完整性检查是指将数据控制在有效的范围内,或保证数据之间满足一定的关系。

(3)并发控制:当多个用户的并发进程同时存取、修改数据库时,可能会发生相互干扰而得到错误的结果或使数据库的完整性和一致性遭到破坏,因此必须对用户的并发操作加以控制和协调,使在同一时间周期内,允许对数据实现多路存取,又能防止用户之间的不正常交互作用。

(4)故障的发现和恢复:当计算机系统遭到硬件故障、软件故障、操作员误操作或恶意破坏时,可能会导致数据错误或数据全部、部分丢失,数据库必须及时发现故障和修复故障,从而防止数据被破坏。

1.2.2 数据库管理系统

数据库管理系统(database management system,DBMS)是指数据库系统中对数据库进行管理的软件系统,是数据库系统的核心组成部分,数据库的一切操作,如查询、更新、插入、删除以及各种控制,都是通过数据库管理系统进行。

数据库管理系统是位于用户与操作系统之间的系统软件。数据库管理系统在操作系统支持下运行,借助于操作系统实现对数据的存储和管理,使用户方便地定义数据和操纵数据,使数据能被各种不同的用户共享,并能够保证数据的安全性、完整性、多用户对数据的并发使用以及发生故障后的数据恢复。数据库管理系统与用户之间的接口称为用户接口,提供给用户可使用的数据库语言。

1. 数据库管理系统的主要功能

数据库管理系统种类很多,功能与性能方面存在一定的差异。通常,数据库管理系统的功能包含以下 6 方面。

1)数据库定义

通过数据库管理系统提供的数据定义语言对数据库的数据对象进行定义,实现全局逻辑结构、局部逻辑结构、物理结构定义以及权限定义等。

2)数据操作

通过数据操纵语言实现对数据库的各种操作功能,如查询、排序、统计、输入、输出、添加、插入、删除、修改等功能。

3)数据库运行管理

管理数据库的运行是数据库管理系统运行时的核心工作,包括对数据库进行并发控制、安全性检查、完整性约束条件的检查和执行、数据库的内部维护等。所有访问数据库的操作都要在这些控制程序的统一管理下进行，以保证数据的安全性、完整性、一致性以及多用户对数据库的并发使用、发生故障后的系统恢复。

4）数据组织、存储和管理

数据库中需要存放多种数据，如数据字典、用户数据、存取路径等，数据库管理系统负责组织、存储和管理这些数据，确定以何种文件结构和存取方式组织这些数据，如何实现数据之间的联系，以便提高存储空间利用率以及随机查找、顺序查找、增加、删除、修改等操作的时间效率。

5）数据库的建立和维护

建立数据库，包括数据库初始数据的输入与数据转换等。维护数据库，包括数据库的转储与恢复、数据库的重组织与重构造、性能的监视与分析等。

6）数据通信功能

数据库管理系统需要提供与其他软件系统进行通信的功能，具备与操作系统的联机处理、分时系统及远程作业输入的相应接口。例如，提供与其他数据库管理系统或文件系统的接口，从而能够将数据转换为另一个数据库管理系统或文件系统能够接受的格式，或者接收其他数据库管理系统或文件系统的数据。

2. 数据库管理系统的组成

为了提供上述 6 方面的功能，数据库管理系统通常由下列 4 部分组成。

1）数据定义语言及其编译程序

数据定义语言（data definition language，DDL）用于定义数据库和有关约束条件，通过数据描述语言编译器将其翻译成相应的内部表示，保存在数据字典中。

2）数据操纵语言或查询语言及其编译（或解释）程序

数据操纵语言（data manipulation language，DML）提供对数据库的数据进行检索、修改、插入和删除等基本操作。DML 分为宿主型 DML 和自主型 DML 两类。宿主型 DML 不能独立使用，必须嵌入主语言中，如嵌入 C、COBOL、FORTRAN 等高级语言中。自主型 DML 是交互式命令语言，语法简单，通常由一组命令组成，可以独立使用进行简单的检索、更新等操作。

3）数据库运行控制程序

数据库运行控制程序是数据库管理系统的核心，负责数据库运行过程中的控制与管理，包括系统初启程序、文件读写与维护程序、存取路径管理程序、缓冲区管理程序、安全性控制程序、并发控制程序、完整性检查程序、运行日志管理程序和数据库内部维护程序等，在数据库运行中监视着对数据库的所有操作，控制管理数据库资源，处理多用户的并发操作等。

4）实用程序

数据库管理系统通常还提供一些实用程序，包括数据初始装入程序、数据转储程序、数据库恢复程序、性能监测程序、数据库再组织程序、数据转换程序、通信程序等。数据库用户可以利用这些程序完成数据库的建立与维护，以及数据格式的转移与通信。

1.2.3 数据库管理员和用户

数据库管理员（administrator）和用户（user）主要指存储、维护和查询数据的各类使用者，可以分为以下 3 类。

1. 最终用户

最终用户（end user，EU）是应用程序的使用者，通过应用程序与数据库进行交互。例如，客户使用网上购物系统进行购物与查询时，客户就是最终用户。最终用户通过用户界面，使用数据库来完成其业务活动。

2. 应用程序员

应用程序员（application programmer，AP）是指开发数据库及应用程序的开发人员，通过编写应用程序，对数据库进行存取操作。数据库系统一般需要一个以上的应用程序员在开发周期内完成数据库结构设计、应用程序开发等任务；在后期管理应用程序，保证使用周期中对应用程序在功能及性能方面的维护、修改工作。

3. 数据库管理员

数据库管理员（database administrator，DBA）的职能是对数据库进行日常的管理，负责全面管理和控制数据库系统。每个数据库系统都需要有数据库管理员对数据库进行日常的管理与维护，数据库管理员的素质在一定程度上决定了数据库应用的水平，是数据库系统中重要的人员。数据库管理员的主要职责包括：设计与定义数据库系统；帮助最终用户使用数据库系统；监督与控制数据库系统的使用和运行；改进和重组数据库系统，优化数据库系统的性能；备份与恢复数据库；当用户的应用需求增加或改变时，数据库管理员需要对数据库进行较大的改造，即重新构造数据库。

1.2.4 数据库应用系统

数据库应用系统介于用户和数据库管理系统之间，是指在数据库管理系统提供的软件平台上，结合各领域的应用需求开发的程序。该程序将用户的操作转换成一系列的命令执行，例如，实现商品信息统计、在线购物等。这些命令对数据库的数据进行查询、插入、删除和统计等，应用系统将这些复杂的数据库操作交由数据库管理系统来完成。数据库应用系统可以采用客户—服务器（C/S）模式应用系统和三层客户—服务器（B/S）模式应用系统。

1. C/S 模式应用系统

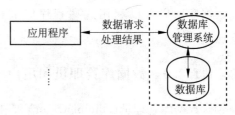

图 1.7 C/S 模式

客户—服务器(C/S)模式应用系统操作数据库方式如图 1.7 所示。由于应用程序直接与用户打交道,而数据库管理系统不直接与用户打交道,因而应用程序被称为"前台",数据库管理系统被称为"后台"。由于应用程序向数据库管理系统提出服务请示,通常称为客户程序(client);而数据库管理系统为应用程序提供服务,通常称为服务器程序(server),这种操作数据库模式称为客户—服务器(C/S)模式。

2. B/S 模式应用系统

基于 Web 的数据库应用采用三层客户—服务器模式,也称为 B/S 模式。第一层为浏览器,第二层为 Web 服务器,第三层为数据库服务器。浏览器是用户输入数据和显示结果的交互界面。用户在浏览器表单中输入数据,然后将表单中的数据提交并发送到 Web 服务器。Web 服务器应用程序接收并处理用户的数据,通过数据库服务器,从数据库中查询需要的数据并返回给 Web 服务器。Web 服务器再把返回的结果插入 HTML 页面,传送到客户端,在浏览器中显示出来。三层客户服务器结构如图 1.8 所示。

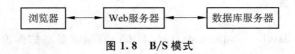

图 1.8 B/S 模式

1.3 数据库系统的体系结构

1.3.1 数据库系统的三级组织结构

数据库系统的一个主要功能是为用户提供数据的抽象视图并隐藏复杂性。美国国家标准委员会(ANSI)所属标准计划和要求委员会在 1975 年颁布了一个关于数据库标准的报告,通过三个层次的抽象,提出了数据库的三级结构组织,这就是著名的 SPARC 分级结构。三级结构将数据库的组织从内到外分三个层次描述,如图 1.9 所示,这三个层次分别为概念模式、外模式和内模式。

概念模式(以下简称模式)是对数据库的整体逻辑结构和特征的描述,是所有用户的公共数据视图,综合了所有用户的需求。一个数据库只有一个模式,并不涉及数据的物理存储细节和硬件环境,与具体的应用程序以及使用的应用开发工具无关。

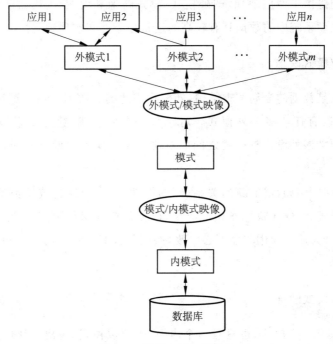

图 1.9 数据库的三级结构

外模式（或称子模式）通常是模式的一个子集。一个数据库可以有多个外模式,反映不同的用户的应用需求、看待数据的方式、对数据保密的要求;对模式中同一数据,在外模式中的结构、类型、长度、保密级别等都可以不同。外模式是数据库用户(包括应用程序员和最终用户)能够看到和使用的局部数据的逻辑结构和特征的描述,是与某一应用程序有关的数据的逻辑表示,一个应用程序只能使用一个外模式。

内模式（或称存储模式）具体描述了数据如何组织存储在存储介质上,是数据库在物理存储方面的描述,定义所有内容记录类型、索引和文件的组织方式,以及数据控制方面的细节。一个数据库只有一个内模式。

综上所述,3 个模式反映了对数据库的 3 种不同观点:模式表示了概念级数据库,体现了对数据库的总体观;内模式表示了物理级数据库,体现了对数据库的存储观;外模式表示了用户级数据库,体现了对数据库的用户观。总体观和存储观只有一个,而用户观可能有多个,有一个应用,就有一个用户观。三级模式的优点:保证了数据独立性;保证了数据共享性;方便了用户使用数据库;有利于数据的安全和保密。

1.3.2 三级模式之间的两层映像

数据库系统的三级模式是对数据的三个抽象级别,把数据的具体组织留给数据库管理系统管理,使用户能逻辑地、抽象地处理数据,而不必关心数据在计算机中的具体表示方式与存储方式。为了能够在内部实现这 3 个抽象层次的联系和转换,数据库管理系统在三级模式之间提供了两层映像,即外模式/模式映像和模式/内模式映像,正是这两层映像保证了数据库系统中的数据具有较高的逻辑独立性和物理独立性。

1. 外模式/模式映像

模式描述的是数据的全局逻辑结构,外模式描述的是数据的局部逻辑结构。对应于同一个模式,可以有任意多个外模式。对于每一个外模式,数据库系统都有一个外模式/模式映像,定义该外模式与模式之间的对应关系。这些映像定义通常包含在各自外模式的描述中。

当模式改变时(例如,增加新的关系、新的属性,改变属性的数据类型等),由数据库管理员对各个外模式/模式映像作相应改变,以使外模式保持不变。应用程序是依据数据的外模式编写的,所以应用程序不必修改,保证了数据与程序的逻辑独立性,简称数据的逻辑独立性。

2. 模式/内模式映像

数据库中只有一个模式,也只有一个内模式,所以模式/内模式映像是唯一的,它定义了数据为全局逻辑结构与存储结构之间的对应关系。该映像定义通常包含在模式描述中,当数据库的存储结构改变了,由数据库管理员对模式/内模式映像作相应改变,以使模式保持不变,从而应用程序也不必改变,保证了数据与程序的物理独立性,简称数据的物理独立性。

1.4 数据库系统的发展及研究领域

1.4.1 数据库系统的三个发展阶段

模型是数据库技术的核心和基础,因此,对数据库系统发展阶段的划分是以数据模型的发展演变作为主要依据和标志的。按照数据模型的发展演变过程,数据库技术从开始到现在短短的几十年中,主要经历了三个发展阶段:第一代层次和网状数据库系统、第二代关系数据库系统和第三代以面向对象模型为主要特征的数据库系统。

1. 第一代层次和网状数据库系统

1) 层次模型

现实世界中很多事物是按层次组织起来的,层次数据模型的提出就是为了模拟这种按层次组织起来的事物。最著名的层次数据库系统是 1969 年 IBM 公司研制的信息管理系统(information management system,IMS),迄今为止已经发展到 IMS 9。这个具有四十多年历史的数据库系统在如今的 Web 应用中仍扮演新的角色。

　　层次模型是最早出现的数据模型。由于现实世界中,很多实体之间的联系表现出层次特征,如行政管理的上下级关系、家庭中的父子关系等,使人们联想到使用层次关系组织实体。

　　满足两个条件的基本层次联系称为层次模型,如图 1.10 所示。

　　(1) 有且仅有一个结点无父结点,此结点就是树的根结点。

　　(2) 根结点以外的其他结点有且仅有一个父结点(也称双亲结点)。

　　在层次模型中,数据被组织成由"根"开始向下倒着生长的有向"树",树的每一个结点代表一个实体类型,每个结点由根开始沿着不同的分支放在不同的层次上。如果不再向下分支,则此分支序列中最后的结点称为叶子,有相同父结点的结点称为兄弟结点。

　　支持层次数据模型的数据库管理系统称为层次数据库管理系统,在这种系统中建立的数据库是层次数据库。

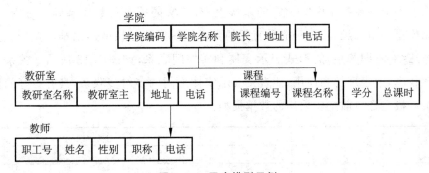

图 1.10　层次模型示例

2) 网状模型

　　现实世界中实体间的联系不仅是层次关系,更多的是互有交互的网状关系。由于使用层次模型不能直接描述网状关系,所以出现了网状模型。在 20 世纪 60 年代末和 70 年代初,美国数据系统语言协会下发的数据库任务组(database task group,DBTG)提出了若干报告,被称为 DBTG 报告。DBTG 报告确定并建立了网状数据库系统的概念、方法和技术,是网状数据库的典型代表。因为现实世界事物之间的联系更多的是非层次关系,所以用网状模型表示事物具有很大的优势。在数据库技术的发展史上,网状数据库系统占有重要地位。

　　满足下列两个条件的联系称为网状模型。

　　(1) 可以有一个以上的结点无父结点。

　　(2) 至少有一个结点有多于一个的父结点。

　　网状模型用有向图表示实体及其相互联系,图中的每一个结点代表一个实体型。网状模型可以方便地表示各种类型的联系,如图 1.11 所示。每个联系都代表实体之间一对多的联系,系统用单向或双向环

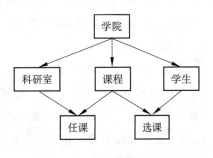

图 1.11　网状模型示例

形链接指针来具体实现这种联系。如果课程和选课人数较多，链接将变得相当复杂。网状模型的主要优点是表示多对多的联系具有很大的灵活性，这种灵活性是以数据结构复杂化为代价的。支持网状数据模型的数据库管理系统称为网状数据库管理系统，在这种系统中建立的数据库称为网状数据库。

2. 第二代关系数据库系统

1970 年，IBM 公司的 San Jose 研究试验室的研究员 E.F. Codd 发表了题为"大型共享数据库数据的关系模型"的论文，提出了关系数据模型，较好地解决了层次模型和网状模型存在的缺陷，开创了关系数据库方法和关系数据库理论，为关系数据库技术奠定了理论基础，并因此获得了 1981 年的 ACM 图灵奖。在 20 世纪 70 年代后，关系模型就取代层次模型和网状模型，占据了数据库市场的主导地位。

关系模型建立在数学中"关系"的基础上，有坚实的关系代数作基础。对用户而言，关系数据库是一组二维表，这种简单直观的数据组织形式很快就得以推广使用。关系模型用规范二维表（即关系）的形式表示实体和实体间联系，如图 1.12 所示。关系模型抽象级别比较高，便于理解和使用，能直接表示实体之间的多对多联系，具有更好的数据独立性。关系模型是目前主要采用的数据模型。

A_1	A_2	...	A_i	...	A_m
V_{11}	V_{12}	...	V_{1i}	...	V_{1m}
V_{21}	V_{22}	...	V_{2i}	...	V_{2m}
⋮	⋮	⋮	⋮	⋮	⋮
V_{n1}	V_{n2}	...	V_{ni}	...	V_{nm}

图 1.12 二维表

3. 第三代以面向对象模型为主要特征的数据库系统

自 20 世纪 80 年代以来，数据库技术在商业上的巨大成功刺激了其他领域对数据库技术需求的迅速增长。这些新的领域为数据库应用开辟了新的天地，并在应用中提出了一些新的数据管理需求，从而推动了数据库技术的研究与发展，衍生了一系列新型的数据库系统，统称为第三代数据库系统。第三代数据库系统继承了传统数据库的理论和技术，但又不是传统的数据库；在整体概念、技术内容、应用领域，甚至基本原理都有了重大的发展和变化。

第三代数据库系统的一个共同特点是支持面向对象模型，因此又称为以面向对象模型为主要特征的数据库系统。数据库技术与其他学科相结合，是第三代数据库系统的一个显著特征。在结合中涌现出各种新型的数据库，例如，数据库技术与分布处理技术相结合，出现了分布式数据库；数据库技术与多媒体处理技术相结合，出现了多媒体数据库；数据库技术与空间处理技术相结合，出现了空间数据库。

1）分布式数据库

物理上分布在不同的地方，通过网络互联，逻辑上可以看作一个完整的数据库称为分布式数据库。分布式数据库是数据库技术与网络技术相结合的产物，是数据库领域的重要分支。

分布式数据库的研究始于 20 世纪 70 年代中期。20 世纪 90 年代以来，分布式数据库系统进入商品化应用阶段，传统的关系数据库产品均发展成以计算机网络及多任务操作系统为核心的分布式数据库产品，同时分布式数据库逐步向客户机/服务器模式和浏览器/服务器模式发展。

分布式数据库的数据存储在物理上分布在计算机网络的不同计算机中，系统中每台计算机称为一个结点（或场地），在逻辑上是属于同一个系统。分布式数据库系统主要有数据的物理分布性、数据的逻辑整体性和结点的自主性等特点。

2）多媒体数据库

多媒体数据库是数据库技术与多媒体技术结合的产物。多媒体数据库提供了一系列用来存储图像、音频和视频的对象类型，能够更好地对多媒体数据进行存储、管理和查询。

从实际应用的角度，多媒体数据库管理系统具有如下基本功能。

（1）能够有效地表示多种媒体数据，对不同媒体的数据（如文本、图形、图像、声音等）能按应用的不同，采用不同的表示方法。

（2）能够处理各种媒体数据，正确识别和表现各种媒体数据的特征、各种媒体间的空间或时间关联。

（3）能够像其他格式化数据一样对多媒体数据进行操作，包括对多媒体数据的浏览、查询、检索，对不同的媒体提供不同的操纵，如声音的合成、图像的缩放等。

（4）具有开放功能，提供多媒体数据库的应用程序接口等。

3）空间数据库

空间数据是用于表示空间物体的位置、开头、大小和分布特征等诸方面信息的数据，适用于描述所有二维、三维和多维分布的关于区域的现象。空间数据库系统是描述、存储和处理空间数据及其属性数据的数据库系统。

1.4.2　数据库技术的研究领域

数据库学科的研究范围十分广泛，通常包括以下 3 个领域。

1. 数据库管理系统软件的研制

数据库管理系统是数据库系统的基础，提供了对数据库中的数据进行存储检索和管理的功能。数据库管理系统的研制包括研制数据库管理系统本身和以数据库管理系统为核心的一组相互联系的软件系统,包括工具软件和中间件。研制的目标是提高系统的可用性、可靠性、可伸缩性和性能。

2. 数据库设计

数据库设计的主要任务是在数据库管理系统的支持下,按照应用的要求,设计一个结构合理、使用方便、效率较高的数据库及其应用系统。其中主要的研究方向是数据库设计方法和设计工具,包括数据库设计方法、设计工具和设计理论的研究,数据模型和数据建模的研究,计算机辅助数据库设计方法及其软件系统的研究,数据库设计规范和标准的研究等。

3. 数据库理论

数据库理论的研究主要集中于关系的规范化理论、关系数据理论等。近年来,随着人工智能与数据库理论的结合、并行计算技术等的发展,数据库逻辑和知识推理、数据库中的知识发现、并行算法等成为新的理论研究方向。计算机领域中其他新兴技术的发展对数据库技术产生了重大影响。数据库技术与其他计算机理论的相互结合、相互渗透,使数据库中新的技术层出不穷,数据库的许多概念、技术内容、应用领域,甚至某些原理都有了重大的发展和变化,并建立和实现了一系列新型数据库系统,如分布式数据库系统、多媒体数据库系统和空间数据库系统等,使数据库技术不断地涌现出新的研究方向。

1.5 常见的关系型数据库系统

自 20 世纪 70 年代以来,数据库研究人员集中围绕关系数据库进行了大量的研究开发工作,关系数据库迅速得到广泛的应用。到目前为止,数据库技术的研究与应用绝大多数以关系数据库为基础,广泛使用的关系型数据库系统有 Microsoft 公司开发的 Access 和 SQL Server,Oracle 公司开发的 Oracle,它们均支持关系数据模型,又称为 RDBMS。

1.5.1 Access

Access 是 Microsoft 公司研制的随 Office 软件一起发行的优秀的桌面型数据库管理系统。Access 具有下列特点。
(1) 功能十分简单,只提供了最常见的数据库功能。
(2) 可以方便地与 Office 和 SQL Server 交换数据。
(3) 管理简单,使用方便。
(4) 可以满足日常的办公需要,也可以用来开发小型的数据库系统。

Access 有两个严重的缺点：一是网络功能很弱，不适合客户机较多的数据库系统；二是几乎没有安全措施。在客户机较少和安全性要求不高的场合，使用 Access 体现出较高的性价比。

1.5.2 SQL Server

SQL Server 是 Microsoft 公司研制的数据库管理系统。1988 年，Microsoft 公司与 Sybase 公司合作，开发了 SQL Server，运行于 OS/2 平台。1993 年，Microsoft 公司推出了 SQL Server 4.2，能在 Windows NT 操作系统下运行，但是功能较少。1994 年以后，Microsoft 公司开始独立开发，推出了一系列版本。最新的两个版本是 SQL Server 2012 和 SQL Server 2014。SQL Server 的主要特点有：

（1）只能在 Windows 操作系统上运行。SQL Server 因为与 Windows 操作系统紧密集成，所以许多性能依赖于 Windows 操作系统。

（2）简单易学，操作简便。

（3）具有很高的性价比。能够涉足企业 OLTP 和 OLAP 应用，并且获得较好的性能，但在高端企业级功能方面尚存不足；与 Oracle、DB2 相比价格低廉。

（4）最高的市场占有率。据有关方面对数据库技术人员的统计，SQL Server 有近 50% 的市场占有率。

1.5.3 Oracle

Oracle 是 Oracle 公司研制的数据库管理系统。1977 年，Larry Ellision、Bob Miner 和 Ed Oates 共同创造了软件开发实验室，承担的第一个项目被命名为 Oracle，意思是"智慧之源"。在三十多年的发展过程中，开发了一系列成功的数据库产品。最近的两个版本是 2007 年发布的 Oracle 11g 和 2012 年发布的 Oracle 12c。Oracle 的主要特点有：

（1）能在包括 Windows 操作系统在内的所有主流操作系统平台上运行。

（2）功能强大，运行稳定。

（3）安全性方面获得了最高认证级别的 ISO 标准认证。

（4）具有最丰富的网络功能，完全支持各种工业标准。

（5）Oracle 主要用于高端企业级。

1.5.4 MySQL

MySQL 是一种开放源代码的关系型数据库管理系统，目前属于 Oracle 旗下产品。MySQL 的主要特点如下：

（1）MySQL 采用了双授权政策，它分为社区版和商业版。

（2）使用最常用的结构化查询语言(SQL)进行数据库管理。

（3）其体积小、速度快、用户权限设置简单而有效。

（4）开放源码这一特点，受到了广大自由软件爱好者甚至是商业软件用户的青睐，一般中小型网站的开发都选择 MySQL 作为网站数据库。

（5）与 Apache 和 PHP/PERL 结合，为建立基于数据库的动态网站提供了强大动力。

本 章 小 结

本章介绍了数据库系统的组成、数据库系统的体系结构、数据库系统的发展及研究领域以及常见的关系型数据库系统。

数据库系统的组成包括数据库、数据库管理系统、数据库管理员和用户以及数据库应用系统。

数据库系统的体系结构由三级模式以及两层映像构成。

数据库系统的三个发展阶段：第一代层次和网状数据库系统、第二代关系数据库系统和第三代以面向对象模型为主要特征的数据库系统。

常见的关系型数据库系统有 Microsoft 公司开发的 Access 和 SQL Server、Oracle 公司开发的 Oracle 和 MySQL。

习 题

一、填空题

1. 数据库系统一般由（   ）、（   ）、（   ）、（   ）和（   ）五个部分组成。

2. 数据库管理系统是指（   ），它是位于（   ）和（   ）之间的一层管理软件。

3. 由（   ）负责全面管理和控制数据库系统。

4. 按照数据结构的类型来命名，逻辑模型分为（   ）、（   ）和（   ）。

5. 关系数据库是采用（   ）作为数据的组织方式。

二、简答题

1. 试述数据库、数据库系统、数据库管理系统的概念。

2. 数据库管理员的职责是什么？

3. 请举例说明以数据库为基础的应用系统。

4. 试述数据库系统的三级模式和两层映像。

第2章　关系数据库

本章首先系统讲解了关系模型。接着详细介绍了数据库系统设计的 6 个阶段，对于每一阶段，详细讨论了其相应的任务、方法和步骤。最后介绍了数据库规范化的相关概念，为在数据库逻辑设计阶段构造出规范化程度较高、能很好地反映现实世界的关系数据库模式提供基础。

2.1　关系模型概述

本节分析第 1 章示例的网上购物系统，如图 2.1 所示，详细介绍关系模型的基本概念。

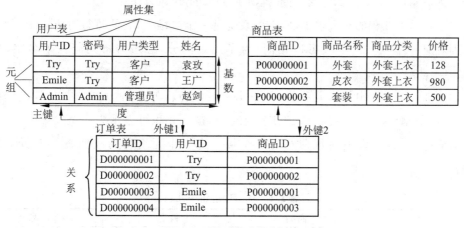

图 2.1　关系模型基本概念

2.1.1　关系模型的基本概念

1. 关系的数学定义

1) 域

定义 2.1　域是一组具有相同数据类型的值的集合。域中数据的个数称为域的基数。

例如，图 2.1 所示的用户关系表中，$D_1=\{$袁玫，王广$\}$，表示姓名的集合，基数是 2。$D_2=\{$外套，皮衣，套装$\}$表示商品名称的集合，基数是 3。

2）笛卡儿积

定义 2.2 给定一组域：$D_1,D_2,\cdots,D_n$，这组域的笛卡儿积（Cartesian Product）为

$$D_1 \cdot D_2 \cdot \cdots \cdot D_n=\{(d_1,d_2,\cdots,d_n) \mid d_i \in D_i, i=1,2,\cdots,n\}$$

集合中每个元素$(d_1,d_2,\cdots,d_n)$称为一个 n 元组（n-tuple），简称元组，通常用 t 表示。元组中的每个值d_i称为一个分量（component）。若$D_i,i=1,2,\cdots,n$ 为有限集，其基数（cardinal number）即元素个数为$m_i,i=1,2,\cdots,n$，则笛卡儿积$D_1 \cdot D_2 \cdot \cdots \cdot D_n$的基数为 $m=m_1 \cdot m_2 \cdot \cdots \cdot m_n$。

例 2.1 给定两个域：用户$D_1=\{$袁玫，王广$\}$，商品域$D_2=\{$外套，皮衣，套装$\}$，则这两个域的笛卡儿积为：$D_1 \cdot D_2=\{$（袁玫，外套），（袁玫，皮衣），（袁玫，套装），（王广，外套），（王广，皮衣），（王广，套装）$\}$。D_1,D_2的基数分别是 2,3，其笛卡儿积$D_1 \cdot D_2$的基数就是 $2\times3=6$，即一共有 6 个元组，每个元组的第一分量都取自于D_1，而第二个分量取自于D_2。

3）关系

定义 2.3 笛卡儿积$D_1 \cdot D_2 \cdot \cdots \cdot D_n$的子集称为在域$D_1,D_2,\cdots,D_n$上的关系，记为$R(D_1,D_2,\cdots,D_n)$。其中 R 表示关系名，n 是关系的度（degree）。

关系是笛卡儿积的有限子集，所以关系也是一个二维表，表的每行对应一个元组，表的每列对应一个域。由于域可以相同，为了加以区分，必须为每列起一个名字，称为属性。

例 2.2 例 2.1 中笛卡儿积为：$D_1 \cdot D_2=\{$（袁玫，外套），（袁玫，皮衣），（袁玫，套装），（王广，外套），（王广，皮衣），（王广，套装）$\}$，笛卡儿积可表示为一个二维表，表中的每行对应一个元组，表中的每列对应一个域。这 6 个元组可列成如表 2.1 所示的二维表。

表 2.1 D_1,D_2 的笛卡儿积

姓名	商品	姓名	商品
袁枚	外套	王广	外套
袁枚	皮衣	王广	皮衣
袁枚	套装	王广	套装

2. 关系模型

用二维表格表示实体及实体之间联系的数据模型称为关系模型（relation model），一个关系可以理解为一张满足某些约束条件的二维表。例如，第 1 章所列举的网上购物系

统中的用户表、商品表和订单表,其中的数据按二维表格的形式存放。

3. 属性

二维表中的列称为属性,每个属性必须有唯一的属性名。例如,图 2.1 所示的用户表有 4 个属性,分别为用户 ID、密码、用户类型和姓名,属性在表中可以按任意顺序存放。

4. 域

域是一组具有相同数据类型的值的集合。例如,性别的域是(男,女),用户类型的域是(客户,管理员)。

5. 元 组

元组是表中的一行。例如,图 2.1 所示用户表有 3 个元组,任何元组的顺序发生改变,关系不发生变化。

6. 度或目

度或目是一个关系中属性的个数,有 n 个属性的关系称为 n 元关系。例如,图 2.1 所示的用户表有 4 个属性,所以度为 4。

7. 基数

基数是一个关系中的元组的个数。例如,图 2.1 所示的用户表的基数为 3。

8. 候选键

在关系中能唯一标识元组的最小属性集为候选键(candidate key)。在一个关系中可能有若干候选键,当组成键的属性个数多于 1 个时,称为复合键(composite key)。候选键有两个性质:

(1) 唯一性(uniqueness):对于关系 R 的每个元组,候选键的值能唯一标识每个元组。

(2) 不可缩减性(irreducibility):在候选键中找不出子集具有上述的唯一性。

9. 主键

若一个关系有多个候选键,则可选定其中一个键为主键(primary key),包含在其中的属性称为主属性(primary attribute),所有主属性构成的集合称为主属性集;不包含在任何候选键中的属性称为非主属性(non-key attribute),所有非主属性构成的集合称为非主属性集。

在最简单的情况下,候选键只包含一个属性。在最极端的情况下,一个关系中的所有属性构成这个关系的候选键,称为全键(all-key)。例如,图 2.1 中用户表的用户 ID 是候选键,可作为主键,用户 ID 是主属性,密码、用户类型和姓名是非主属性。

定义 2.4 关系模式 $R(U)$ 中所有主属性构成的集合 P 称为 $R(U)$ 的主属性集,所有非主属性构成的集合 N 称为 $R(U)$ 的非主属性集。

例 2.3 在关系模式 S(用户 ID,身份证号,姓名,地址)中,用户 ID 和身份证号都是候选键,可选用户 ID 作主键,用户 ID 和身份证号是主属性,构成的集合{用户 ID,身份证号}为主属性集,姓名和地址是非主属性,构成的集合{姓名,地址}为非主属性集。

10. 外键

设 F 是基本关系 R 的一个或一组属性,但不是关系 R 的候选键。如果 F 与基本关系 S 的主键相同,则称 F 是基本关系 S 的外键(foreign key)。

定义 2.5 设有关系模式 $R(U)$,X 是 U 的子集。若 X 不是 R 的候选键,但 X 是另一个关系模式 S 的候选键,则称 X 是 R 的外键。

例如,图 2.1 所示的订单关系引用了用户关系的主键"用户 ID"和商品关系的主键"商品 ID",因此,"用户 ID"和"商品 ID"是订单关系的两个外键。

2.1.2 关系的性质

数据库中的关系应具有以下性质。

(1)每一列的分量来自同一个域,是同类型的数据。

例如:图 2.1 用户表中的姓名列{袁玫,王广,赵剑}是同类型的数据。

(2)不同的列可出自同一个域,称其中的每一列为一个属性,不同的属性要给予不同的属性名。

例如,图 2.1 用户表有 4 列,属性名分别为用户 ID、密码、用户类型、姓名。

(3)列的次序可以任意交换。由于列顺序是无关紧要的,因此在许多实际关系数据库产品中增加新属性时,永远是插至最后一列。

(4)行的次序可以任意交换。

(5)任意两个元组不能完全相同。

(6)分量必须取原子值,即每一列都必须是不可分割的数据项。

2.1.3 关系的数据模型

关系是关系模式在某一时刻的状态或内容,即关系模式是型,是静态的、稳定的;而关系是它的值,因关系操作在不断地更新数据库中的数据,所以关系是动态的、随时间不断变化。通常不严格区分关系模式和关系,而把它们统称为关系。关系的数据模型包含数据结构、关系操作和完整性约束三部分。

1. 数据结构

关系模型具有单一的数据结构——关系。现实世界的实体以及实体间的各种联系均用关系来表示，从用户角度看，关系模型中数据的逻辑结构是一张二维表。在关系模型中，二维表是关系数据库的单一的数据结构。例如，图 2.1 所示中用户表、商品表和订单表都是用二维表表示的。

2. 关系操作

关系模型的理论基础是集合论，所以关系操作的特点是集合操作，即操作对象和操作结果都是集合。在关系模型中常用的关系操作包括：选择（select）、投影（project）、连接（join）、除（divide）、并（union）、交（intersection）、差（difference）等查询（query）和插入（insert）、删除（delete）、更新（update）操作两大部分。其中，查询的表达能力是其中最主要的部分。

关系操作可以分为关系代数和关系演算两大类。关系代数是用对关系的运算来表达查询请求的方式，本书将在 2.1.4 节中详细介绍。关系演算是用谓词来表达查询请求的方式，关系演算又可按谓词变元的基本对象是元组变量还是域变量分为元组关系演算和域关系演算。关系代数和关系演算在表达能力上是完全等价的。关系代数和关系演算均是抽象的查询语言，这些抽象的语言与具体的数据库管理系统中实现的实际语言并不完全一样。但它们能用作评估实际系统中查询语言能力的标准或基础。

另外，还有一种介于关系代数和关系演算的语言，即结构化查询语言（structured query language，SQL），不仅具有丰富的查询功能，而且具有数据定义和数据控制功能，是集数据查询语言、数据库定义语言（data definition language，DDL）、数据操纵语言（data manipulation language，DML）和数据控制语言（data control language，DCL）于一体的关系数据语言。SQL 除了提供关系代数或关系演算的功能外，还提供了许多附加功能，如聚合函数、关系赋值、算术运算等，充分体现了关系数据语言的特点和优点，是关系数据库的标准语言，本书将在第 5 章详细介绍。

3. 完整性约束

关系模型的完整性规则是对关系的某种约束条件，直接影响数据库中数据的正确性。关系模型有三类完整性约束：实体完整性、参照完整性和用户定义的完整性。其中，实体完整性和参照完整性是关系模型必须满足的完整性约束条件，由系统自动支持；用户自定义的完整性是应用领域需要遵循的约束条件，体现了具体领域中的语义约束。

1）实体完整性

客观世界中的实体都必须有唯一标识，在数据库中，是用主键来唯一标识一个实体。

每个关系应有一个主键，每个元组的主键的值应是唯一的；一个实体的主键的属性值即主属性的值不能为空，这就是实体完整性的具体约束。

定义 2.6 实体完整性规则：若属性 A 是基本关系 R 的主属性，则属性 A 不能取空值。

例如，在用户表(用户 ID，密码，用户类型，姓名)中，"用户 ID"为主键，则"用户 ID"不能取空值，也不能取相同的值。

2) 参照完整性

定义 2.7 设 F 是基本关系 R 的一个或一组属性，但不是关系 R 的候选键。如果 F 与基本关系 S 的主键相同，则称 F 是基本关系 S 的外键，并称基本关系 R 为参照关系 (referencing relation)，基本关系 S 为被参照关系(referenced relation)或目标关系(target relation)。

例如，图 2.1 所示订单关系中的"用户 ID"值必须是确实存在的用户 ID，即用户关系中必须有该"用户 ID"的用户记录；订单关系中的"商品 ID"值也必须是确实存在的商品 ID，即商品关系中必须有该"商品 ID"的商品记录。

3) 用户定义的完整性

为了满足用户的实际需求，在数据库设计时应设计用户自定义的完整性约束规则，针对某一具体关系数据库的约束条件，反映某一具体应用所涉及的数据必须满足的取值要求。

例如，图 2.1 所示的用户关系表中用户类型的取值只能是"客户"和"管理员"；商品表中的价格取值只能是大于 0。这些属性值域的定义都可以在创建数据库表时实施，用CHECK 子句来完成。

2.1.4 关系代数

关系代数是一种抽象的查询语言，是关系数据库操纵语言的一种传统的表达方式，是对关系的运算，运算结果仍是关系。关系的基本运算有两类：一类是传统的集合运算；另一类是专门的关系运算。

1. 传统的集合运算

传统的集合运算包括并、差、交和广义笛卡儿积，进行并、差和交运算的两个关系必须具有相同的关系模式。

1) 并

给定两个具有相同关系模式的关系 R 和 S，则 R 和 S 的并是由属于这两个关系的所有元组组成的集合。可表示为 $R \cup S = \{t \mid t \in R \text{ or } t \in S\}$。

2) 差

给定两个具有相同关系模式的关系 R 和 S，则 R 和 S 的差是由属于 R 但不属于 S 的

元组组成的集合,即差运算的结果是从 R 中去掉 S 中也有的元组。可表示为 $R-S=$ $\{t\,|\,t\in R$ and $t\notin S\}$。

3) 交

给定两个具有相同关系模式的关系 R 和 S,则 R 和 S 的交是由既属于 R 又属于 S 的元组组成的集合。可表示为 $R\cap S=\{t\,|\,t\in R$ and $t\in S\}$。

4) 广义笛卡儿积

设关系 R 和 S 的属性个数分别是 m 和 n,则 R 和 S 的广义笛卡儿积是具有 $n+m$ 个属性的关系,其每个元组的前 m 列是 R 的一个元组,后 n 列是 S 的一个元组。可表示为 $R\cdot S=\{t_r t_s\,|\,t_r\in R$ and $t_s\in S\}$。

例 2.4 给定三个关系 R,S 和 T,如图 2.2(a)～图 2.2(c)所示。分别进行并、交、差和广义笛卡儿积运算,结果如图 2.2(d)～图 2.2(g)所示。

R

A	B	C
a_1	b_1	c_1
a_1	b_2	c_2
a_2	b_2	c_1

(a)

S

A	B	C
a_1	b_2	c_2
a_1	b_3	c_2
a_2	b_2	c_1

(b)

T

A	D
a_1	d_1
a_2	d_2

(c)

$R\cup S$

A	B	C
a_1	b_1	c_1
a_1	b_2	c_2
a_2	b_2	c_1
a_1	b_3	c_2

(d)

$R\cap S$

A	B	C
a_1	b_2	c_2
a_2	b_2	c_1

(e)

$R-S$

A	B	C
a_1	b_1	c_1

(f)

$R\cdot T$

$R.A$	B	C	$T.A$	D
a_1	b_1	c_1	a_1	d_1
a_1	b_1	c_1	a_2	d_2
a_1	b_2	c_2	a_1	d_1
a_1	b_2	c_2	a_2	d_2
a_2	b_2	c_1	a_1	d_1
a_2	b_2	c_1	a_2	d_2

(g)

图 2.2　传统集合运算举例

2. 专门的关系运算

专门的关系运算包括选择、投影、连接和除运算,具体内容如下所述。

1) 选择运算

从关系 R 中找出满足给定条件 P 的元组的操作称为选择(selection),其中的条件 P 是逻辑表达式。选择是一元关系运算。通常用公式展示为 $\sigma_p(R)=$ $\{r\,|\,r\in R$ and $P(r)=$'True'$\}$。选择是从行的角度进行运算,即从水平方向抽取记录。经过选择运算得到的结果可以形成新的关系,其关系模式保持不变,但其中的元组是原关系的一个子集。

例如,图 2.3(b)所示是由图 2.3(a)所示的关系 R 通过选择属性 A 为"b"的运算后得到的结果。

2) 投影运算

从关系 R 中抽若干个属性 $(A'_1, A'_2, \cdots, A'_k)$ 组成新关系的操作称为投影(projection),投影是一元关系运算。通常用公式表示为 $\pi_{A'_1, A'_2, \cdots, A'_k}(R) = \{r[A'_1, A'_2, \cdots, A'_k] \mid r \in R\}$。投影是从列的角度进行的运算,相当于对关系进行垂直分解。经过投影运算可以得到一个新关系,其关系模式所包含的属性个数往往比原关系少,元组个数也因此会受到影响。

例如,图 2.3(c)所示是由图 2.3(a)所示的关系 R 通过在 A、B 属性列表上投影运算后得到的结果。

3) 连接运算

连接(join)是两个关系的横向结合。连接是二元关系运算,通常用公式表示为 $R \bowtie_{R.A\theta S.B} S = \{(r, s) \mid r \in R \wedge s \in S \wedge R.A\theta S.B\} = \sigma_{R.A\theta S.B}(R \cdot S)$。其中 A 和 B 分别是 R 和 S 上度数相等且可比的属性组,θ 是比较运算符。连接条件中的 θ 运算是"="时,称为等值连接。用公式表示为 $R \bowtie_{R.A\theta S.B} S = \{(r, s) \mid r \in R \wedge s \in S \wedge R.A = S.B\} = \sigma_{R.A=S.B}(R \cdot S)$。自然连接是等值连接的特例,其特征在于,连接条件中涉及的 A、B 相同且在结果中去掉重复属性。

例如,图 2.3(d)所示是由图 2.3(a)所示的关系 R、S 通过连接运算后得到的结果。

R				S					
A	B	C		B	C		$\sigma_{A=b}(R)$		
b	2	d		2	d		A	B	C
b	3	b		3	b		b	2	d
c	2	d					b	3	d
d	3	b							

(a)关系 R 和 S (b)选择运算

$\pi_{A,B}(R)$			RS						
A	B		R.A	R.B	R.C	S.B	S.C		
b	2		b	2	d	2	d		
b	3		b	3	b	3	b		$R \div S$
c	2		c	2	d	2	d		A
d	3		d	3	b	3	b		b

(c)投影运算   (d)连接运算   (e)除运算

图 2.3 专门的关系运算

4) 除运算

给定关系 $R(X, Y)$,$S(Y, Z)$,其中 X, Y, Z 为属性组。R 中的 Y,S 中的 Y 可以有不同的属性名,但必须出自相同的域集。R 与 S 的除运算得到一个新的关系 $P(X)$,P 是 R 中满足下列条件的元组在 X 属性列上的投影:元组在 X 上的分量值 x 的像集 Y_x,包含 S

在 Y 上投影的集合,即元组在 X 上的分量值所对应的 Y 值应包含关系 S 在 Y 上的值。除运算表示为 $R\div S=\{tr[X]\,|\,tr\in R\wedge\pi_Y(S)\in Y_x\}$,其中,$Y_x$ 为 x 在 R 中的像集,$x=tr[X]$。

例如,图 2.3(e)所示是由图 2.3(a)所示的关系 R 除关系 S 运算后得到的结果。

2.1.5 关系数据库及其特点

1. 关系数据库

基于关系模型的数据库称为关系数据库,是一些相关的表和其他数据库对象的集合。在关系数据库中,信息存放在二维表格结构的表中,一个关系数据库中包含多个表,每个表由多个行(记录)和多个列(字段)组成。表与表之间通过主键和外键建立联系。

2. 关系数据库的特点

1) 操作方便

通过应用程序和后台连接,方便用户对数据的操作,特别是没有编程基础的用户。

2) 易于维护

丰富的完整性,大大降低了数据的冗余和数据不一致的概率。

3) 便于访问数据

提供了诸如视图、存储过程、触发器、索引等数据库对象。

4) 更安全和快捷

应用程序可以通过多级安全检查来限制对数据库中数据的访问。

2.2 数据库系统设计的基本过程

数据库设计是指对于一个给定的应用环境,建立数据库及其应用系统,使之能够有效地存储数据,满足各种用户的应用需求。数据库设计应包含两方面的内容:一是结构设计,即设计数据库框架或数据库结构;二是行为设计,即设计应用程序、事务处理等。设计数据库应用系统,首先应进行结构设计。一方面,数据库结构设计得是否合理,直接影响到系统中各个处理过程的性能和质量。另一方面,结构特性又不能与行为特性分离;静态的结构特性的设计与动态的行为特性的设计分离,会导致数据与程序不易结合,增加数据库设计的复杂性。

设计一个完善的数据库应用系统,是在三个世界——现实世界、信息世界和计算机世界中,通过数据库设计的 6 个阶段(需求分析、概念结构设计、逻辑结构设计、物理结构设计、数据库实施以及数据库运行和维护)来完成的,如图 2.4 所示。

2.2.1 需求分析

现实世界是存在于人们头脑之外的客观世界。现实世界中存在各种事物,事物与事物之间存在联系,这种联系是由事物本身的性质决定的。例如,学校里有老师、学生、课程,老师为学生授课,学生选修课程并取得学分和成绩。进行数据库设计,首先必须准确了解与分析用户需求(包括数据与处理)。需求分析是整个设计过程的基础,也是最困难、最耗费时间的一步。需求分析的结果是否准确地反映了用户的实际要求,将直接影响后面各个阶段的设计,并影响到设计结果是否合理和实用。

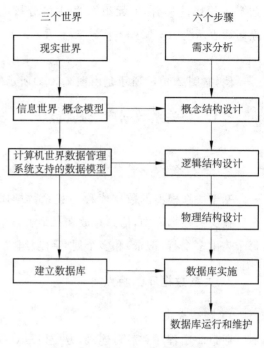

图 2.4 数据库系统设计过程

1. 用户需求类别

需求分析阶段应对系统的整个应用情况做出全面的、详细的调查,确定企业组织的目标,收集支持系统总体设计目标的基础数据及其要求,确定用户的需求,并把这些需求编写成用户和数据库设计者都能接受的文档。用户的需求,主要包括以下 5 个方面。

1)总体需求

理解客户对系统的总体需求,包括进度需求、交付期等。

2)业务需求

首先列出将要使用系统的部门以及各类用户的清单,然后了解各业务部门和各种用户的具体业务内容、业务流程,充分理解各个部门和用户希望达到的功能目标;其次了解清楚部门之间业务流转情况以及异常流程的处理等,收集各种业务表格、表单、统计报表、图表,理解这些表格、表单中每一个数据项的含义、类型和处理要求。

3)信息需求

了解用户要从数据库获得的信息内容,信息需求定义了数据库应用系统应该提供的所有信息,描述系统中数据的数据类型。

4)处理需求

需要对数据完成什么处理功能及处理的方式。处理需求定义了系统的数据处理的操作,应注意操作执行的场合、频率、操作对数据的影响等。

5)安全性和完整性需求

在定义信息需求和处理需求的同时必须相应确定安全性和完整性约束。

2. 需求分析环节

设计人员还应该了解系统将来要发生的变化,收集未来应用所涉及的数据,充分考虑到系统可能的扩充和变动,使系统设计符合未来发展的趋势,并且易于改动,以减少系统维护的代价。进行系统需求分析通常有以下 5 个环节。

1) 分析用户活动,产生用户业务流程图

主要了解用户当前的业务活动和职能,弄清楚其业务流程,画出业务流程图。如果一个业务流程比较复杂,就要把流程分解成若干个子过程,使每个业务流程功能明确。

2) 确定系统范围,产生系统范围图

确定系统的边界。在和用户经过充分讨论的基础上,确定计算机所能进行数据处理的范围,确定哪些工作由人工完成,哪些工作由计算机系统完成。

3) 分析用户活动所涉及的数据,产生数据流图

深入分析用户的业务处理,以数据流图形式表示出数据的流向和对数据所进行的加工。数据流图是从"数据"和"对数据的加工"两方面表达数据处理系统工作过程的一种图形表示法,是一种直观、易于被用户和软件人员理解的系统功能描述方式。

4) 分析系统数据,产生数据字典

数据字典提供对数据描述的集中管理,它的功能是存储和检索各种数据描述并且为数据库管理员提供有关的报告。对数据库设计来说,数据字典是进行详细的数据收集和数据分析所获得的主要成果。数据字典通常包括数据项、数据结构、数据流、数据存储和加工过程这五个部分。其中数据项是数据的最小组成单位,若干个数据项可以组成一个数据结构,数据字典通过对数据项和数据结构的定义来描述数据流以及数据存储的逻辑内容。

5) 用户确认

需求分析得到的数据流图和数据字典要返回给用户,通过反复完善,最终取得用户的认可。

2.2.2 概念结构设计

信息世界是现实世界在人们头脑中的反映,准确抽象出现实世界的需求后,下一步应考虑如何实现用户的这些需求。概念结构设计是整个数据库设计的关键,其目标是产生反映企业组织信息需求的数据库概念结构。概念结构以一种独立于具体数据库管理系统的逻辑描述方法来描述数据库的逻辑结构,即对需求说明书提供的所有数据和处理要求进行抽象与分析,并将其综合为统一的概念模型。

1. 概念模型

概念模型,是对现实世界中复杂事物之间内在联系的描述,按用户的观点对数据和

信息建模。概念模型用于信息世界的建模,是现实世界到机器世界的中间层次,是数据库设计人员和用户之间进行交流的语言。

1) 信息世界中的基本概念

(1) 实体(entity):客观存在并可相互区别的事物称为实体,可以是具体的人、事、物或抽象的事件。例如,一个学生、一件货物属于具体事物;教师的授课、购买货物等活动是比较抽象的事件。

(2) 属性(attribute):实体所具有的某一特性称为属性。一个实体可以由若干属性来刻画,例如,学生实体由学号、姓名、性别、出生日期等若干属性组成。实体的属性用型和值来表示,例如,学生是一个实体,学生姓名、和性别是属性的型,也称属性名,而具体的学生姓名("张三")、学号("S0001")和性别("女")是属性的值。

(3) 键(key):唯一标识实体的属性称为键。例如,学生的学号是学生实体的键。

(4) 域(domain):属性的取值范围称为该属性的域。例如,性别域为(男,女)。

(5) 实体型(entity type):用实体名及其属性名集合来抽象和刻画同类实体称为实体型。例如,学生(学号,姓名,性别,出生日期)就是一个实体型。

(6) 实体集(entity set):同一类型实体的集合称为实体集。例如,全体学生。

(7) 联系(relationship):现实世界中事物内部以及事物之间的联系在信息世界中反映为实体内部的联系和实体之间的联系。实体内部的联系通常是指组成实体的各属性之间的联系。实体之间的联系通常是指不同实体集之间的联系。

实体集与实体集之间存在各种联系,将实体集之间的联系分为:一对一($1:1$)、一对多($1:m$)和多对多($m:n$)三种类型的联系。

一对一联系。如果对于实体集 A 中的每一个实体,实体集 B 中至多有一个实体与之联系,反之亦然,则称实体集 A 与实体集 B 具有一对一联系,记为 $1:1$。例如,学校和校长之间的联系,如果一所学校只有一个校长,一个校长只能在一所学校任职,那么学校和校长之间的联系就是 $1:1$。

一对多联系。如果对于实体集 A 中的每一个实体,实体集 B 中有 n 个实体与之联系;反之,对于实体集 B 中每一个实体,实体集 A 中至多只有一个实体与之联系,则称实体集 A 与实体集 B 具有一对多联系,记为 $1:n$。例如,学院和学生之间的联系,一个学院可有多名学生,而一名学生却只能属于一个学院,则学院和学生之间的联系就是 $1:n$。

多对多联系。如果对于实体集 A 中的每一个实体,实体集 B 中有 n 个实体与之联系;反之,对于实体集 B 中的每一个实体,实体集 A 中也有 m 个实体与之联系,则称实体集 A 与实体集 B 具有多对多联系,记为 $m:n$。例如,学生和课程之间,一个学生可以同时选修多门课程,一门课程同时可被多个学生选修,故学生和课程间存在多对多的联系。

2) 概念模型的表示方法(E-R 图)

设计应该能真实、充分地反映现实世界,能满足用户对数据的处理要求,易于理解、易于修改。概念模型的表示方法很多,其中最常用的是 P. P. S. Chen 于 1976 年提出的实体—联系方法,该方法用 E-R 图来描述现实世界的概念模型,也称为 E-R 模型。

E-R 图提供了表示实体型、属性和联系的方法,如图 2.5 所示,分别表示 1∶1 联系、1∶n 联系和 m∶n 联系。

实体型:用矩形表示,矩形框内写明实体名。

属性:用椭圆形表示,并用无向边将其与相应的实体连接起来。

联系:用菱形表示,菱形框内联系名,并用边分别与有关实体连接起来,同时在无向边旁标上联系的类型(1∶1,1∶n 或 m∶n)。如果联系具有属性,则这些属性也要用边与该联系连接起来。

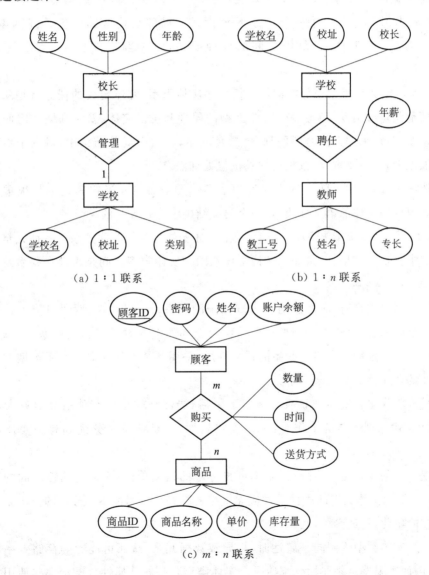

（a）1∶1 联系　　　　　　　　（b）1∶n 联系

（c）m∶n 联系

图 2.5 联系的表示方法

2. 概念模型的设计步骤

1) 设计局部 E-R 模式

为了更好地模拟现实世界,一个有效的策略是"分而治之",即先分别考虑各个用户的信息需求,形成局部概念结构,然后再综合成全局结构。局部概念结构又称为局部 E-R 模式。

(1) 确定局部结构范围。设计局部 E-R 模式的第一步,是确定局部结构的范围划分,划分的方式一般有两种:一种是依据系统的当前用户进行自然划分;另一种是按用户要求将数据库提供的服务归纳成几类,使每一类应用访问的数据显著地不同于其他类,然后为每类应用设计一个局部 E-R 模式。局部结构范围确定下述因素:范围的划分要自然、易于管理;范围之间的界面要清晰、相互影响要小;范围的大小要适度。

(2) 实体定义。每个局部结构都包括一些实体类型,实体定义的任务就是从信息需求和局部范围定义出发,确定每个实体类型的属性和键。实体、属性和联系之间划分的依据通常有三点:采用人们习惯的划分;避免冗余,在一个局部结构中,对一个对象只选取一种抽象形式,不要重复;依据用户的信息处理需求。

实体确定后,属性也随之确定。为一个实体类型命名并确定其键也是很重要的工作。命名应反映实体的语义性质,在一个局部结构中应是唯一的。

(3) 联系定义。E-R 模型的"联系"用于描述实体之间的关联关系。一种完整的方式是依据需求分析的结果,考察局部结构中任意两个实体类型之间是否存在联系及确定联系类型。

在确定联系类型时,应注意防止出现冗余的联系。如果存在,要尽可能地识别并消除这些冗余联系,以免将这些问题遗留给综合全局的 E-R 模式阶段。联系类型确定后,也需要命名和确定键。命名应联系的语义性质,采用某个动词命名。联系类型的键通常是它涉及的各实体的键或某个子集。

(4) 属性分配。实体与联系都确定下来后,局部结构中的其他语义信息大部分可以用属性描述。这一步的工作有:一是确定属性;二是把属性分配到有关实体和联系中去。

确定属性的原则是:属性应该是不可再分解的语义单位;实体与属性之间的关系只能是 $1:n$;不同实体类型的属性之间应无直接关联关系。属性不可分解的要求是为了使模型结构简单化,不嵌套结构。

当多个实体类型用到同一属性时,将导致数据冗余,从而可能影响存储效率和完整性约束,因而需要确定把属性分配给哪个实体类型。一般把属性分配给那些使用频率最高的实体类型。

2) 设计全局 E-R 模式

所有局部 E-R 模式都设计好以后,接下来就是把它们综合成单一的全局概念结构。全局概念结构不仅要支持所有局部 E-R 模式,而且必须合理地表示一个完整的、一致的数据库概念结构。

(1) 确定公共实体类型。为了给多个局部 E-R 合并提供合适的基础,首先要确定各局部结构中的公共实体。公共实体的确定并非一目了然,特别是当系统较大时,可能有很多局部模式,这些局部 E-R 模式是由不同的设计人员确定的,因而对同一现实世界的对象可能给予不同的描述,有的作为实体,有的又作为联系或属性。即使都表示成实体,实体名和键也可能不同。在这一步中,我们根据实体名和键来认定公共实体。一般把同名实体作为公共实体的一类候选,把具有相同键的实体作为公共实体的另一候选。

(2) 局部 E-R 模式合并。合并的顺序有时影响处理效率和结果。合并的一般顺序是首先两两合并,先合并那些在现实世界中存在联系的局部结构;合并应从公共实体类型开始,最后再加入独立的局部结构。进行二元合并是为了减少合并工作的复杂性,并且使合并结果的规模尽可能小。

(3) 消除冲突。由于各类应用不同,且不同的应用通常又是由不同的设计人员设计成局部 E-R 模式的,因此局部 E-R 模式之间不可避免地会有不一致的地方,称为冲突。通常冲突可分为三种类型。

属性冲突:属性域的冲突,即属性值的类型、取值范围或取值集合不同。

结构冲突:同一对象在不同应用中的不同抽象。同一实体在不同局部 E-R 图中属性组成不同,包括属性个数、次序。实体之间的联系在不同的局部 E-R 图中呈现不同的类型。

命名冲突:包括属性名、实体名、联系名之间的冲突。

属性冲突和命名冲突通常采用讨论、协商的方法解决,而结构冲突则需要经过认真分析后才能解决。

设计全局 E-R 模式的目的不在于把局部 E-R 模式在形式上合并为一个 E-R 模式,而在于消除冲突,使之成为能够被系统中所有用户共同理解和接受的统一的概念模型。

3) 全局 E-R 模式的优化

一个好的全局 E-R 模式,除了能够准确、全面地反映用户功能需求外,还应满足下列条件:实体类型的个数尽可能少;实体类型所含属性个数尽可能少;实体类型间联系无冗余。全局 E-R 模式的优化原则有以下 3 个方面。

(1) 实体类型的合并。在公共模型中,实体类型最终转换成关系模式,涉及多个实体类型的信息要通过连接操作获得。因而减少实体类型个数,可减少连接的开销,提高处理效率。一般可以把1∶1联系的两个实体类型合并,具有相同键的实体类型常常是从不同角度描述现实世界,如果经常需要同时处理这些实体类型,那么也有必要合并成一个实体类型。但这时可能产生大量空值,因此要对存储代价和查询效率进行权衡。

(2)冗余属性的消除。通常在各个局部结构中是不允许冗余属性存在的。但在综合成全局 E-R 模式后,可能产生全局范围内的冗余属性。一般同一非键的属性出现在几个实体类型中,或者一个属性值可从其他属性的值,此时,应把冗余的属性从全局模式中去掉。

(3)冗余联系的消除。在全局模式中可能存在有冗余的联系,通常利用规范化理论中函数依赖的概念消除冗余联系,将在 2.3 节中进行讨论。

2.2.3 逻辑结构设计

计算机世界又称数据世界,信息世界的信息在机器世界中以数据形式存储。逻辑结构设计是将抽象的概念结构转换为所选用的数据库管理系统支持的数据模型,并对其进行规范化。

1. 数据模型

数据模型(data model)是数据库结构的基础,用来描述数据的概念和定义。这些概念精确地描述系统的静态特性、动态特性和完整性约束条件。因此,数据模型由数据结构、数据操作和数据完整性约束三部分组成。

1) 数据结构

数据结构指描述数据库的组成对象,以及对象之间的联系。描述的内容包括与数据类型、内容、性质有关的对象,与数据之间联系有关的对象。数据结构是对系统静态特性的描述。数据库系统是按数据结构的类型来组织数据的,因此数据库系统通常按照数据结构的类型来命名数据模型,如层次结构、网状结构和关系结构的模型分别命名为层次模型、网状模型和关系模型。

2) 数据操作

数据操作是指对数据库中各种对象允许执行的操作的集合,包括操作及相关的操作规则。数据操作是对系统动态特性的描述,例如,检索、插入、删除、修改、更新等操作,数据要定义这些操作的确切含义、操作符号、操作规则以及实现操作的语言等。

3) 数据的完整性约束

数据的约束条件是完整性规则的集合,用以限定符合数据模型的数据库状态以及状态的变化,以保证数据的正确、有效和相容。数据模型中的数据及其联系都要遵循完整性规则的制约。数据模型应该提供定义完整性约束条件的机制以及数据应遵守的语义约束条件,以限定符合数据模型的数据库状态及其变化。例如,学生信息中,要求性别只能取"男"或"女",这些要求可以通过建立数据的约束条件来实现。

2. E-R 图转换为关系模型

目前常用的数据模型是关系模型,所以逻辑设计分为两步:先将概念模型转换为关系模型,再用规范化理论对关系模型进行规范化。概念模型转化为关系模型的过程中,需对实体和联系分别进行处理。从 E-R 图转换为关系模型的方法如下所述。

1) 实体的处理

概念模型中每个实体对应逻辑结构中的一个关系模式。因此,在转化时,把概念模型中的每个实体对象作为一个关系来处理。

2) 联系的处理

根据联系类型的不同,联系的处理方式也不同,具体做法如下所述。

(1) 1:1 的联系转换。与任意一端对应的关系模式合并,在并入的关系模式中加入与该联系相连的另一个关系模式的键和联系本身的属性。

例 2.5 将校长管理学校 E-R 图,转换成关系模式(如图 2.6 所示)。

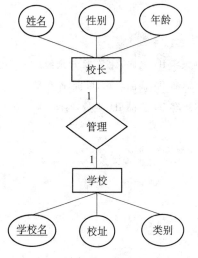

转换方案 1:

校长(<u>姓名</u>,性别,年龄)

学校(<u>学校名</u>,校址,类别,姓名)

转换方案 2:

校长(<u>姓名</u>,性别,年龄,学校名)

学校(<u>学校名</u>,校址,类别)

注:带下划线的是键。

图 2.6 校长管理学校 E-R 图

(2) 1:n 的联系转换。与 n 端对应的关系模式合并,把 1 端对应的实体的键以及联系本身的属性加入 n 端对应的实体中。

例 2.6 将学校聘任教师 E-R 图,转换成关系模式(如图 2.7 所示)。

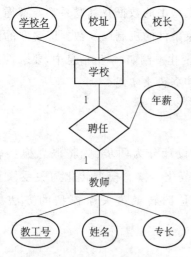

转换方案：

学校(学校名,校址,校长)

教师(教工号,姓名,专长,学校名,年薪)

注:带下划线的是键。

图 2.7 学校聘任教师 E-R 图

（3）$m:n$ 的联系。一个 $m:n$ 联系转换为一个独立的关系模式,与该联系相连的各实体的键以及联系本身的属性均转换为关系的属性,而关系的键为各实体的键的组合。

例 2.7 将顾客购买商品 E-R 图,转换成关系模式(如图 2.8 所示)。

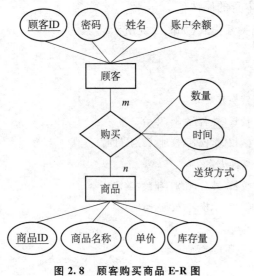

转换方案：

顾客(顾客 ID,密码,姓名,账户余额)

商品(商品 ID,商品名称,单价,库存量)

购买(顾客 ID,商品 ID,数量,时间,送货方式)

注:带下划线的是键。

图 2.8 顾客购买商品 E-R 图

3. 关系模型的规范化

从 E-R 图转换的关系模式,可能会存在数据冗余太大、插入异常、删除异常、修改异常等问题,因此,需要对关系数据库模式进行规范化。如何对关系数据库模式进行规范化,从而在数据库逻辑设计阶段构造出规范化程度较高、能很好地反映现实世界的关系数据库模式,将在 2.3 节中进行讨论。

2.2.4　数据库物理设计

数据库物理设计是为逻辑数据模型选取一个最适合应用环境的物理结构(包括存储结构和存取方法)。数据库的物理结构主要指数据库的存储记录格式、存储记录安排和存取方法。显然,数据库的物理设计完全依赖于给定的硬件环境和数据库管理系统。

物理设计分为五步完成,前三步涉及物理结构设计,后两步涉及约束和具体的程序设计。

1) 存储记录结构设计

包括记录的组成、数据项的类型、长度,以及逻辑记录到存储记录的映射。

2) 确定数据存放位置

可以把经常同时被访问的数据组合在一起。

3) 存取方法的设计

存取路径分为主存取路径与辅存取路径,前者用于主键检索,后者用于辅助键检索。

4) 完整性和安全性考虑

设计者应从完整性、安全性、有效性和效率方面进行分析,做出权衡。

5) 程序设计

在逻辑数据库确定后,应用程序设计随之开始。物理数据独立性的目的是消除由于物理结构的改变而引起的对应程序的修改。当物理独立性未得到保证时,可能会发生对程序的修改。

2.2.5　数据库实施

根据逻辑设计和物理设计的结果,设计人员运用数据库管理系统提供的数据语言及其宿主语言,根据逻辑设计和物理设计的结果建立实际数据库、装入数据,测试与试运行应用程序的过程称为数据库的实现阶段。

数据库实施阶段依据设计好的物理模型,按以下 3 个步骤进行。

(1) 用数据库管理系统提供的数据定义语言严格描述数据库结构。

(2) 编写和调试应用程序。编写程序时通常用一些模拟数据进行程序调试,应使测试数据尽可能覆盖现实世界的各种情况。

(3) 装入实际数据,进入试运行状态。测量系统的性能指标是否符合设计目标。如果不符合,则返回前几步修改数据库的物理结构,甚至修改逻辑结构。

2.2.6　数据库运行和维护

数据库应用系统经过试运行后即可正式投入运行。在数据库系统运行过程中,必须不断地进行评价、调整与修改。数据库运行维护阶段,通常有以下 4 个主要任务。

(1) 维护数据库的安全性与完整性:检查系统安全性是否受到侵犯,及时调整授权和密码,实施系统转储与备份,以便在发生故障后及时恢复数据。

(2) 监测并改善数据库运行性能:对数据库的存储空间状况及响应时间进行分析评价,结合用户反应确定改进措施,实施再构造或再格式化。

(3) 根据用户要求对数据库现有功能进行扩充。

(4) 及时改正运行中发现的系统错误。

2.2.7 设计过程小结

在数据库设计过程中必须注意以下 3 方面问题。

1) 数据库设计过程中要注意充分调动用户的积极性

用户的积极参与是数据库设计成功的关键因素之一。用户最了解自己的业务需求,用户的积极配合能够缩短需求分析的进程,帮助设计人员尽快熟悉业务,更加准确地抽象出用户的需求,减少反复,也使设计出的系统与用户的最初设想更接近。同时用户参与意见,双方共同对设计结果承担责任,也可减少数据库设计的风险。

2) 应用环境的改变、新技术的出现会导致应用需求的变化

设计人员在设计数据库时必须充分考虑到系统的可扩充性,使设计易于变动。一个设计优良的数据库系统应该具有一定的可伸缩性,应用环境的改变和新需求的出现一般不会推翻原设计,不会对现有的应用程序和数据造成大的影响,而只是在原设计上做一些扩充即可满足新的要求。

3) 系统的可扩充性最终都是有一定限度的

当应用环境或应用需求发生巨大变化时,原设计方案可能终将无法再进行扩充,必须推倒重来,这时就会开始一个新的数据库设计的生命周期。但在设计新数据库应用的过程中,必须充分考虑已有应用,尽量使用户能够平衡地从旧系统迁移到新系统。

2.3 数据库规范化基础

2.2.3 节讨论了如何从 E-R 图转换成关系模式,但如何对关系数据库模式进行规范化,构造一个合适的关系模式,是关系数据库规范化理论所要讨论的问题。数据库规范化的两个主要目的是消除冗余数据和确保数据的依赖性处于有效状态。实现这两个目标就能够减少数据库的空间消耗,并确保数据存储的一致性和逻辑性。

1970 年 Godd 提出关系模型时,关系规范化问题就同时被提出来,当时已发表属性间的函数依赖关系,从而定义了与函数依赖关系有关的第一、第二、第三及 Boyce-Codd (BC)范式,在 1976—1978 年又发现了多值依赖关系,从而定义了第四范式。

2.3.1 规范化的必要性

一个规范化程度过低的关系模式,不能够很好地描述现实世界,可能会存在数据冗余太大、插入异常、删除异常、修改异常等问题。下面结合实例进行分析。

例 2.8 要建立如图 1.1 所示的网上购物系统,假设有关系模式 S(用户 ID,商品 ID,姓名,地址,电话,电子邮箱),基本数据如表 2.2 所示。

表 2.2 S 表

用户 ID	商品 ID	姓名	地址	电话	电子邮箱
U000000001	P000000001	袁玫	南京民生街 10 号	157157157	myuan@163.com
U000000001	P000000002	袁玫	南京民生街 10 号	157157157	myuan@163.com
U000000002	P000000003	王广	上海杨浦区四平路 12 号	158158158	gwang@163.com
……	……	……	……	……	……

分析 S 关系模式,存在以下四个问题。

1. 数据冗余太大

一个关系中某属性有若干个相同的值称为数据冗余。关系模式 S 数据冗余太大,例如,某用户购买了 n 种商品,那么其姓名、地址、电话和电子邮箱都要重复 n 次,这将浪费大量的存储空间。

2. 插入异常

关系模式 S 的主键(用户 ID,商品 ID),如果一个新商品,尚无用户购买,则用户 ID 这一主属性为空值,根据实体完整性规则,无法将这个用户 ID、姓名、地址、电话和电子邮箱存入关系模式 S,这就是插入异常。在一个关系中,现实中某实体确实存在,某些属性(尤其是主属性)的值暂时还不能确定,导致该实体不能插入该关系中,称为插入异常。

3. 删除异常

如果要删除袁玫购买的商品"P000000001",由于商品 ID 是主键中的属性,不能置空,那么只有将相关的整条记录删除才能删除商品信息,由此就删除了不该删除的信息:用户 ID、地址、电话和电子邮箱,这就是删除异常。在一个关系中,因要清除某些属性上的值而导致连同删除了一个确实存在的实体,称为删除异常,即不该删除的却删除了。

4. 修改异常

例如,要修改某用户的地址,必须逐一修改有关的每一个元组的"地址"属性值,否则就会出现数据不一致,这就是修改异常。对于冗余的数据,如果只修改其中一个,其余的未修改,就会出现数据不一致,这称为修改异常。

关系模式 S 存在以上四个问题,因此不是一个规范的关系模式,这是由于存在于模式中的某些数据依赖引起的。一个规范的关系模式不会发生插入异常、删除异常、修改异常,数据冗余应尽可能少。

2.3.2 函数依赖

数据依赖(data dependency)是通过一个关系中属性间值的相等与否体现出数据间的相互关系,是现实世界属性间相互联系的抽象,是数据内在的性质,是语义的体现。数据依赖有多种类型,其中最重要的是函数依赖(functional dependency)和多值依赖(multivalued dependency)。函数依赖是关系模式内属性间最常见的一种依赖关系。

定义 2.8 设有关系模式 $R(U)$,X 和 Y 均为 U 的子集。在关系模式 R 中,任意两个元组 m,n 在 X 中的属性值相同,则 m,n 在 Y 中的属性值也相同,则称 X 函数决定 Y,或称 Y 函数依赖于 X,记为 $X{\rightarrow}Y$。其中的 X 称为决定因素,Y 称为依赖因素。

例 2.9 设有关系模式用户(用户 ID,密码,用户类型,姓名)、子集 X(用户 ID)、子集 Y(用户类型)和子集 Z(姓名)。每个用户有唯一的 ID,姓名可能相同,但每个用户只能属于一个类型。据此,可以找出用户关系模式中存在下列函数依赖:$X{\rightarrow}Y$,或记为用户 ID$\rightarrow$用户类型;$X{\rightarrow}Z$ 或记为用户 ID$\rightarrow$姓名。

根据函数依赖的不同性质,函数依赖可分为完全函数依赖、部分函数依赖和传递函数依赖。

定义 2.9 在关系模式 $R(U)$ 中,如果 $X{\rightarrow}Y$,并且对于 X 的任意一个真子集 X' 不能确定 Y,则称 Y 对 X 完全函数依赖,记为 $X \xrightarrow{f} Y$。

定义 2.10 在关系模式 $R(U)$ 中,如果 $X{\rightarrow}Y$,但 Y 对 X 不是完全函数依赖,则称 Y 对 X 是部分函数依赖,记为 $X \xrightarrow{p} Y$。

定义 2.11 在关系模式 $R(U)$ 中,当且仅当 $X{\rightarrow}Y$ 且 $Y{\rightarrow}Z$ 时,则称 Z 对 X 传递函数依赖,记为 $X \xrightarrow{t} Y$。

例 2.10 假设有关系模式 S(用户 ID,商品 ID,订货数量,商品名称,生产厂商,厂商地址),{用户 ID,商品 ID}为主键。分析关系模式 S 中的函数依赖。

分析过程如下所述。

(1) 因为存在主键属性子集{商品 ID}$\rightarrow$非主属性集{商品名称,厂商名,厂商地址},所以存在非主属性对主键的部分函数依赖,表示为:用户 ID,商品 ID $\xrightarrow{p}$ 商品名称,厂商名,厂商地址。

(2) 因为在主键中找不到任何子集能唯一确定订货数量,所以订货数量与主键{用户

ID,商品 ID}之间只存在完全函数依赖关系,表示为:用户 ID,商品 ID $\xrightarrow{f}$ 订货数量。

(3) 因为商品 ID→生产厂商,生产厂商→厂商地址,所以厂商地址与商品 ID 之间存在传递函数依赖关系,表示为:商品 ID $\xrightarrow{t}$ 厂商地址。

2.3.3 范式

定义 2.12 第一范式是关系中的每个属性均必须是一个不可分割的基本数据项。如一个关系模式 R 满足此条件,则称 R 属于第一范式(first normal form,1NF),可记为 $R \in 1NF$。

在任何一个关系数据库中,第一范式是对关系模式的基本要求,不满足第一范式的数据库就不是关系数据库。例如,表 2.3 就不属于关系模式的 1NF。因为在简介属性中还有子属性:商品库存、商品价格和商品类型,显然违反了 1NF 中的每个属性都是不可再分的基本数据项。转换方式有以下两种方法。

方法 1:将"商品信息"表转换为以下关系模式:商品信息(商品 ID,商品名称,商品库存,商品价格,商品类型),则"商品信息"关系模式属于 1NF。

方法 2:将"商品信息"表分解为以下两个关系模式:商品(商品 ID,商品名称);简介(商品 ID,商品库存,商品价格,商品类型),则"商品"关系模式属于 1NF,"简介"关系模式属于 1NF。

两种方法相比,方法 1 比方法 2 数据冗余度大,浪费存储空间;但方法 2 比方法 1 查询速度慢,因为有的查询要连接"学生"和"简历"两张表,用到连接运算。

表 2.3 "商品信息"表

商品 ID	商品名称	简介		
		商品库存	商品价格	商品类型
p000000008	松露巧克力	60	100	休闲零食
...	...	...	...	...

定义 2.13 若 $R \in 1NF$,且所有非主属性都完全依赖于任意候选键,则 $R \in 2NF$。简言之,第二范式就是属性完全依赖于主键。

2NF 是在 1NF 基础上建立起来的,要求数据库表中的每个元组必须可以被唯一地区别,为实现区分通常需要为表加上一列,以存储各个实例的唯一标识。第二范式要求实体的属性完全依赖于主关键字,所谓完全依赖是指不能存在仅依赖主关键字一部分的属性,如果存在,那么这个属性和主关键字的这一部分应该分离出来形成一个新的实体,新实体与原实体之间是一对多的关系。

例 2.11 设有关系模式 S(用户 ID,商品 ID,订货数量,商品名称,生产厂商,厂商地址),分析 S 是否属于第二范式?如果不属于,如何分解为属于第二范式?

分析过程如下所述。

（1）由例 2.9 可知,存在非主属性对主键的部分函数依赖,即用户 ID,商品 ID $\xrightarrow{p}$ 商品名称,生产厂商,厂商地址,所以关系模式 S 不属于 2NF。

（2）将关系模式 S 分解为如下两个属于 2NF 的关系模式,以消除非主属性的部分依赖:S1(用户 ID,商品 ID,订货数量)和 S2(商品 ID,商品名称,生产厂商,厂商地址)。

定义 2.14 若 $R \in 1NF$,且所有非主属性都不传递依赖于任意候选键,则 $R \in 3NF$。简言之,第三范式就是属性不依赖于其他非主属性。

例 2.12 设有关系模式 S2(商品 ID,商品名称,生产厂商,厂商地址),分析关系模式 S2 是否属于第三范式? 如果不属于,如何分解为属于第三范式?

分析过程如下所述。

（1）由例 2.9 可知,存在非主属性对候选键的传递依赖,即,商品 ID $\xrightarrow{t}$ 厂商地址,所以关系模式 S2 不属于 3NF。

（2）将关系模式 S2 分解为如下两个属于 3NF 的关系模式,以消除非主属性的传递依赖:S21(商品 ID,商品名称,生产厂商),S22(生产厂商,厂商地址)。

定义 2.15 若 $R \in 1NF$,且所有属性都不传递依赖于任意候选键,则 $R \in BCNF$。由定义 2.15 可知 BCNF 比 3NF 更为严格,若 $R \in BCNF$ 则 $R \in 3NF$。

例 2.13 设有关系模式:SC(学号,课号,成绩,教师号),其中:

(1) 关系模式 SC 的候选键为:(学号,课号)、(学号,教师号)。

(2) 主属性为:学号、课号、教师号;非主属性为:成绩。

(3) 函数依赖关系为:(学号,课号)→成绩;(学号,课号)→教师号;(学号,教师号)→课号;教师号→课号。

试分析关系模式 SC 是否属于 BCNF,如何分解为属于 BCNF?

分析过程如下所述。

(1) 因为教师号→课号,关系模式 SC 不属于 BCNF。

(2) 将关系模式 SC 分解为如下两个属于 BCNF 的关系模式,以消除主属性"课号"对候选键(学号,教师号)的传递依赖:SC1(学号,课号,成绩),SC2(教师号,课号),均属于 BCNF。

2.3.4 规范化设计

1. 规范化的基本思想

一个低一级的范式的关系模式,通过模式分解可以转换为若干个高一级范式的关系模式集合,这个过程就是关系模式的规范化。通过消除不合适的数据依赖,使模式中的各关系模式达到某种程度的"分离",让一个关系描述一个概念、一个实体或者实体间的一种联系。若多于一个概念就把它"分离"出去。

2. 规范化的目的和方法

消除操作异常,降低数据冗余度。从关系模式中各属性间的函数依赖入手,尽量做到每个模式表示客观世界中的一个"事物"。

3. 规范化的实现手段

用投影运算分解关系模式。实际上,从 1NF 到 BCNF 的过程就是一个不断消除一些函数依赖关系的过程。图 2.9 给出了这个过程。

规范化是一种理论,它研究如何通过规范关系以解决操作异常与数据冗余现象,在实际的数据库设计中构造关系模式时需要考虑规范化问题。但是,客观世界是复杂的,在构建关系模式时还需要考虑到其他的多种因素,如果关系模式分解过多,导致在数据查询时要用到较多的连接运算,就会影响查询速度。因此,在实际设计中,需要综合多种因素,统一权衡利弊得失,最后构造出一个合适的、能够反映现实世界的关系模式。

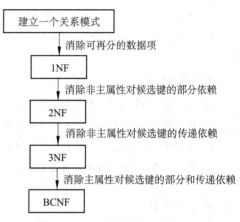

图 2.9 关系规范化的过程

本章概述了关系模型、数据库系统设计的基本过程和数据库规范化基础。

关系模型概述包括:关系模型的基本概念、关系的性质、关系的数据模型、关系运算、关系数据库及其特点。数据库系统基本过程包括:现实世界的需求分析、信息世界的概念结构设计、计算机世界的逻辑结构设计、数据库物理设计、数据库实施、数据库运行和维护。数据库规范化基础包括:规范化的必要性、函数依赖、范式和规范化设计。

习 题

一、单项选择题

1. 数据库的三级模式之间存在的关系正确的是( )。

A. 外模式/内模式　　　B. 外模式/模式　　　C. 外模式/外模式　　　D. 模式/模式

2. 数据库三级结构从内到外的 3 个层次为( )。

A. 外模式、模式、内模式 B. 内模式、模式、外模式

C. 模式、外模式、内模式 D. 内模式、外模式、模式

3. 数据库三级模式中,真正存在的是(   )。

A. 外模式 B. 子模式 C. 模式 D. 内模式

4. 关系数据库中的关键字是指(   )。

A. 能唯一决定关系的字段 B. 不可改变的专用保留字

C. 关键的、很重要的字段 D. 能唯一标识元组的属性或属性集合

5. 在关系 $R(R\#, RN, S\#)$ 和 $R(S\#, SN, SD)$ 中,R 的主键是 $R\#$,S 的主键是 $S\#$,则 $S\#$ 在 R 中称为(   )。

A. 外键 B. 候选键 C. 主键 D. 以上都不是

6. 若 $D_1 = \{a_1, a_2, a_3\}$,$D_2 = \{1, 2, 3\}$,则 $D_1 \cdot D_2$ 集合中共有元组(   )个。

A. 6 B. 8 C. 9 D. 12

7. 数据库中的关系具有这样的性质(   )。

A. 列的顺序可以任意交换且可以是可分的数据项

B. 列的顺序可以任意交换且是不可分的数据项

C. 列的顺序不可以任意交换且可以是可分的数据项

D. 列的顺序不可以任意交换且是不可分的数据项

二、填空题

1. (   )属于信息世界的模型,实际上是现实世界到机器世界的一个中间层次。

2. 当数据库的(   )改变了,由数据库管理员对(   )映象作相应改变,可以使(   )保持不变,从而保证了数据的物理独立性。

3. 在数据库中,产生数据不一致的根本原因是(   )。

4. 数据独立性又可分为(   )和(   )。

5. 关系模型允许定义 3 类完整性约束,它们分别是(   )、(   )和(   )。

6. 关系模型是由(   )、(   )和(   )3 个部分组成。

三、简答题

1. 简述数据模型的概念、作用和组成。

2. 简述概念模型的作用。

3. 简述数据库系统三级模式结构及其优点。

4. 学校中有若干系,每个系有各自的系号、系名和系主任,以及若干名教师和学生;教师有教师号、教师名和职称属性,每个教师可以担任若干课程,一门课程只能由一位教师讲授;项目有项目号、名称和负责人;项目由多人合作,且责任轻重有排名;课程有课程号、课程名和学分;学生有学号、姓名、性别,每个学生可以同时选修多门课程,选修有学分。

(1) 请用 E-R 图画出此学校的概念模型。

(2) 将 E-R 模型转换为关系模型。

系(系号,系名,系主任)

教师(教师号,教师名,职称,系号)

学生(学号,姓名,年龄,性别,系号)

项目(项目号,名称,负责人)

课程(课号,课程名,学分,教师号)

选修(课号,学号,学分)

负责(教师号,项目号,排名)

5. 简述数据库设计过程。

第 **3** 章　SQL Server 数据库

在现代的各种商业活动中，数据库技术扮演着越来越重要的作用。微软公司发布的 SQL Server 系列产品是一个典型的关系库管理系统，它历经时间检验，凭借强大的功能，简便的操作，可靠的安全性，获得了越来越多用户的认可，其应用领域也不断地向纵深发展。本章详细介绍 SQL Server 2012 的组成、SQL Server 2012 数据备份与还原和 SQL Server 2012 数据库安全性管理。

3.1　SQL Server 的组成

数据库对象是 SQL Server 2012 数据库管理系统管理和维护的核心对象，包含业务所必需的全部数据及其自定义的一些业务规则和约束。同时微软公司将数据库管理系统的一些核心运行状态，以视图或者表的形式存在系统数据库中，因此通过对系统数据库相关表或视图的查询可以掌握当前系统的动态运行情况。要熟练地掌握和应用数据库管理系统，必须首先对数据库的组成有清晰的了解。

3.1.1　系统数据库

系统数据库是在安装 SQL Server 2012 时由安装程序自动创建和管理的数据库，共有 4 个，作为 SQL Server 管理软件运行的基础，协助系统完成对数据库的各种操作。

1. master 数据库

master 数据库作为 SQL Server 的核心数据库，记录了 SQL Server 2012 系统级的信息，一旦遭到破坏，整个数据库管理系统将无法启动。master 数据库包含如下五个重要的系统信息。

（1）所有的用户 ID 及其对应的用户角色。

（2）每个用户数据库的文件存储路径。

（3）所管理的所有业务数据库的名称及其相关信息。

（4）SQL Server 相关的初始化信息。

（5）业务数据库的配置信息。

2. model 数据库

model 数据库是在 SQL Sever 2012 实例上创建的所有数据库的模板。如果希望新创建的数据库具有特定的信息，或者所有的新数据库具有规定的初始值大小等，可以把这些信息存储在 model 数据库中，以它为模板来创建新的业务数据库。如果修改 model 数据库，之后创建的所有数据库都将继承这些修改。例如，可以设置权限、数据库选项或添加对象，如表、函数或存储过程等。

3. msdb 数据库

msdb 数据库是 SQL Server 2012 数据库管理系统的专用数据库，用于 SQL Server 的代理计划、作业和警报。尤其是 SQL Server Agent 需要使用它来安排作业和警报、记录操作者等操作。其中作业是非常有用的功能，用得比较多。所谓作业就是规定数据库管理系统在指定的时间段内以指定的频率执行一个用户定义的任务。在使用时不能对该数据库执行下列操作，否则会引起系统崩溃。

（1）删除数据库。

（2）删除账号 guest。

（3）删除主文件组、主数据文件或日志文件。

（4）将数据库设置为离线状态。

（5）将主文件设置为只读。

4. tempdb 数据库

tempdb 数据库是数据库管理系统的系统临时数据库，主要存储当前用户的一些临时数据信息，如临时表、临时存储过程以及用户定义的全局变量等。当用户与 SQL Server 2012 断开连接时，其临时表和存储过程等会被自动删除，在下次重新连接 SQL Server 2012 时，将建立一个全新的、空的临时数据库。

3.1.2　数据库文件

数据库文件是存在数据库数据和数据库对象的文件。一个数据库可以有一个或多个数据库文件，一个数据库文件只属于一个数据库。

1. 数据库文件的分类

在 SQL Server 2012 中每个数据库至少包含两个关联的存储文件：数据文件和事务

日志文件。在数据量比较大时,为了便于关联和备份,还可以使用辅助数据。因此在数据库系统中可以使用 3 个独立的存储文件来存储信息。

1)主数据文件

主要包含数据库的启动信息,并保存对其他数据文件的索引。另外,用户数据和对象也可以存在此文件中。每个数据库默认只能有一个主数据文件,默认扩展名为 mdf。

2)辅助数据文件

用户可以根据业务需要建立辅助数据文件来存储用户数据,并且可以分散在不同的磁盘中;默认扩展名为 ndf;一个数据库既可以没有也可以有多个辅助数据文件,文件名应尽量与主数据文件名相同。

3)事务日志文件

主要用于记录数据库的更新情况,每个数据库至少包含一个事务日志文件,事务日志文件不属于任何文件组。凡是对数据库进行的增、删、改等操作都会记录在事务日志文件中。当数据库被破坏时可以利用事务日志文件恢复数据库的数据,从而最大限度地减少由此带来的损失。日志文件的默认扩展名为 ldf。

2. 文件大小

SQL Server 2012 需要描述文件大小,包含初始大小(size)、最大值(maxsize)和增量(filegrowth)3 个参数。文件的大小以从最初指定的初始大小(size)开始按增量(filegrowth)来增长,当文件增量超过最大值(maxsize)时将出错,文件无法正常建立,即数据库无法创建。如果没有指定最大值,文件可以一直增长到用完磁盘上的所有可用空间。

3.1.3 数据库文件组

为便于分配和管理,可以将数据库对象和文件一起分成文件组。SQL Server 2012 有以下两种类型文件组。

1. 主文件组

包含主数据文件和任何没有分配给其他文件组的数据文件。系统表都分配在主文件组中。在 SQL Server 2012 中用 PRIMARY 表示主文件组的名称。主文件组由系统自动生成,供用户使用,不能由用户修改或删除。

2. 用户定义文件组

在 CREATE DATABASE 或 ALTER DATABASE 语句中使用 FILEGROUP 关键字指定的任何文件组。

日志文件不包括在文件组内,日志空间与数据空间分开管理。每个数据库中均有一个文件组被指定为默认文件组,一次只能将一个文件组作为默认文件组,如果没有指定默认文件组,则将主文件组作为默认文件组。

3.1.4　数据库对象

数据库中的数据在逻辑上被组织成一系列对象,SQL Server 2012 有以下数据库对象。

1. 表

表是数据库中最基本的元素,主要用于存储实际的数据,用户对数据库的操作大多都是直接或间接地依赖于表。表由行和列组成,一列称为一个字段,列数据具有相同的数据类型;一行称为一条记录,由不同的字段组成。

2. 视图

视图是从一个或者多个表中导出的表,其结构和数据是建立在对表的查询基础上的。

对用户来说视图和表很类似,但在系统内部,它们完全不同。数据库中存储的只是视图的定义,而不是视图包含的数据,数据实际上存储在该视图所依赖的基础表中。所以,当基础表中的数据发生变化时,对应的视图能即时地反映数据的变化。虽然视图也可以进行查询、删除和更新等操作,但提倡对多个表组合而成的视图尽量只进行查询操作,以免引起不必要的数据异常。

3. 索引

索引如同书的目录一样,用户可以通过索引快速检索表或者视图中的特定信息。索引包括一个或多个从表或视图生成的键。通过建立合理的索引,可以显著地提高数据库的查询速度和应用程序的性能。索引可以强制表中行记录具有唯一性,从而实现完整性。主键是一种特殊的索引。

4. 默认值

默认值是在表中创建列或插入数据时对没有指定其具体值的列或列数据项赋予事先设定好的值。

5. 约束

SQL Server 实施数据一致性和数据完整性的机制,包括主键约束、外键约束、

050 **S** 数据库原理与实验指导

UNIQUE 约束、CHECK 约束、默认值和允许空 6 种机制。

6. 规则

规则是用来限制数据表中的有限范围,以确保列中数据完整性的一种方式。

7. 存储过程和触发器

存储过程和触发器是 SQL Server 中两个重要的特殊元素。存储过程独立于表,用户可以通过存储过程来扩展数据库的功能,减少客户端的带宽需求,甚至可以将企业的业务逻辑封装到存储过程中,前端程序只是作为一个查询和结果显示的用户界面,减少程序模块的耦合性,提供程序和功能的独立性。触发器的存在依赖于具体的表,用户可以利用触发器来实现各种复杂的业务逻辑,或强制实施数据的完整性。

8. 登录

SQL Server 访问控制允许连接到服务器的账户。

9. 用户和角色

用户是指对数据库系统具有一定权限的使用者。角色是具有相同操作权限的用户集合。可以通过 SQL Server 的企业管理器来可视化地进行用户和角色的管理。

3.2 SQL Server 数据备份与恢复

在数据库系统中,当计算机硬件或软件出现故障时,会造成数据库中的数据丢失或破坏,因此需要一套完整的数据库备份与恢复机制,保护数据库的可靠性和可用性。SQL Server 提供了完善而简便的数据库备份与恢复功能。本节将介绍这些功能的相关概念与实施方法,主要内容有:数据库的导入和导出;数据库的备份策略与备份方法;数据库的恢复策略与恢复方法;不同备份与恢复策略的比较。

3.2.1 数据的导入与导出

数据的导入导出操作可以使 SQL Server 与其他异型数据源(如 Excel、Access)之间方便地进行数据复制。例如,可以将 Excel 工作表中的数据导入 SQL Server 的表中,也可以将 SQL Server 某个数据库表和视图导出为 Excel 工作表或 Access 数据库表或其他格式的数据文件。

使用"SQL Server 导入导出向导"能方便地进行数据的导入和导出。通过选择"开始"—"Microsoft SQL Server 2012"—"导入和导出数据(32 位)"选项,可以打开该向导,如图 3.1 所示；也可以在 SQL Server Management Studio 中启动导入导出向导。

1. 数据的导入

在 SQL Server Management Studio 中启动与使用数据导入的操作，具体步骤如下所述。

（1）打开 SQL Server Management Studio，选择已建立的数据库实例，如 GISDATA，右击 GISDATA 数据库，在弹出的快捷菜单中选择"任务"—"导入数据"选项，如图 3.2 所示。

（2）在打开的"SQL Server 导入和导出向导"对话框中单击"下一步"按钮，进入选择导入数据的数据源页面。例如，在数据源下拉列表框中选择 Microsoft Excel 选项，指定要导入的 Excel 文件路径和 Excel 版本，如图 3.3 所示，然后单击"下一步"按钮。

图 3.1　使用开始菜单运行导入导出向导

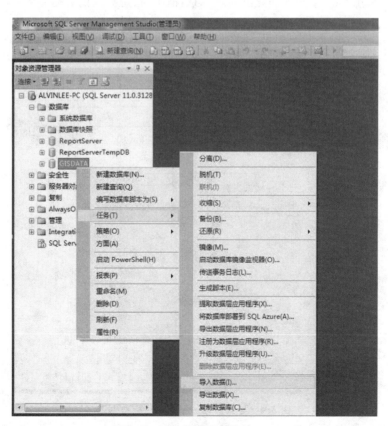

图 3.2　数据导入菜单

图 3.3　导入向导——选择数据源

（3）在"SQL Server 导入和导出向导"对话框中,指定导入的数据库为 GISDATA,如图 3.4 所示,然后单击"下一步"按钮。

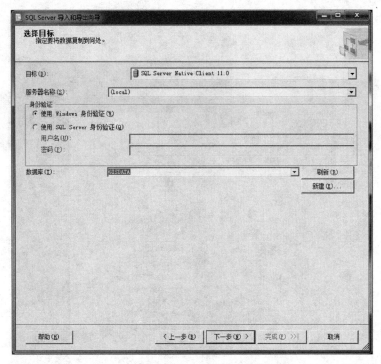

图 3.4　导入向导——选择目标数据库

（4）选定"复制一个或多个表或视图的数据"，如图 3.5 所示，然后单击"下一步"按钮。

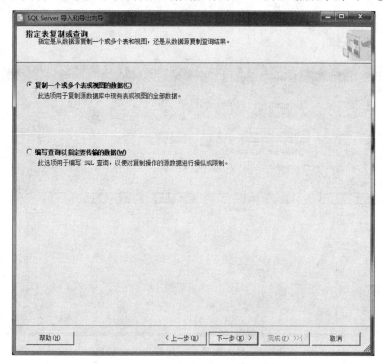

图 3.5 导入向导——选择导入数据

（5）在列表框中选定 Excel 文件中的 Sheet1 工作表，如图 3.6 所示。

图 3.6 导入向导——选择导入数据表

（6）如果需要对字段的名称、类型、大小进行重新设置，可以单击"编辑映射"按钮，出现如图 3.7 所示的"列映射"对话框，在该对话框中进行设置完毕后，单击"确定"按钮，然后单击"下一步"按钮。

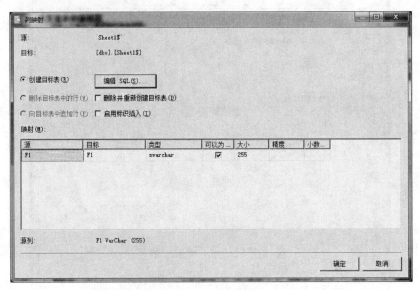

图 3.7　导入向导——选择导入字段列

（7）在"SQL Server 导入和导出向导"对话框中，选中"立即运行"复选框，如图 3.8 所示，然后单击"下一步"按钮。

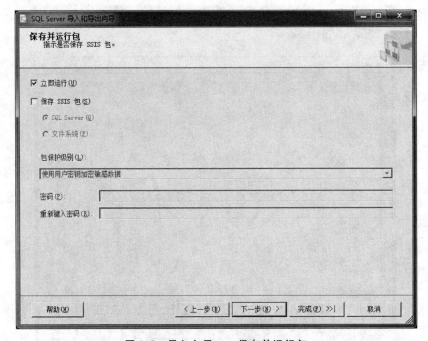

图 3.8　导入向导——保存并运行包

（8）完成导入数据向导设置后，在"SQL Server 导入和导出向导"对话框中，单击"完成"按钮，如图 3.9 所示。

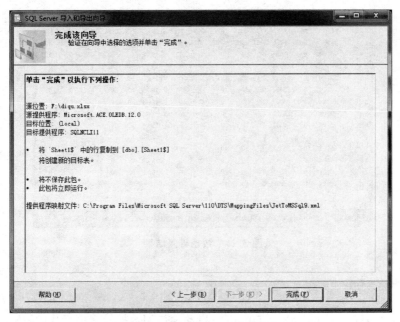

图 3.9 导入向导——完成导入

（9）导入数据完成后，出现"执行成功"的界面，提示用户已成功导入了 13 行数据，如图 3.10 所示。

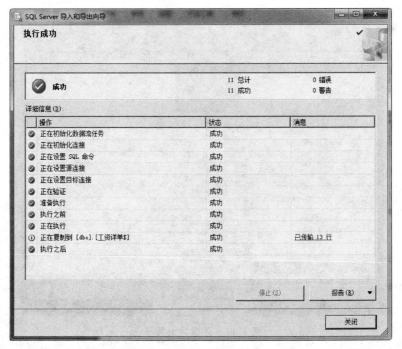

图 3.10 导入向导——完成导入详细信息

（10）在 SQL Server Management Studio 中打开 GISDATA 数据库，查看导入的数据表，如图 3.11 所示。

	F4	F5	F6	F7	F8	F9	F10	F11	F12	F13	F14	F15	F16	F17
1	立 月份	NULL	NULL	NULL	NULL	NULL	NULL	NULL	NULL	NULL	NULL	NULL	NULL	NULL
2	2015-1	0	5333	0	0	0	0	0	-19.26	10	0	0	0	0
3	2014-12	0	5333	0	0	0	0	0	-19.26	-10	0	0	0	0
4	2014-11	0	5333	0	0	0	0	0	-19.26	10	0	0	0	0
5	2014-10	0	5333	0	0	0	0	0	-19.26	10	0	0	0	0
6	2014-9	0	5333	0	0	0	0	0	-21.44	10	0	0	0	0
7	2014-8	0	5333	0	0	0	0	0	-21.44	10	0	0	0	0
8	2014-7	0	5333	0	0	0	0	0	-19.84	10	0	0	0	0
9	2014-6	0	5333	0	0	0	0	0	-21.58	10	0	0	0	0
10	2014-5	0	5333	0	0	0	0	0	-19.63	0	0	0	0	0
11	2014-4	0	5333	0	0	0	0	0	-19.63	0	0	0	0	0
12	2014-3	0	5333	0	0	0	0	0	-16.26	0	0	0	0	0
13	2014-2	0	2285	0	0	0	0	0	0	0	0	0	0	0

查询已… | PC-20150512DKQN (11.0 RTM) | PC-20150512DKQN\Admini… | master | 00:00:00 | 13 行

图 3.11　数据导入结果

2. 数据的导出

在 SQL Server Management Studio 中启动与使用数据导出的操作，具体步骤如下。

（1）打开 SQL Server Management Studio，选择已建立的数据库实例，如 GISDATA，右击 GISDATA 数据库，在弹出的快捷菜单中选择"任务"—"导出数据"选项，如图 3.12 所示。

图 3.12　数据导出菜单

（2）在打开的"SQL Server 导入和导出向导"对话框中单击"下一步"按钮，选择导出数据的数据库 GISDATA，如图 3.13 所示。然后单击"下一步"按钮。

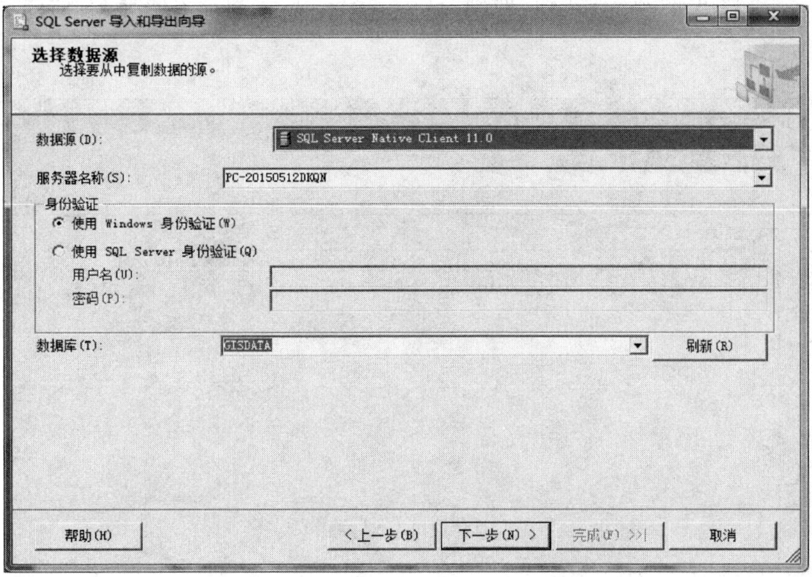

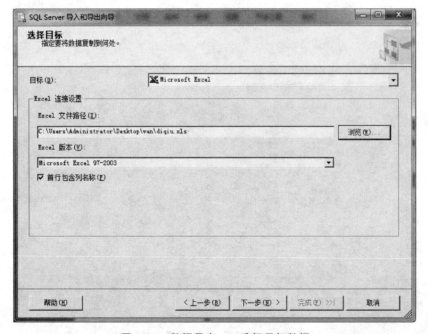

图 3.13　数据导出——选择数据源

（3）在"选择目标"界面中，选择目标类型为 Microsoft Excel，输入 Excel 文件路径，如本例为"C:\Users\Administrator\Desktop\van\diqiu.xls"，如图 3.14 所示。然后单击"下一步"按钮。

图 3.14　数据导出——选择目标数据

（4）选择 GISDATA 数据库中的 salary 作为源表，如图 3.15 所示，如果需要设置字段的名称、类型、大小对应关系，则单击"编辑映射"按钮，打开"列映射"对话框，如图 3.16 所示，设置完成后单击"确定"按钮，回到"SQL Server 导入和导出向导"对话框，然后单击"下一步"按钮。

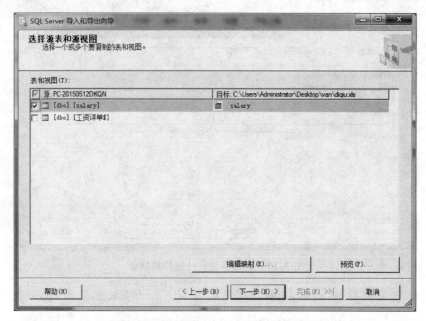

图 3.15　数据导出——选择源表

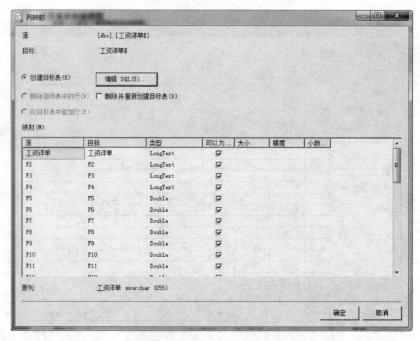

图 3.16　数据导出——设置列映射

（5）在"SQL Server 导入和导出向导"对话框中，选中"立即运行"复选框，如图 3.17 所示，然后单击"下一步"按钮。

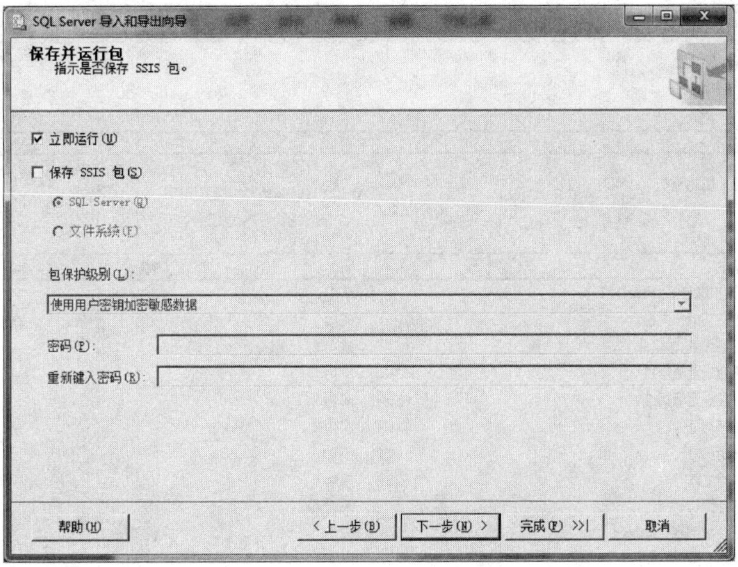

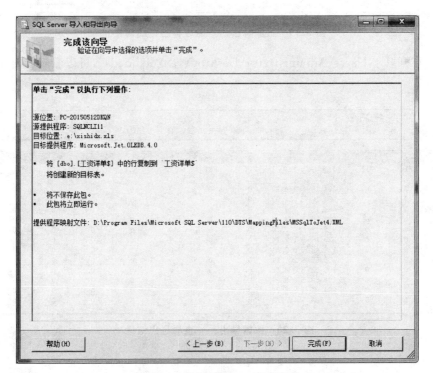

图 3.17 数据导出——开始导出

（6）完成导出数据向导设置后，在"SQL Server 导入和导出向导"对话框中，单击"完成"按钮，如图 3.18 所示。

图 3.18 数据导出——完成向导

(7) 导出数据完成后,出现"执行成功"的界面,提示用户已成功导出了 13 行数据,如图 3.19 所示。

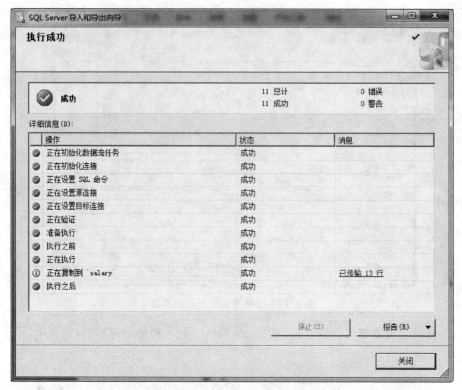

图 3.19 数据导出——完成导出详细信息

(8) 打开"C:\Users\Administrator\Desktop\van\diqiu. xls",可以看到如图 3.20 所示的数据。

	A	B	C	D	E	F	G	H	I	J	K
1	F16	F17	F18	F19	F20	F21	F22	F23	F24	F25	F26
2											
3	0	0	5 084.18	5 054.92	0	0	0	0	0	0	0
4	0	0	5 084.18	5 054.92	0	0	0	0	0	0	0
5	0	0	5 084.18	5 054.92	0	0	0	0	0	0	0
6	0	0	5 084.18	5 054.92	0	0	0	0	0	0	0
7	0	0	5 229.18	5 197.74	0	0	0	0	0	0	0
8	0	0	5 229.18	5 197.74	0	0	0	0	0	0	0
9	0	0	5 122.48	5 092.64	0	0	0	0	0	0	0
10	0	0	5 238.52	5 206.94	0	0	0	0	0	0	0
11	0	0	5 108.52	5 088.89	0	0	0	0	0	0	0
12	0	0	5 108.52	5 088.89	0	0	0	0	0	0	0
13	0	0	4 884.04	4 867.78	0	0	0	0	0	0	0
14	0	0	2 285	2 285	0	0	0	0	0	0	0
15											

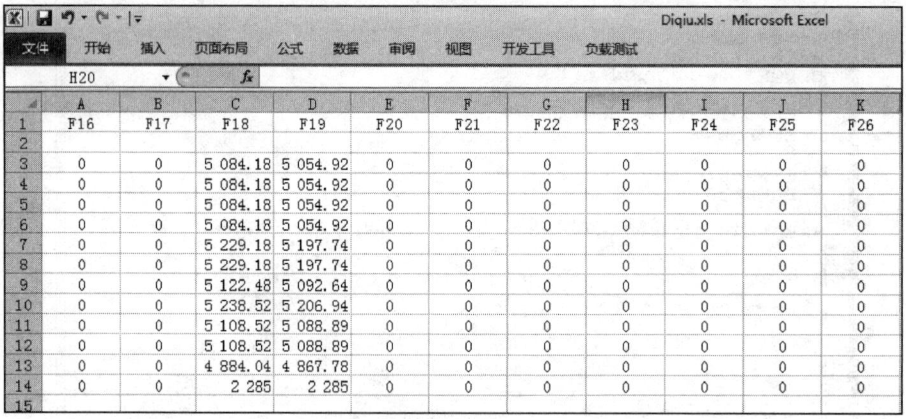

图 3.20 数据导出——查看导出结果

3.2.2　数据库的备份策略与备份方法

备份是对数据库结构、对象和数据的复制,当数据库遭到破坏时能够用备份将数据库恢复到可用状态。SQL Server 2012 提供了一套较为完善的备份恢复策略,当数据库系统发生错误时能够用备份来恢复数据库,并使丢失的数据量减少到最小。

1. 备份策略

数据库中的数据对于系统和用户而言是至关重要的,即使最可靠的硬件和软件也可能会出现故障造成数据破坏。数据库备份可以保存数据副本,在遇到故障时能够使用这个副本将数据库恢复到创建备份时的状态。可能造成数据损失的故障有存储介质故障(磁盘驱动器损坏)、用户操作错误(用户有意或无意地删除了某个表,使数据库中的数据出现不一致)、服务器崩溃(服务器硬件错误或者是操作系统崩溃)、自然灾害等。

SQL Server 2012 提供了 4 种备份策略,用户可以根据需求设计自己的备份策略,以保护存储在 SQL Server 数据库中的数据。

1) 完整数据库备份

完整数据库备份是对整个数据库中的数据库文件、事务日志进行备份。完整备份是一种基本备份,是进行其他类型备份的基础。利用一个完整数据库备份就可以恢复整个数据库,但是完整数据库备份与差异数据库备份相比,需要更多的存储空间,备份过程所花费的时间也更多。因此,不需要频繁地进行完整数据库备份,通常是设置该操作定期执行。

使用完整数据库备份来恢复数据时,只能恢复到最后一次完整数据库备份时的状态。

当数据库数据量小,总的备份时间可以接受时,或者数据库中的数据仅有很少变化,比较适合采用完整数据库备份。

2) 差异数据库备份

差异数据库备份仅记录自上次完整数据库备份以来发生的数据库改变。例如,假设在星期天执行了完整备份,在星期一执行差异备份,这个差异备份则将记录自星期天执行完整备份以来发生的所有数据库修改。差异备份更小,进行备份和恢复所需的时间更少,因此,可以经常进行差异备份以降低数据丢失的风险。

当数据库变化比较频繁,或者想让备份时间尽可能短时,适合采用差异备份。

3) 事务日志备份

事务日志备份是对上次进行了数据库备份(包括完整备份、差异备份和事务日志备份)之后所有已经完成的事务进行备份。由于它仅对事务日志进行备份,所以比完整备份和差异备份都更节约存储空间,而且进行数据库恢复时可以指定恢复到某一个事务,这是完整备份和差异备份都做不到的。但是事务日志备份进行数据库恢复时需要按日志重新增加、修改或删除数据,所以需要的时间会较长。通常,将事务日志备份作为完整备份和差异备份的补充,这样可以尽量减少丢失的数据。

事务日志备份可以将数据库恢复到故障点之前或特定时间点。通常事务日志备份比完整备份和差异备份使用的资源少,因此可以较频繁地创建事务日志备份,减少数据丢失的风险。只有当启动事务日志备份序列时,完整备份或者差异备份才必须与事务日志备份同步。每个事务日志备份的序列都必须在执行完整备份或差异备份之后启动。

事务日志备份一般用于需要经常进行修改操作的数据库上。

4) 数据库文件和文件组备份

当某个数据库很大时,对整个数据库进行备份可能会花很长的时间,这时可以执行数据库文件或文件组备份。在备份文件和文件组时,通常要备份事务日志以保证数据库的可用性。由于 SQL Server 不能自动维护文件关系的完整性,因此这种备份方式管理起来比较复杂。

2. 创建备份设备

备份设备是用来存储各种类型数据库备份的存储介质。常见的备份设备有磁盘备份设备、磁带备份设备和逻辑备份设备 3 种。

磁盘备份设备是硬盘或其他磁盘存储介质上的文件,与常规操作系统文件一样。引用磁盘备份设备与引用任何其他操作系统文件一样。可以在服务器的本地磁盘上或共享网络资源的远程磁盘上定义磁盘备份设备,备份设备根据需要可大可小,最大可以相当于磁盘上的可用磁盘空间。

磁带备份设备的用法与磁盘备份设备相同,需要注意的是,磁带备份设备必须物理连接到运行 SQL Server 2012 的计算机上,如果磁带备份设备在备份操作过程中已满,但还需要写入一些数据,SQL Server 2012 将提示更换磁带并继续备份操作。

逻辑备份设备是物理备份设备的别名,名称由用户定义,例如,物理备份设备名为"E:\Backup\SQL\full. bak"的逻辑备份设备名可以为 SQL SBAK。它的优点是比物理备份设备更能简单、有效地描述备份设备的特征。逻辑备份设备名称被永久保存在 SQL Server 的系统表中。备份或还原数据库时,物理备份设备名称和逻辑备份设备名称可以互换使用。

使用 SQL Server Management Studio 创建备份设备的具体步骤如下。

(1) 在"对象资源管理器"中展开"服务器对象"节点,右击"备份设备",从弹出的快捷菜单中选择"新建备份设备"选项,如图 3.21 所示。

(2) 打开"备份设备"对话框,在"设备名称"文本框中输入设备名称,该名称是备份设备的逻辑名称。指定备份文件的完整路径,如图 3.22 所示。

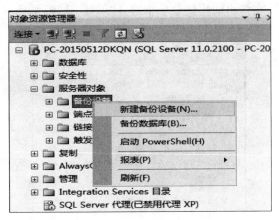

图 3.21 创建备份设备

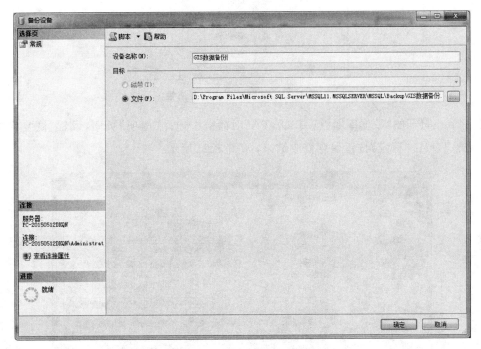

图 3.22 "备份设备"对话框

(3) 单击"确定"按钮完成备份设备的创建,展开"备份设备"节点就可以看到刚才创建的名称为"GIS 数据备份"的备份设备。

3. 备份方法

1) 完整备份方法

使用 SQL Server Management Studio 工具对数据库进行完整备份,具体操作如下所述。

(1) 打开 SQL Server Management Studio,在"对象资源管理器"中,展开"数据库"节

点,右击"GISDATA",在弹出的快捷菜单中选择"属性"选项,如图 3.23 所示。

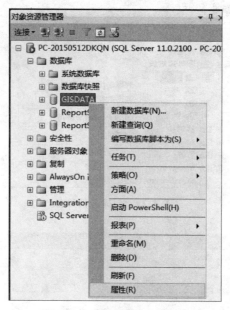

图 3.23　设置数据库恢复属性

(2) 在打开的"数据库属性-GISDATA"对话框中选择"选项"页面,设置"恢复模式"为"完整",单击"确定"按钮保存修改结果,如图 3.24 所示。

图 3.24　设置备份恢复模式

（3）右击"GISDATA"，从弹出的快捷菜单中选择"任务"—"备份"选项，打开"备份数据库"对话框，如图 3.25 所示。

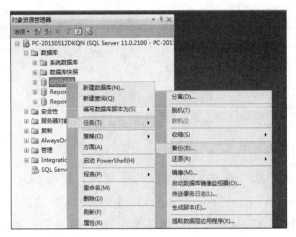

图 3.25 打开"备份数据库"对话框

（4）在"备份数据库-GISDATA"对话框中，从"数据库"下拉列表框中选择"GISDATA"，从"备份类型"下拉列表框中选择"完整"选项，添加备份目标磁盘，如图 3.26 所示。

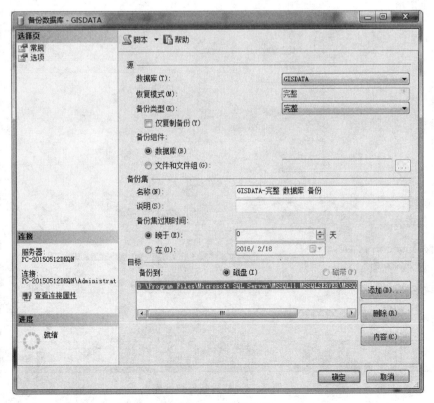

图 3.26 备份数据库

（5）单击"确定"按钮完成对数据库的备份，完成后会弹出"备份完成"对话框，如图 3.27 所示。

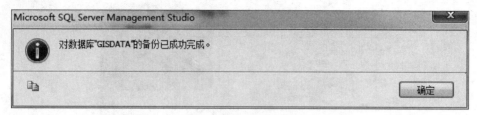

图 3.27　完成数据库备份

2）差异备份方法

创建差异备份的方法与创建完整备份几乎相同。使用 SQL Server Management Studio 对数据库 GISDATAD 进行差异备份，具体步骤如下所述。

（1）右击"GISDATA"，从弹出的快捷菜单中选择"任务"—"备份"选项，打开"备份数据库"对话框，从"备份类型"下拉列表框中选择"差异"选项，其他内容不变，如图 3.28 所示。

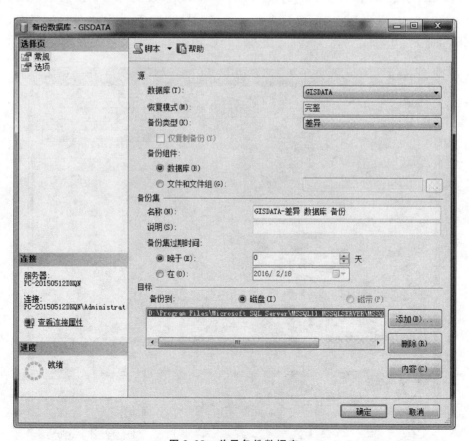

图 3.28　差异备份数据库

（2）打开"备份数据库-GISDATA"对话框中的"选项"页面，选中"追加到现有备份

集"单选按钮,以免覆盖现有的完整备份,再选中"完成后验证备份"复选框,如图3.29
所示。

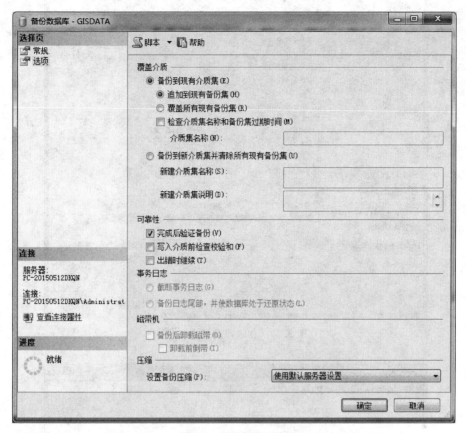

图 3.29　差异备份设置

（3）单击"确定"按钮开始备份。

3）事务日志备份方法

使用 SQL Server Management Studio 对数据库 GISDATAD 进行事务日志备份,具
体步骤如下。

（1）右击"GISDATA",在弹出的快捷菜单中选择"任务"—"备份"选项,打开"备份
数据库-GISDATA"对话框。

（2）在"备份数据库-GISDATA"对话框中,从"备份类型"后的下拉列表框中选择"事
务日志"选项,在"目标"下确保存在 GISDATA 设备,其他内容保持不变,如图 3.30
所示。

（3）打开对话框中的"选项"页面,选中"追加到现有备份集"单选按钮,以免覆盖现有
的完整备份和差异备份,选中"完成后验证备份"复选框。选中"截断事务日志"单选按
钮,如图 3.31 所示。

（4）设置完成后,单击"确定"按钮开始备份。

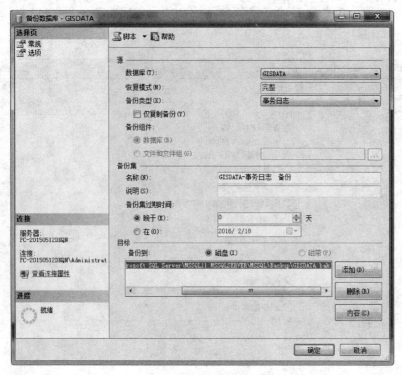

图 3.30 创建事务日志备份

图 3.31 事务日志备份选项

3.2.3　数据库的恢复模式与恢复方法

数据库的恢复又叫数据库还原,是指将数据备份加载到系统中的过程,完成数据恢复。系统在还原数据库的过程中,将自动执行安全性检查、重建数据库结构以及完成填写数据库内容。在还原数据库之前,首先要保证所使用的备份文件的有效性,并且在备份文件中包含所要还原的数据内容。

1. 数据库恢复模式

恢复模式是数据库的一个属性,是在数据库运行时,记录事务日志的模式,控制了将事务记录在日志中的方式、事务日志是否需要备份,以及允许的还原操作。为每个数据库选择最佳的恢复模式,是备份和还原策略必不可少的组成部分。数据库还原过程会根据数据恢复模式的不同,操作过程也有所不同。SQL Server 2012 提供了完整恢复模式、大容量日志恢复模式和简单恢复模式 3 种不同的数据恢复模式,以供数据库管理员根据系统的实际情况选择使用。

1) 完整恢复模式

完整恢复模式适用于十分重要的数据库系统,如金融、电信系统等。完整恢复模式可以在最大范围内防止数据丢失,使数据库免受各种故障影响。其主要步骤如下所述。

(1) 备份活动事务日志(日志尾部)。

(2) 还原最新的数据库的"完整备份",但不恢复数据库。

(3) 如果有"差异备份",则还原最新的"差异备份",但不恢复数据库。

(4) 依次还原日志。

(5) 恢复数据库。

在完整恢复模式下,用户可以进行"完整""差异""事务日志"以及"尾日志"的备份类型的操作,完整恢复模式是以牺牲数据库性能为代价来换取数据库的安全性,需要使用存储空间并会增加还原时间和复杂性。

2) 大容量日志恢复模式

当对数据库进行大批量的增加、删除和修改操作时,会产生大量的日志记录,严重地影响了数据库的性能,这种情况下采用大容量日志恢复模式,可以只对操作进行记录而不记录细节,大大减少了日志空间的使用量。但由于采用了最小日志来记录大容量操作,不能逐个管理事务重新捕获更改,因此增加了大容量操作丢失数据的风险。一般来说,只有在运行大规模大容量操作期间,以及在不需要数据库的时间点,恢复数据库时使用该模式。

此外,大容量日志恢复模式下,备份包含大容量日志记录操作的日志,需要访问包含大容量日志记录事务的数据文件。如果无法访问该数据文件,则不能备份事务日志,此时,必须重做大容量操作。

3）简单恢复模式

简单恢复模式没有事务日志备份,将自动回收日志空间以减少空间需求,简化了备份和还原。由于没有日志备份,在发生灾难时,不能恢复到灾难发生的时间点,因此这种恢复模式常在对数据库系统安全性要求不高的情况下使用。

（1）不需要故障点恢复。如果数据库损坏,则会丢失自上一次备份到故障发生之间的所有更新。

（2）愿意或可以承担丢失日志中某些数据的风险。

（3）不希望备份和还原事务日志,希望只依靠完整备份和差异备份。

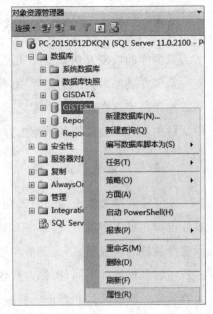

图 3.32　数据库属性菜单

2. 查看/设置数据库恢复模式

打开 SQL Server Management Studio,在"对象资源管理器"窗口中,展开"数据库"节点,右击某个数据库,在弹出的快捷菜单中选择"属性"选项,如图 3.32 所示。

在"数据库属性"对话框中,选择左边的"选项"页面,单击"恢复模式"下拉列表框就可以设置该数据库相应的恢复模式,如图 3.33 所示。

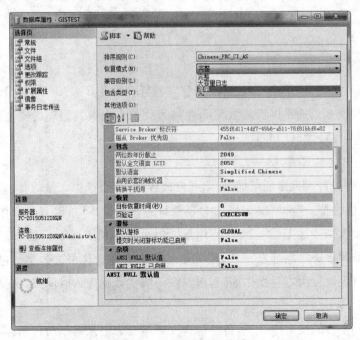

图 3.33　数据库属性对话框

3. 数据库的标准恢复

如果对数据库进行了完整备份,然后又进行了差异备份和事务日志备份,就必须全部恢复这三个备份文件才能使用数据库恢复到正常状态,这称为数据库的标准恢复。下面以 GISDATA 数据库为例来介绍标准恢复的过程。

(1) 右击选中"GISDATA",在弹出的快捷菜单中选择"任务"—"还原"—"数据库"选项,如图 3.34 所示。

图 3.34 还原数据库菜单

(2) 在弹出的"还原数据库-GISDATA"窗口中选中"数据库",并选择用于还原的备份集,然后单击"确定"按钮,如图 3.35 所示。

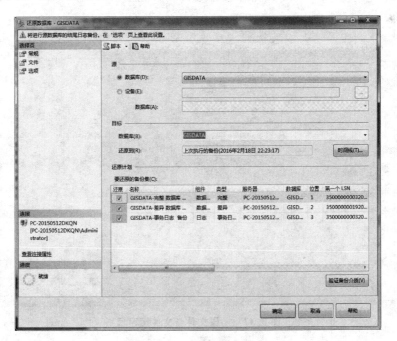

图 3.35 还原数据库窗口

（3）数据库成功还原后，会出现如图 3.36 所示的"成功还原了数据库'GISPATA'"对话框，单击"确定"按钮完成数据库还原。

4. 文件/文件组恢复

标准恢复可以将整个数据库恢复到某个正确状态，但在该正确状态之后发生的操作不能恢复，例如，完整备份数据库后新建的表就不能恢复，这种情况下，就需要使用文件/文件组恢复，操作步骤如下所述。

图 3.36　数据库还原成功

（1）右击 GISDATA 数据库，在弹出的快捷菜单中选择"任务"—"还原"—"文件/文件组"选项，打开"还原文件和文件组-GISDATA"对话框。

（2）在"常规"选项页面下，用前面介绍的方法选择备份设备后，在"选择用于还原的备份集"区域中选中文件组备份前面的复选框，单击"确定"按钮开始对数据库进行还原，如图 3.37 所示。

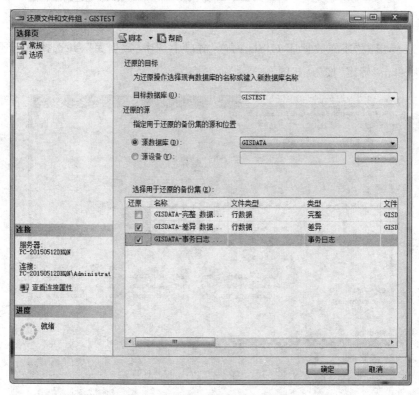

图 3.37　还原文件与文件组窗口

5. 时间点恢复

SQL Server 2012 进行日志备份的时候,不仅会为事务日志中的每个事务添加编号,而且还会给它们都标上一个时间,因此允许将数据库恢复到几分钟或几个小时前的状态,这就是时间点恢复。但是,时间点恢复不适用于完全备份和差异备份,而只适用于事务日志备份。使用时间点恢复后,指定恢复时间点以后对数据库进行的修改操作都将被丢失。例如,12:00 时进行了事务日志备份,13:00 时系统出错,这时使用时间点恢复可以将数据恢复到 12:00 时的状态,在 12:00~13:00 对数据库所做的所有修改都将丢失。

使用 SQL Server Management Studio 进行时间点恢复数据库的操作步骤如下所述。

(1) 右击 GISDATA 数据库,在弹出的快捷菜单中选择"任务"—"还原"—"数据库"选项,打开"还原数据库"对话框。

(2) 单击目标下面的"时间线"按钮,打开"备份时间线:GISDATA"对话框,选中"特定日期和时间"单选按钮,输入具体时间,如图 3.38 所示。

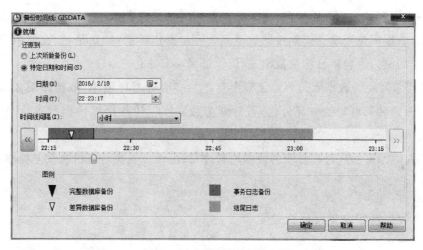

图 3.38 设置时间点恢复

(3) 设置完成后单击"确定"按钮。

3.2.4 不同备份与恢复策略的比较

备份是恢复数据库最容易和最能防止意外的方法。没有备份、所有的数据都可能会丢失。备份可以防止表和数据库遭受破坏、介质失效或用户错误而造成数据灾难。恢复是在意外发生后,利用备份来恢复数据库的操作。备份和恢复数据需要应用到具体的数据库环境中,因此,对于数据库管理员来说选择合适的数据库备份和恢复策略显得十分重要。良好的备份和恢复策略不仅可以提高数据的可用性,减少数据丢失,还能满足企业业务的特殊需求。

1. 确定备份和恢复的目标与要求

设计有效的备份和恢复策略需要数据库管理员计划、实现和测试。这其中涉及很多因素:企业对数据库可用性和防止数据丢失方面的要求,每个数据库的大小、使用模式和数据要求,硬件、人员、存储设备等物理安全性的要求。数据库管理员必须了解何时需要访问数据以及数据丢失后对企业业务产生何种影响,可以从以下几个方面来确定备份和恢复的目标与要求。

(1) 数据库可用性要求。主要包括每天数据库必须处于在线状态的时间段;服务器停机会对企业造成多大损失;如果遇到介质故障,企业可以接受的停机时间有多长;如果发生系统灾难,企业可以接受的停机时间有多长。

(2) 恢复要求。包括不丢失任何更改的重要程度和重新创建丢失的数据的难易程度。

(3) 数据库的使用模式。包括确定关键数据库的生产时段,以及这些时间段内所应采用的使用模式;确定什么时候需要大量使用数据库,从而导致频繁的插入和更新操作;确定哪些表更容易出现频繁修改;事务日志空间消耗是否会由于大量的更新活动而可能成为问题;数据库是否易受周期性的数据库大容量操作影响;如果是,则在使用完整恢复模式时,应切换为大容量日志恢复模式,以保证最小日志记录。

(4) 技术环境。数据库是否处于集中管理的多服务器环境中;数据库服务器是否是高可用性故障转移群集的一部分;是否计划为数据库创建数据库快照;是否计划使用日志传送等。

(5) 人员因素。是否有专职的数据库管理员;由谁负责执行备份和恢复操作;如何进行人员培训等。

2. 几种备份和恢复策略比较

1) 完整备份和恢复策略

当数据库规模比较小时,可以采用该策略。这种策略的主要优点是恢复过程比较快,例如,5 月 10 日对数据库进行了完整备份,5 月 12 日发生故障,则可以使用 5 月 10 日的备份对数据库进行恢复。这种策略的缺点是只能对备份点进行恢复,无法保证将数据库恢复到指定的时间点和故障点。如上面用 5 月 10 日的备份对 5 月 12 日的故障进行恢复,则会丢失 5 月 10—12 日对数据库所做的所有修改,更不可能恢复到 10—12 日的某个时间点。另外,完整备份较慢,所花的时间较长。

2) 完整兼差异备份和恢复策略

如果数据库比较大,定期执行完整备份将非常耗费人力、物力和财力,这时可以采用完整兼差异备份和恢复策略。相对于完整备份和恢复策略,该策略能够提供一个更快的备份,数据库管理员每次备份时,系统只记录完整备份以后数据库中发生的变化。

这种策略的主要缺点是恢复过程较慢,因为它需要恢复多个备份,包括完整备份和所需的差异备份。例如,系统在周一对数据库进行了完整备份,在以后每天都进行了差异备份,如果系统在周四出现了故障,则数据库管理员必须恢复周一的完整备份以及周二、周三的差异备份。

3) 完整兼事务日志备份和恢复策略

完整兼事务日志备份和恢复策略适用于任何类型的数据库,这种策略的优点有:可以提供一个非常快的备份过程,是从事务日志中清除旧事务的唯一备份和恢复策略,是唯一能够提供时间点恢复功能的备份和恢复策略。

这种策略的主要缺点是恢复过程比较慢,因为它同样需要恢复很多的备份。例如,系统在周一进行了完整备份,接下来在以后每天都对数据库分时段进行了 4 次备份,如果系统在周四出现故障,则数据库管理员至少要恢复周一的完整备份和周一到周三的 12 次事务日志备份。因此,虽然这种策略的备份速度很快,但其恢复往往很漫长。

4) 完整、差异兼事务日志备份和恢复策略

在实际应用中,将完整、差异、事务日志这 3 种备份方法结合起来使用可以获得最佳效果。例如,系统在周一进行了完整备份,在以后每天晚上 10 点进行差异备份,每天分 4 个时段进行 4 次事务日志备份。如果数据库在某一天出现故障,数据库管理员只需要恢复周一的完整备份、故障前一晚的差异备份以及当天发生故障前的事务日志备份即可。这种策略恰当而又简单。

5) 文件组备份和恢复策略

对于超大型数据库系统,最好的方法是采用文件组备份和恢复策略,文件组备份的机制是一次只备份数据库的一部分,而不是备份整个数据库。例如,一个 3TB 的数据库,可以将其存放在不同硬盘上的文件组中,如果某天某个文件出现故障,则只需要恢复文件所在的文件组备份和事务日志备份即可,而不需要恢复整个完整备份。

3.3　SQL Server 数据库安全性管理

系统安全保护措施是否有效是数据库系统的主要技术指标之一。对于数据库系统的任何一类用户而言,数据库系统的安全性都是至关重要的问题。SQL Server 2012 数据库在安全性方面较以前版本有了显著增强,提供了许多旨在改善数据库环境的总体安全性的增强功能和新功能,增加了密钥加密和身份验证功能,并引入了新的审核系统,以帮助报告用户行为并满足法规要求。

本节首先介绍了 SQL Server 的安全管理机制,然后详细讲述了 SQL Server 中的服务器安全管理和数据库安全管理等内容,主要内容有:SQL Server 的安全机制;服务器登录模式;创建登录账户和服务器角色管理;架构和数据库用户管理;数据库角色管理和数

据库权限管理。

3.3.1 SQL Server 的安全机制

SQL Server 的安全机制可以分为 4 个层次,分别为网络访问控制安全机制、服务器级别安全机制、数据库级别安全机制和对象级别安全机制,如图 3.39 所示。

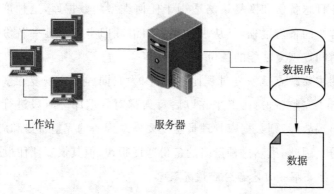

图 3.39 SQL Server 2012 安全层次结构示意图

1. 网络访问控制安全机制

用户使用客户端计算机通过网络访问 SQL Server 服务器时,要先获得客户端计算机操作系统的使用权。在网络环境中,SQL Server 可以直接访问网络端口,所以可以实现对 Windows NT 安全体系以外的服务器及其数据库的访问。SQL Server 2012 采用了集成 Windows NT 网络安全性的机制,所以使操作系统安全性得以提高,但同时也加大了管理数据库系统性和灵活性的难度。

2. 服务器级别安全机制

SQL Server 2012 服务器级别的安全性建立在控制服务器登录的基础上。SQL Server 2012 支持两种登录身份验证模式:Windows 身份验证模式、SQL Server 和 Windows 身份验证模式。用户的登录身份决定了用户在访问 SQL Server 2012 进程时可以拥有的权利,设计合理的登录方式是 SQL Server 2012 数据库管理员的重要任务之一。

SQL Server 2012 事先定义了许多服务器角色,这些角色是用户分配权限的单位。例如,拥有服务器角色的用户可以拥有服务器级别的管理权限,能为登录用户分配使用权限。

3. 数据库级别安全机制

用户登录 SQL Server 2012 服务器后并不意味着对每个数据库都能进行操作,通常在建立登录账户时,需要为登录账户选择默认的数据库,如果没有指定数据库,用户的权限将局限在 master 数据库以内。

默认情况下,数据库的拥有者可以访问该数据库的对象,可以分配访问权限给其他用户,以便让其他用户也拥有针对该数据库的访问权限。SQL Server 2012 可以要求每一个用户在系统或者服务器上有一个账户和口令,这样可以提供附加的保护。

4. 对象级别安全机制

数据对象的访问权限定义了用户对数据库中数据对象的引用、数据操作语句的许可权限。在创建数据库对象的时候,SQL Server 2012 自动把该数据库对象的拥有权限赋给该对象的所有者,对象的所有者可以实现该对象的安全控制。

在 SQL Server 2012 安全机制的作用下,用户访问数据要经历 3 个阶段:首先,用户必须登录到 SQL Server 服务器进行身份验证,确认合法后才能登录 SQL Server 实例;其次,用户在每个要访问的数据库里必须要有一个账户,SQL Server 将登录账户映射到数据库用户账户上,使用这个数据库账户来定义数据库管理和数据对象访问的安全策略;最后,检查用户是否具有访问数据库对象、执行动作的权限,经过权限的验证才能够实现对数据的操作。

3.3.2　服务器登录模式

连接到 SQL Server 2012 服务器时,必须提供正确的登录用户名和口令,数据库引擎首先会检查用户名和口令是否有效,然后再检查该登录用户是否是具备连接数据库访问许可的数据库用户。SQL Server 2012 服务器支持两种登录身份验证模式:Windows 身份验证模式和 SQL Server 身份验证模式。

当用户以 Windows 身份验证模式进行登录时,SQL Server 依靠操作系统来认证用户的合法性,由于该用户本身就是操作系统的合法用户,因此不需要提供用户的任何认证信息。当使用 SQL Server 身份验证时,SQL Server 依靠现有的 SQL Server 登录名来验证用户的合法性,因此需要提供用户名和口令。管理员可以根据需要对登录模式进行设置。具体操作步骤如下所述。

(1)在"开始"菜单中选择"所有程序"→Microsoft SQL Server 2012→SQL Server Management Studio 命令,出现"连接到服务器"对话框,如图 3.40 所示。

(2)在"连接到服务器"对话框中选择相应的登录模式,单击"连接"按钮连接到服务器,如图 3.41 所示。

(3)在对象资源管理器中,在 SQL Server 实例名(PC-20150512KQN)上右击,从弹出的快捷菜单中选择"属性"命令,打开"服务器属性"界面,在"服务器属性"界面的左边的"选择页"中选择"安全性",打开"安全性"选项页,如图 3.42 所示。

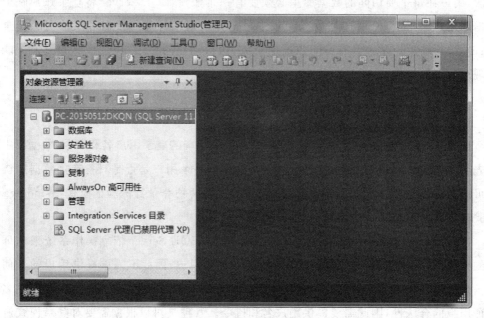

图 3.40 "连接到服务器"对话框

图 3.41 连接到服务器

(4)如图 3.42 所示，可以在"服务器身份验证"中设置身份验证模式，如果更改了身份验证模式后，则要重新启动 SQL Server 实例才能使其生效。

Windows 身份验证模式是推荐的身份验证模式。Windows 身份验证中没有密码信息，使用操作系统已有的所有安全特性，可以在集中的企业存储方案中管理用户账户信息。但是，当需要为不属于自己操作系统的用户或者所用操作系统与 Windows 安全体系不兼容的用户提供访问授权时，就需要采用 SQL Server 身份验证模式，并使用合法的 SQL Server 登录名连接 SQL Server 服务器。

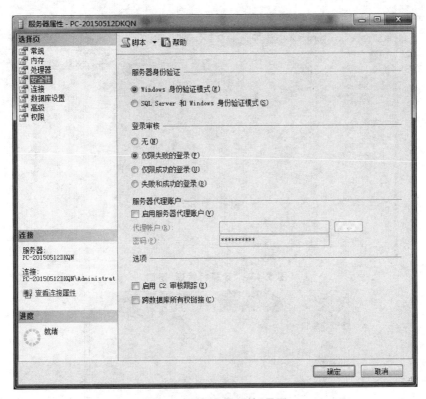

图 3.42　"服务器属性"界面

3.3.3　创建登录账户和服务器角色管理

1. 创建 Windows 身份登录账户

　　Windows 身份验证是 SQL Server 默认的登录验证方式。这种方式下的登录用户必须是 Windows Server 2000 或 Windows Server 2003 中已存在的用户,并且要通过 SQL Server Management Studio 或命令方式对该 Windows 用户进行授权。创建 Windows 身份登录账户,具体操作步骤如下。

　　(1) 选择"控制面板"—"管理工具"—"计算机管理"命令,在该窗口中展开"本地用户和组"节点,如图 3.43 所示。

　　(2) 右击"用户"节点,从弹出的快捷菜单中选择"新用户"命令,打开"新用户"对话框,在该对话框中设置用户的相应信息,如 mapview,完成后单击"创建"按钮,新用户创建成功,如图 3.44 所示。

　　(3) 打开 SQL Server Management Studio,选择"安全性"—"登录名"命令。右击"登录名"节点,从弹出的快捷菜单中选择"新建登录名"命令,打开"登录名—新建"对话框。单击"搜索"按钮,在打开的"选择用户或组"对话框中把上一步创建的用户"PC-20150512DKQN\mapview"添加进来,单击"确定"按钮返回,如图 3.45 所示。

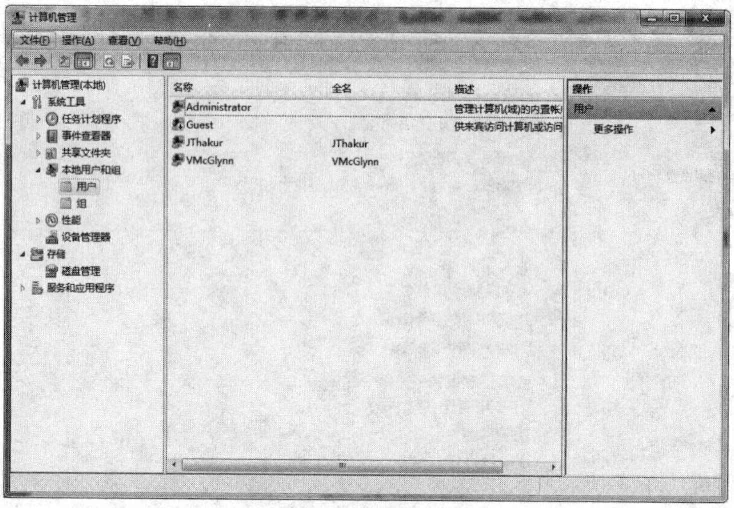

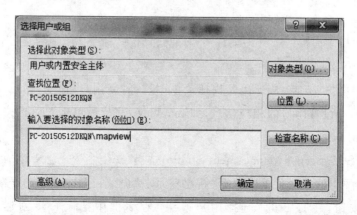

图 3.43 "计算机管理"窗口

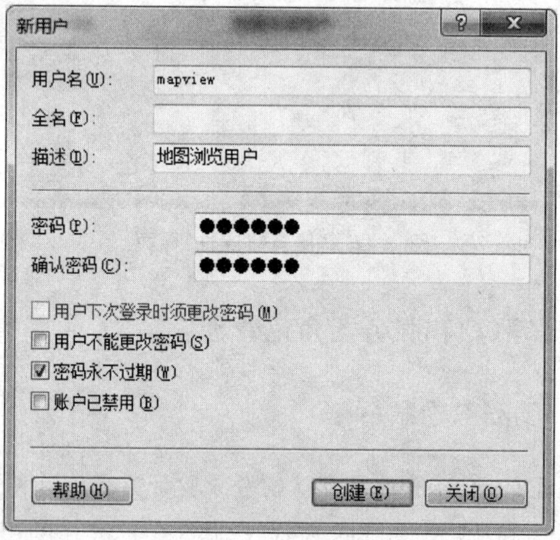

图 3.44 创建 Windows 新用户

图 3.45 添加用户或组

（4）右击用户名"PC-20150512DKQN\mapview"节点,从弹出的快捷菜单中选择"属性"命令,打开"登录属性"对话框,如图 3.46 所示。

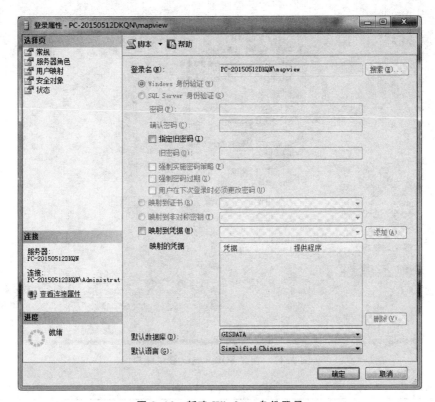

图 3.46　新建 Windows 身份登录

2. 创建 SQL Server 登录账户

当采用 SQL Server 和 Windows 身份验证模式时,则必须创建 SQL Server 账户进行登录。创建 SQL Server 登录账户,具体操作步骤如下所述。

（1）打开 Microsoft SQL Server Management Studio,展开"安全性"节点。

（2）右击"登录名",从弹出的快捷菜单中选择"新建登录名"命令,打开"登录名-新建"对话框,输入登录名,如 lemon,选中"SQL Server 身份验证"单选按钮,再输入相应的密码,如图 3.47 所示。

（3）在如图 3.47 所示的对话框中,单机"确定"按钮,即完成了用户名为"lemon"的 SQL Server 登录账户的创建。

3. 服务器角色管理

登录名创建后,SQL Server 使用服务器角色来限定登录用户对服务器的管理权限。服务器角色是 SQL Server 事先定义的,其角色名称及功能如表 3.1 所示。

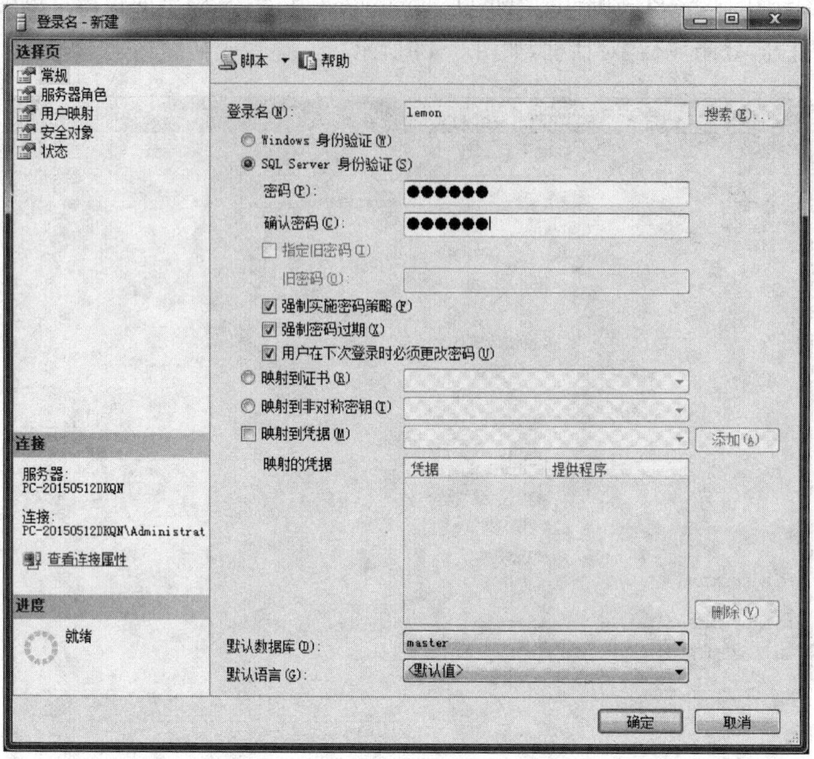

图 3.47 创建 SQL Server 登录账户

表 3.1 服务器角色

服务器角色	功能描述
Bulkadmin	运行 BULK INSERT 语句
Dbcreator	创建、修改删除和恢复数据库
Diskadmin	管理磁盘文件
Processadmin	管理 SQL Server 进程
Securityadmin	管理和审计服务器登录
Serveradmin	配置服务器端设置
Setupadmin	管理已连接的服务器并执行系统存储过程
Sysadmin	能够在服务器上执行任何操作
Public	每个登录名都属于 public 服务器角色

3.3.4 架构和数据库用户管理

1. 架构

用户与架构分离是 SQL Server 2005 对于安全体系最重要的改进，SQL Server 2012 同样继承了这一特点。架构是形成单个命名空间的数据库实例的集合。命名空间是一个集合，其中每个元素的名称都是唯一的。架构是数据库对象的命名空间。多个用户可以通过角色或成员身份或 Windows 组成员身份拥有一个架构，可以对这一架构进行安全权限的设置,删除数据库用户时不需要重命名该用户架构包含的对象,极大地简化了删除数据库用户的操作。

用 SQL Server Management Studio 创建架构,具体步骤如下所述。

(1) 打开 SQL Server Management Studio 工具,选择要创建架构的数据库,展开该数据库,再展开"安全性"节点,右击"架构"节点,在弹出快捷菜单中选择"新建架构"命令,弹出"架构-新建"对话框,如图 3.48 所示。

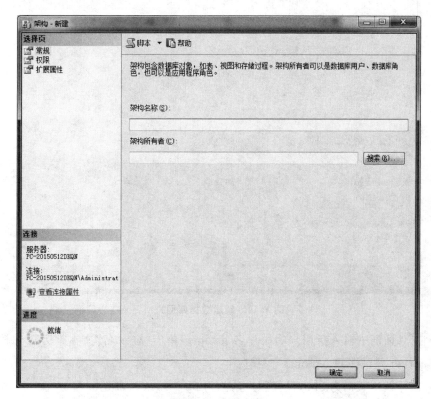

图 3.48　新建架构

(2) 输入架构名称,选择架构的所有者,默认所有者为 dbo。

(3) 配置完成后,单击"确定"按钮。

2. 数据库用户管理

数据是存放在数据库中的,登录的 SQL Server 服务器的用户需要具有访问某一数据库的权限。因此管理员必须为登录账户在数据库中建立用户,将它们之间关联,通过授权来指定用户可以访问的数据库对象。使用 SQL Server Management Studio 来创建数据库用户账户,具体操作步骤如下所述。

(1) 打开 SQL Server Management Studio,展开"数据库"节点,再展开相应的数据库,如 GISDATA。

(2) 展开"安全性"节点,右击"用户"节点,从快捷菜单中选择"新建用户"命令,打开"数据库用户-新建"对话框,如图 3.49 所示。

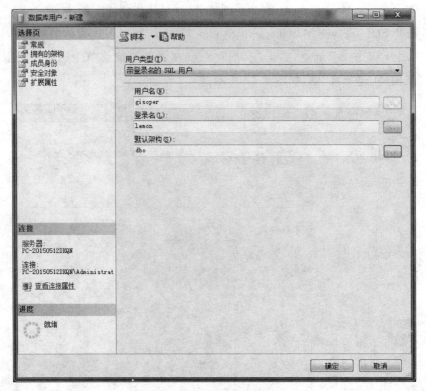

图 3.49 新建数据库用户

(3) 在对话框中输入新用户的用户名 gisoper,单击"登录名"文本框旁边的按钮,选择 SQL Server 登录账户 lemon。

(4) 选择默认架构为 dbo,设置用户角色为 db _ owner,如图 3.49 所示。

(5) 单击"确定"按钮,完成数据库用户的创建。

3.3.5 数据库角色管理

1. 固定的数据库角色

数据库用户创建后,可以使用数据库角色来为一组数据库用户指定数据库权限。SQL Server 2012 为数据库创建了 10 个固定的数据库角色,这些角色是权限的集合,便于进行用户权限管理。用户不能增加、修改和删除这些固定的数据库角色,表 3.2 列出了这些固定的数据库角色。

通过 SQL Server Management Studio 将用户添加到固定数据库角色中来获得权限,具体操作步骤如下所述。

表 3.2 固定数据库角色

固定数据库角色名称	权限说明
db_owner	可以执行数据库的所有配置和维护活动,还可以删除数据库
db_securityadmin	可以修改角色成员身份和管理权限。向此角色中添加主体可能会导致意外的权限升级
db_accessadmin	可以为 Windows 登录名、Windows 组和 SQL Server 登录名添加或删除数据库访问权限
db_backupoperator	可以备份数据库
db_ddladmin	可以在数据库中运行任何数据定义语言(DDL)命令
db_datawriter	可以在所有用户表中添加、删除或更改数据
db_datareader	可以从所有用户表中读取所有数据
db_denydatawriter	不能添加、修改或删除数据库内用户表中的任何数据
db_denydatareader	不能读取数据库内用户表中的任何数据
public	一个特别的数据库角色,所有数据库用户都属于 public 角色,不能将用户从 public 角色中移除

(1) 打开 SQL Server Management Studio,在"对象资源管理器"中展开"数据库"节点,例如,选择 GISDATA—"安全性"—"角色"—"数据库角色"命令。

(2) 双击 db_owner,打开"数据库角色属性-db_owner"对话框。

(3) 单击"添加"按钮,打开"选择数据库用户或角色"对话框,然后单击"浏览"按钮打开"查找对象"对话框,选中数据库用户"guest"的复选框,如图 3.50 所示。

图 3.50 "查找对象"对话框

(4) 单击"确定"按钮打开"选择数据库用户或角色"对话框,再单击"确定"按钮打开"数据库角色属性"对话框,就可以看到 guest 已经列入 db_owner 的角色成员中了,如图 3.51所示。

(5) 单击"确定"按钮关闭"数据库角色属性-db_owner"对话框,操作完成。

图 3.51 "数据库角色属性"对话框

2. 用户自定义角色

如果要使用角色对用户权限进行更细致的设置,就需要创建一个自定义的数据库角色,对这个自定义角色分配权限,然后将用户指派给该角色。创建一个自定义数据库角色,具体步骤如下所述。

(1) 打开 SQL Server Management Studio,选择"数据库"—GISDATA—"安全性"—"角色"—"数据库角色",右击"数据库角色"节点,从弹出的快捷菜单中选择"新建数据库角色"命令,打开"数据库角色-新建"对话框。输入角色名称"gisrole",选择所有者为"dbo",单击"添加"按钮,选择数据库用户为"guest",设置情况如图 3.52 所示。

(2) 在图 3.52 对话框中打开"安全对象"页面,单击"搜索"按钮,选择"属于该架构的所有对象"中的"db_owner",单击"确定"按钮,在"安全对象"中选择"ziyuan",选中对话框下面的"选择"后面的"授予"复选框。

(3) 单击"列权限"按钮为表中每一列分配具体的权限,分配好权限后单击"确定"按钮创建这个角色。

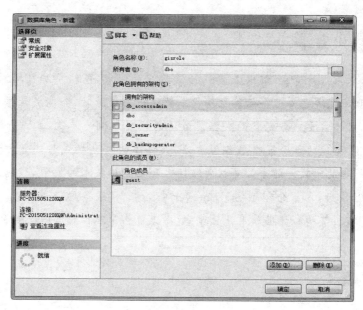

图 3.52　新建数据库角色

3.3.6　数据库权限管理

数据库权限决定了用户对数据库对象的使用权和操作权。用户在数据库中的权限取决于用户所在的角色和用户账户的数据库权限。SQL Server 提供了一个完善的权限结构，可以对登录账户、角色、表、存储过程等对象设置权限。表 3.3 列出了表的操作权限。

表 3.3　表的操作权限

权限	说明	权限	说明
alter	可以更改表的属性	select	可以在表中选择行
control	提供所有权之类的权限	take ownership	可以取得表的所有权
delete	可以在表中删除行	update	可以更新行
insert	可以向表中插入行	view definition	可以访问表的元数据
references	可以通过外键引用其他表		

存储过程是开发人员最常用到的数据库对象之一，也是需要保护的对象。用户需要具备相应的权限来执行一个存储过程。表 3.4 列出了可以为存储过程授予的权限，当执行一个存储过程时，SQL Server 会检查当前的数据库用户是否具有正存储过程的执行权限，如果当前用户不具备执行权限，则执行被拒绝。

表 3.4　存储过程权限

权限	说明	权限	说明
Alter	可以更改存储过程属性	Take ownership	可以取得存储过程的所有权
Control	可以提供所有权之类的权限	View definition	可以查看存储过程的元数据
Execute	可以执行存储过程		

本 章 小 结

首先,本章系统地介绍了 SQL Server 数据库的组成,包括系统数据库、数据库存储文件和数据库主要元素。当计算机硬件或软件出现故障时,会造成数据库中的数据丢失或破坏,因此需要一套完整的数据库备份与恢复机制。其次,本章介绍了数据的导入与导出、数据库的备份策略与备份方法、数据库的恢复模式与恢复方法以及不同备份与恢复策略的比较。随着计算机网络技术和数据库技术的发展,数据库安全性问题更为突出。最后,本章介绍了 SQL Server 安全机制、服务器登录模式、创建登录和服务器角色管理、架构和数据加用户管理、数据库角色管理和数据库权限管理。

习 题

一、填空题

1. SQL Server 2012 提供的 4 种备份策略:(　　　)、(　　　)、(　　　)和(　　　)。

2. SQL Server 2012 中,系统数据库是(　　　)、(　　　)、(　　　)和(　　　)。

3. SQL Server 2012 中,3 个独立的存储文件包括:(　　　)、(　　　)和(　　　)。

4. 常见的数据库备份的设备类型有(　　　)、(　　　)和(　　　)。

二、简答题

1. SQL Sever 2012 提供的 3 种不同数据恢复模式。

2. 简述数据库备份的作用。

3. 简述 SQL Server 的安全机制。

第 4 章　SQL Server Management Studio 管理数据库

　　管理数据库就是对数据库进行设计、定义以及维护的过程。数据库的效率和性能在很大程度上取决于数据库的设计和优化。本章将对 Microsoft SQL Server 2012 系统的常用对象：数据库、数据表和索引，进行全面的分析和介绍。

4.1　数据库的建立与维护

4.1.1　创建数据库

　　每个 SQL Server 2012 数据库都由以下数据库对象组成：关系图、表、视图、存储过程、用户、角色、规则、默认、用户自定义数据类型和用户自定义函数。

　　创建数据库就是确定数据库名称、文件名称、数据文件大小、数据库的字符集、是否自动增长以及如何自动增长等信息的过程。在一个 Microsoft SQL Server 实例中，最多可以创建 32 767 个数据库。数据库的名称必须满足系统的标识符规则。在命名数据库时，要使数据库名称简短且有一定的含义。

　　在 SQL Server 2012 中创建数据库，最简单的方法是使用 SQL Server Management Studio 工具。在该工具中，用户可以对数据库的大部分特性进行设置，用户根据提示创建数据库，具体操作步骤如下所述。

　　(1) 启动 SQL Server Management Studio 工具，出现"连接到服务器"对话框，如图 4.1 所示。

图 4.1　"连接到服务器"对话框

（2）在"连接到服务器"对话框中，单击"连接"，SQL Server Management Studio 主窗口也随之打开，本节的操作是在名为 ALVINLEE-PC 的服务器默认安装实例上进行的，读者应根据自己的练习环境和实例来做相应的替换。

（3）在如图 4.2 所示的"对象资源管理器"窗口中，右击"数据库"，在弹出的快捷菜单中选择"新建数据库"命令，系统会打开"新建数据库"窗口，如图 4.3 所示。

（4）单击"新建数据库"对话框中的"常规"选项卡，如图 4.3 所示。在"数据库名称"文本框中，输入数据库的名称，系统会自动为数据库设定"逻辑名

图 4.2 "对象资源管理器"窗口

称"等信息。本例中数据库名称设为"test"，系统会自动为该数据库建立两个数据库文件"test. mdf"和"test ＿ log"，默认存储在安装目录下。在"选项"选项卡中，可以充分配置数据库，具体内容详见 4.1.2 节。

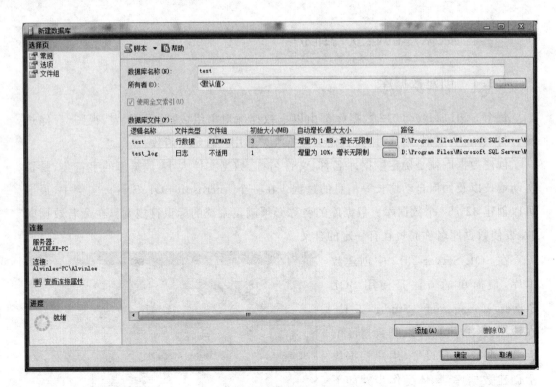

图 4.3 "新建数据库"窗口

（5）单击"确定"按钮，创建数据库完成。在"对象资源管理器"中，打开"数据库"目录，可以看到新建的"test"数据库，如图 4.4 所示。

图 4.4　新建的"test"数据库

4.1.2　配置数据库

在如图 4.3 所示的"新建数据库"对话框中,可以充分配置数据库。

(1) 在"常规"页面中,"所有者"可以是具有创建数据库权限的登录名。

(2)"数据库文件"默认 .mdf 为扩展名存储在硬盘上,例如,test.mdf。mdf 代表 master data file,是主数据文件(primary data file)的名字。所有的数据库都必须有一个主数据文件,该文件不仅用来为数据库保存数据,也存储了构成数据库的所有其他文件的位置,还存储了数据库目录的启动信息。

(3)"文件类型"列显示文件是数据文件还是日志文件,数据文件是用来存放数据,而日志文件用来存放对数据所做操作的记录。

(4)"初始大小(MB)"列,如果数据库全空,则数据库的初始大小就是其大小。但数据库的空间一开始就会被系统表占用一些,因此数据库是不会彻底为空的。预估出需要用到的大小,可多给一些空间,以避免产生碎片。

(5)"自动增长"列,该选项显示 SQL Server 是否能在数据库达到其初始大小极限时自动应付。

在如图 4.5 所示的"选项"页面中,可以设置数据库的排序规则,恢复模式兼容级别及其他选项的设置。

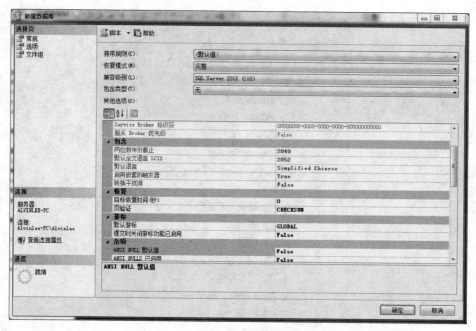

图 4.5　"选项"页面

在如图 4.6 所示的"文件组"页面中,可设置或添加数据库文件和文件组的属性,如只读、默认值等。

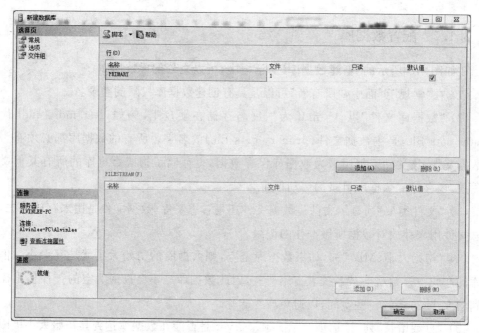

图 4.6　"文件组"页面

4.1.3　更改数据库

应用 SQL Server Management Studio,修改已建立数据库的某些设置以及创建时无法设置的属性,具体操作步骤如下所述。

（1）右击所要修改的数据库,例如,test,从弹出的快捷菜单中选择"属性"选项,出现如图 4.7 所示的"数据库属性-test"设置窗口,比创建数据库时多了两个选择页,即"选项"和"权限"页框。

（2）在"常规"页面中,可以看到数据库的状态,所有者、创建日期、大小、可用空间、用户数、备份和维护等信息,如图 4.7 所示。

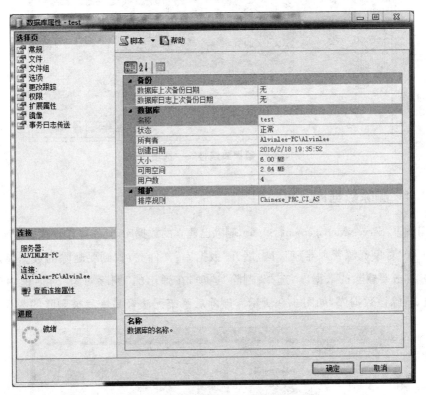

图 4.7　"数据库属性"—"常规"页面

（3）在"文件"页面中,与创建数据库时相同,可以重新指定数据库文件和事务文件的名称、存储位置、初始容量大小等属性。

（4）在"文件组"页面中,与创建数据库时相同,可以添加或删除文件组。但是,如果文件组中有文件则不能删除,必须先将文件移除后,才能删除文件组。

（5）在"选项"页面中,可以为数据库设置若干个决定数据库特点的数据库级选项,如图 4.8 所示,包括自动创建统计信息、自动更新统计信息、自动异步更新统计信息、自动关闭和自动收缩等功能。

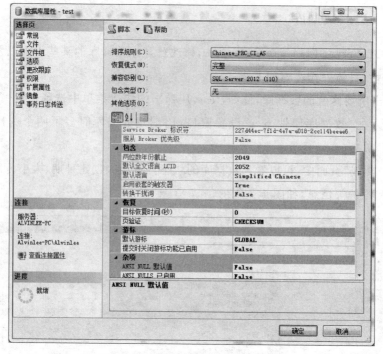

图 4.8 "数据库属性"—"选项"页面

4.1.4 删除数据库

应用 SQL Server Management Studio，删除已建立的数据库，具体操作步骤如下所述。

（1）在"对象资源管理器"窗口中展开"数据库"文件夹，找到要删除的数据库。

（2）右击要删除的数据库，选择"删除"选项，在弹出的"删除对象"对话框中单击"确定"按钮，删除该数据库，如图 4.9 所示。删除后系统无法轻易恢复被删除的数据库。

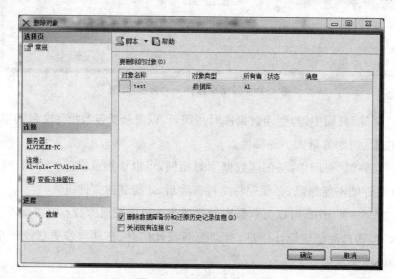

图 4.9 "删除对象"窗口

4.2　数据表的建立与维护

表是关系模型中表示实体的方式,是具有行列结构的数据库对象。表是数据库中最基本、最重要和最核心的对象,是组织数据的方式,是实际存储数据的地方。其他许多数据库对象,例如,索引、视图等,都依附于表对象存在。管理数据库实际上就是管理数据库中的表,表结构的设计质量直接影响到数据库中数据的使用效率。

4.2.1　列的数据类型

在 SQL Server 2012 中,指定列的数据类型相当于定义了该列的 4 个特性:①对象所含的数据类型,如字符、整数或二进制数;②所存储值的长度或它的大小;③数据精度(仅用于数字数据类型);④小数位数(仅用于数字数据类型)。

SQL Server 提供系统数据类型集,定义了可与 SQL Server 一起使用的所有数据类型;每个表可以定义至多 250 个字段,除文本和图像数据类型外,每个记录的最大长度限制为 1 962 个字节。下面介绍常用的几类数据类型。

1. 精确数字类型

精确数字类型包括:整数类型、Bit(位类型)、Decimal 和 Numeric(数值类型)、Money 和 SmallMoney(货币类型)。

1) 整数类型

整数类型是最常用的数据类型之一,它主要用来存储数值,可以直接进行数据运算,而不必使用函数转换。整数类型包括以下 4 类,如表 4.1 所示。

表 4.1　整 数 类 型

整数类型	存储整数范围	存储字节
Bigint	$-2^{63} \sim 2^{63}-1$(9 223 372 036 854 775 807)	8 个
Int(Integer)	$-2^{31} \sim 2^{31}-1$	4 个
Smallint	$-2^{15} \sim 2^{15}-1$	2 个
Tinyint	$0 \sim 255$	1 个

2) 位数据类型

Bit 称为位数据类型,其数据有两种取值:0 和 1,长度为 1 字节,如表 4.2 所示。当输入 0 以外的其他值时,系统均视为 1。这种数据类型常作为逻辑变量使用,用来表示真、假或是、否二值数据。

表 4.2　位数据类型

位数据类型	取值范围	存储字节
Bigint	0、1	1 个

3）十进制数据类型

十进制数据类型包括：Decimal 数据类型和 Numeric 数据类型。这两种数据类型功能完全相同，定义格式是 Decimal$[(p[,s)])]$ 或 Numeric$[(p[,s)])]$，其中 p 表示精度（即最多可以存储的十进制数的位数），默认值为 18；s 表示小数点后的位数，默认值为 0。例如，Decimal(10,5)，表示共有 10 位数，其中整数 5 位，小数 5 位。该数据类型可存储 $-10^{38}+1 \sim 10^{38}-1$ 的固定精度和小数位的数据，如表 4.3 所示。

表 4.3　十进制数据类型

十进制类型	取值范围
Decimal	$-10^{38}+1 \sim 10^{38}-1$，最大位数为 38 位
Numeric	$-10^{38}+1 \sim 10^{38}-1$，最大位数为 38 位

4）货币数据类型

货币数据类型用于存储货币值，包括：Money 和 SmallMoney 两种，如表 4.4 所示。当输入 Money 或 SmallMoney 类型数据时，必须加一个货币单位符号作前缀。

表 4.4　货币数据类型

货币类型	存储货币值范围	存储字节
Money	922 337 203 685 477.580 8～922 337 203 685 477.580 7。精确到货币单位的万分之十，固定有 4 位小数	8 个
SmallMoney	214 748.364 8～214 748.364 7	4 个

2. 近似数字类型

近似数字类型，包括 Real 和 Float 两大类，如表 4.5 所示。Real 可以存储正的或者负的十进制数值，最大可以精确到 7 位小数。Float 可以精确到第 15 位小数，如果不指定 Float 数据类型的长度，它占用 8 个字节的存储空间。Float 数据类型也可以写为 Float(n) 的形式，n 指定 Float 数据的精度，n 为 1～15 的整数值。当 n 取 1～7 时，实际上是定义了一个 Real 类型的数据，占用 4 个字节存储空间；当 n 取 8～15 时，实际是定义了一个 Float 类型，占用 8 个字节存储空间。

表 4.5　近似数字类型

近似数字类型	存储范围	存储字节
Real	$-3.40 \times 10^{-38} \sim 3.40 \times 10^{38}$	4 个
Float	$-1.79 \times 10^{-308} \sim 1.79 \times 10^{308}$	4 个或 8 个

3. 日期和时间类型

日期和时间类型，包括 Datetime 和 Smalldatetime，如表 4.6 所示。Datetime 前 4 个字存储基于 1900 年 1 月 1 日之前或者之后日期数，数值分正负，负数存储的数值代表在基数日期之前的日期,正数表示基数日期之后的日期,时间以子夜后的毫秒存储在后面的 4 个字节中。Smalldatetime 前 2 个字节存储日期 1900 年 1 月 1 日以后的天数,时间以子夜后的分钟数形式存储在后面 2 个字节中。

表 4.6 日期和时间类型

日期和时间类型	存储范围	存储字节
Datetime	公元 1753 年 1 月 1 日零时起—公元 9999 年 12 月 31 日 23 时 59 分 59 秒的所有日期和时间,其精确度可达三百分之一秒,即 3.33 毫秒。默认的格式是 MM DD YYYY hh:mm A. M. /P. M	8 个字节
Smalldatetime	1900 年 1 月 1 日—2079 年 6 月 6 日内的日期,精度为 1 分钟	4 个字节

4. 字符数据类型

字符数据类型也是 SQL Server 中最常用的数据类型之一,它可以用来存储各种字母、数字符号和特殊符号。在使用字符数据类型时,需要在其前后加上英文单引号或者双引号,如表 4.7 所示。

表 4.7 字符数据类型

日期和时间类型	存储范围	存储字节
char	最大长度为 8 000 个字符	定长单字节字符
varchar	最大长度为 8 000 个字符	变长单字节字符
text	最大长度为 $2^{31}-1$(2 147 483 647)个字符	变长单字节字符

(1) char:其定义形式为 char(n),当用 char 数据类型存储数据时,每个字符和符号占用一个字节的存储空间。n 表示所有字符所占的存储空间,n 的取值为 1~8 000。若不指定 n 值,系统默认 n 的值为 1。若输入数据的字符串长度小于 n,则系统自动在其后添加空格来填满设定好的空间;若输入的数据过长,将会截掉其超出部分。如果定义了一个 char 数据类型,而且允许该列为空,则该字段被当作 varchar 来处理。

(2) varchar:其定义形式为 varchar(n)。用 char 数据类型可以存储长达 255 个字符的可变长度字符串,和 char 类型不同的是 varchar 类型的存储空间是根据存储在表的每一列值的字符数变化的。例如,定义 varchar(20),则对应的字段最多可以存储 20 个字符,但是在每一列的长度达到 20 字节之前,系统不会在其后添加空格来填满设定好的空间,因此使用 varchar 类型可以节省空间。

(3) text:用于存储文本数据,其容量理论上为 $2^{31}-1$(2 147 483 647)个字节,但实际应用时要根据硬盘的存储空间而定。

5. Unicode 字符数据类型

Unicode 字符数据采用双字节字符编码标准,每个字符和符号占用两个字节的存储空间。Unicode 字符数据类型,包括 nchar、nvarchar 和 ntext 三种,如表 4.8 所示。

表 4.8　Unicode 字符数据类型

字符数据类型	存储范围	存储字节
nchar	最大长度为 4 000 个字符	定长双字节字符
nvarchar	最大长度为 4 000 个字符	变长双字节字符
ntext	最大长度为 $2^{30}-1$ 个字符	变长双字节字符

(1) nchar:其定义形式为 nchar(n)。与 char 数据类型类似,不同的是 nchar 数据类型 n 的取值范围为 1~4 000。nchar 数据类型采用 Unicode 标准字符集,Unicode 标准用两个字节为一个存储单位,其一个存储单位的容纳量就大大增加了,可以将全世界的语言文字都包括在内,在一个数据列中就可以同时出现中文、英文、法文等,而不会出现编码冲突。

(2) nvarchar:其定义形式 nchar(n)。与 varchar 数据类型相似,nvarchar 数据类型也采用 Unicode 标准字符集,n 的取值范围为 1~4 000。

(3) ntext:与 text 数据类型类似,存储在其中的数据通常是直接能输出到显示设备上的字符,显示设备可以是显示器、窗口或者打印机。ntext 数据类型采用 Unicode 标准字符集,因此其理论上的容量为 $2^{30}-1$ 个字节。

6. 二进制字符数据类型

二进制数据类型,包括 Binary、Varbinary 和 Image 三种,如表 4.9 所示。

表 4.9　二进制字符数据类型

二进制数据类型	存储范围	存储字节
Binary	最大长度为 8 000 个字符	定长二进制数据
Varbinary	最大长度为 8 000 个字符	变长二进制数据
Image	最大长度为 $2^{31}-1$ 个字符	变长二进制数据

(1) Binary:其定义形式为 Binary(n),数据的存储长度是固定的,即 $n+4$ 个字节,当输入的二进制数据长度小于 n 时,余下部分填充 0。二进制数据类型的最大长度(即 n 的最大值)为 8 000,常用于存储图像等数据。

(2) Varbinary:其定义形式为 Varbinary(n),数据的存储长度是变化的,实际为所输入数据的长度加 4 个字节。其他含义同 Binary。

(3) Image:用于存储照片、目录图片或者图画,其理论容量为 $2^{31}-1$ 个字节。其存储数据的模式与 text 数据类型相同,通常存储在 Image 字段中的数据不能直接用 insert 语句直接输入。

7. 其他数据类型

(1) sql_variant:用于存储除文本、图形数据和 timestamp 类型数据外的其他任何合法的 SQL Server 数据。此数据类型极大地方便了 SQL Server 的开发工作。

（2）table：用于存储对表或者视图处理后的结果集。这种新的数据类型使得变量可以存储一个表，从而使函数或过程返回查询结果更加方便、快捷。

（3）timestamp：亦称时间戳数据类型，它提供数据库范围内的唯一值，反应数据库中数据修改的相对顺序，相当于一个单调上升的计数器。当它所定义的列在更新或者插入数据行时，此列的值会被自动更新，一个计数值将自动地添加到此 timestamp 数据列中。如果建立一个名为"timestamp"的列，则该列的类型将自动设为 timestamp 数据类型。

（4）uniqueidentifier：用于存储一个 16 字节长的二进制数据类型，它是 SQL Server 根据计算机网络适配器地址和 CPU 时钟产生的全局唯一标识符代码（globally unique identifier，GUID）。此数字可以通过调用 SQL Server 的 newid()函数获得，在全球各地的计算机经由此函数产生的数字不会相同。

（5）XML：可以存储 XML 数据的数据类型。利用它可以将 XML 实例存储在字段中或者 XML 类型的变量中。注意存储类型为 XML 的数据长度不能超过 2GB。

（6）cursor：这是变量或存储过程 OUTPUT 参数的一种数据类型，这些参数包含对游标的引用。使用 cursor 数据类型创建的变量可以为空。注意：对于 Createtable 语句中的列，不能使用 cursor 数据类型。

4.2.2　创建表

应用 SQL Server Management Studio 创建表，具体操作步骤如下所述。

（1）在"对象资源管理器"列表中展开要建表的数据库，如 test。

（2）右击"表"选项，在弹出的快捷菜单中选择"新建表"命令，则出现"表设计器"窗口，如图 4.10 所示。

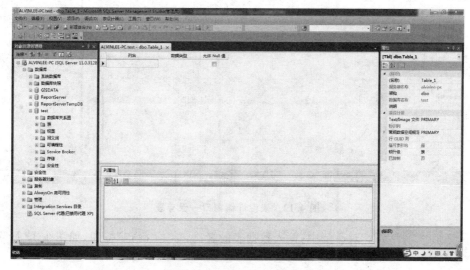

图 4.10　"表设计器"窗口

（3）在"表设计器"窗口中定义表结构，即逐个定义好表中的列（字段），包括名称（列名）、数据类型、长度等，如图 4.11 所示。

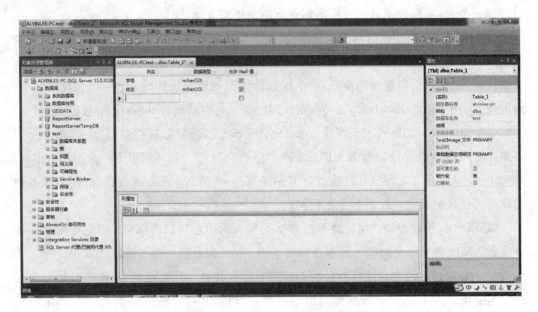

图 4.11　表设计器窗口—输入字段

（4）单击工具栏上的"保存"图标，保存新建的数据表，如图 4.12 所示。

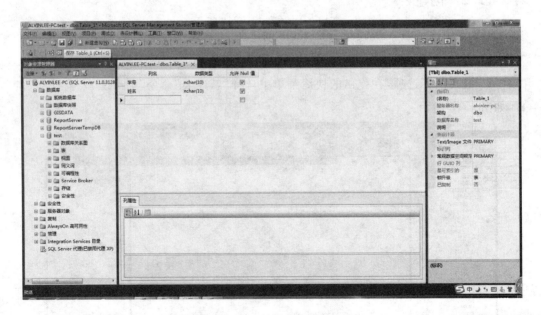

图 4.12　表设计器窗口—保存表

（5）在"选择名称"对话框中，输入数据表的名称，单击"确定"按钮，如图 4.13 所示。

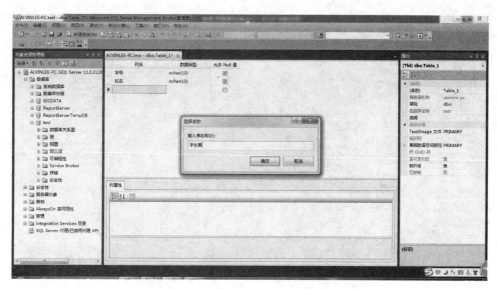

图 4.13　表设计器窗口—输入表名

4.2.3　使用约束

约束是 SQL Server 提供的自动保持数据库完整性的一种方法,通过限制字段中数据、记录中数据和表之间的数据来保证数据的完整性。在 SQL Server 中,对于基本表的约束,分为列约束和表约束两种。

列约束是对某一个特定列的约束,包含在列定义中,直接跟在该列的其他定义之后,用空格分隔,不必指定列名;表约束与列定义相互独立,不包括在列定义中,通常用于对多个列一起进行约束,与列定义用“,”分隔,定义表约束时必须指出要约束的那些列的名称。

在 SQL Server 2012 中有 6 种约束:主键约束(primary key constraint)、唯一性约束(unique constraint)、检查约束(check constraint)、默认约束(default constraint)、外键约束(foreign key constraint)和空值(NULL)约束。

1. 主键约束

主键约束用于定义基本表的主键,主键是唯一确定表中每一条记录的标识符,其值既不能为 NULL,也不能重复,以此来保证实体的完整性。

设置主键的操作方法:打开设置约束的数据表,右击要操作的列名,从弹出的快捷菜单中选择“设置主键”选项,然后根据提示操作,如图 4.14 所示。

2. 唯一性约束

唯一性约束用于指定一个或者多个列的组合值具有唯一性,以防止在列中输入重复

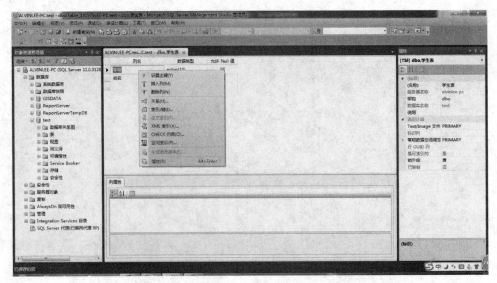

图 4.14　设置主键约束

的值。定义了 UNIQUE 约束的那些列称为唯一键,系统自动为唯一键建立唯一索引,从而保证了唯一键的唯一性。

唯一性约束与主键约束类似,通过建立唯一索引来保证基本表在主键列取值的唯一性,但它们之间存在很大的区别:①在一个基本表中只能定义一个主键约束,但可以定义多个唯一性约束;②对于指定为主键的一个列或多个列的组合,其中任何一个列都不能出现空值,而对于唯一性所约束的唯一键,则允许为空;③不能为同一个列或一组列既定义唯一性约束,又定义主键约束。主键既可用于列约束,可也用于表约束。

当使用唯一性约束时,需要考虑以下几个因素:使用唯一性约束的字段允许为空值;一个表中可以允许有多个唯一性约束;可以把唯一性约束定义在多个字段上;唯一性约束用于强制在指定字段上创建一个唯一性索引;默认情况下,创建的索引类型为非聚集索引。

应用 SQL Server Management Studio 创建和修改唯一性约束,具体操作步骤如下。

(1) 在"对象资源管理器"中打开要设置约束的数据表,右击要操作的列名,从弹出的快捷菜单中选择"索引/键"命令。

(2) 在打开的对话框中单击"添加"按钮。"选定的主/唯一键或索引"列表将显示新索引的系统分配名称,如图 4.15 所示。

(3) 在网格中,单击"类型"选项,从属性右侧的下拉列表中选择"索引";在"列名"之下,选择要进行索引的列,最多可选择 16 列。为获得最佳的性能,只为每个索引选择一列或两列。对于所选的每一列,指定索引是以升序还是以降序来排列此列的值;单击"是唯一的"从属性右侧的下拉列表中选择"是"选项。

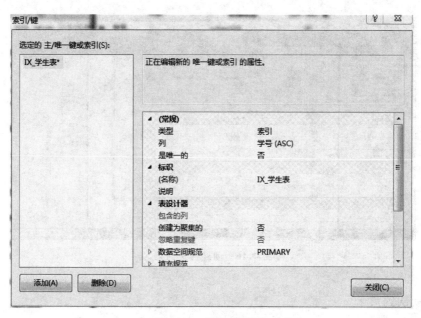

图 4.15　设置索引/键

（4）设置完成后，单击"关闭"按钮，关闭"索引/键"对话框。

（5）单击工具栏上的"保存"按钮，即可完成设置。

3. 检查约束

检查约束对输入列或者整个表中的值设置检查条件，以限制输入值，保证数据库数据的完整性。当使用检查约束时，应该考虑和注意以下几点：①一个列级检查约束只能与限制的字段有关；一个表级检查约束只能与限制的表中字段有关；②一个表中可以定义多个检查约束；③每个 CREATE TABLE 语句中每个字段只能定义一个检查约束；④在多个字段上定义检查约束，则必须将检查约束定义为表级约束；⑤当执行 INSERT 语句或者 UPDATE 语句时，检查约束将验证数据；⑥检查约束中不能包含子查询。

应用 SQL Server Management Studio 创建检查约束，具体操作步骤如下。

（1）在"对象资源管理器"中打开要设置约束的数据表，右击要操作的列名，从弹出的快捷菜单中选择"CHECK 约束"命令。

（2）在打开的对话框中单击"添加"按钮。"选定的 CHECK 约束"列表将显示新索引的系统分配名称，可在"名称"文本框中输入该约束的名称，如图 4.16 所示。

（3）在网格中，单击"表达式"框内带有省略号按钮，输入指定检查条件。

（4）设置完成后，单击"关闭"按钮，关闭"CHECK 约束"对话框。

（5）单击工具栏上的"保存"按钮，即可完成设置。

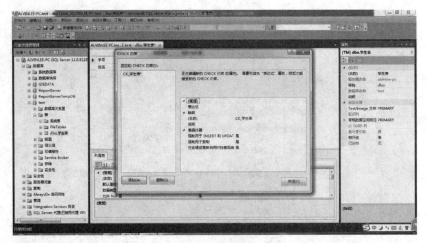

图 4.16　创建检查约束

4. 默认约束

　　默认约束指定在插入操作中如果没有提供输入值时,则系统自动指定值。默认约束可以包括常量、函数、不带变元的内建函数或者空值。使用默认约束时,应该注意以下几点:①每个字段只能定义一个默认约束;②如果定义的默认值长于其对应字段的允许长度,那么输入到表中的默认值将被截断;③不能加入带有 IDENTITY 属性或者数据类型为 timestamp 的字段上;④如果字段定义为用户定义的数据类型,而且有一个默认绑定到这个数据类型上,则不允许该字段有默认约束。

　　应用 SQL Server Management Studio 创建默认约束,具体操作步骤:在"对象资源管理器"中打开要设置约束的数据表,选定要设置的字段,选中字段属性中的默认属性,在"默认值或绑定"栏中输入该字段的默认值,即可创建默认约束,如图 4.17 所示。

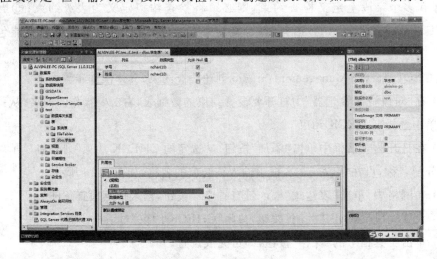

图 4.17　创建默认约束

5. 外键约束

外键(foreign key)是用于建立和加强两个表数据之间的链接的一列或多列。外键约束用于强制参照完整性。当使用外键约束时,应该考虑以下几个因素:①外键约束提供了字段参照完整性;②外键从句中的字段数目和每个字段指定的数据类型都必须和REFERENCES 从句中的字段相匹配;③外键约束不能自动创建索引,需要用户手动创建;④用户想要修改外键约束的数据,必须有对外键约束所参考表的 SELECT 权限或者 REFERENCES 权限;⑤参考同一表中的字段时,必须只使用 REFERENCES 子句,不能使用外键子句;⑥一个表中最多可以有 31 个外键约束;⑦在临时表中,不能使用外键约束;⑧主键和外键的数据类型必须严格匹配;⑨在外键引用中,当一个表的列被引用作为另一个表的主键值的列时,就在两表之间创建了链接。这个列就是第二个表的外键。

6. 空值约束

空值(NULL)约束用来控制是否允许该字段的值为 NULL。NULL 值不是 0,不是空白,而是表示"不知道""不确定"或"没有数据"的意思。

当某一字段的值一定要输入才有意义的时候,则可以设置为 NOT NULL。例如:主键列就不允许出现空值,否则就失去了唯一标识一条记录的作用。空值(NULL)约束只能用于定义列约束。

创建空值(NULL)约束常用的操作方法:打开"表设计"对话框后,选中要设置空值约束的字段,直接设置"允许 NULL 值"复选框,如图 4.18 所示。

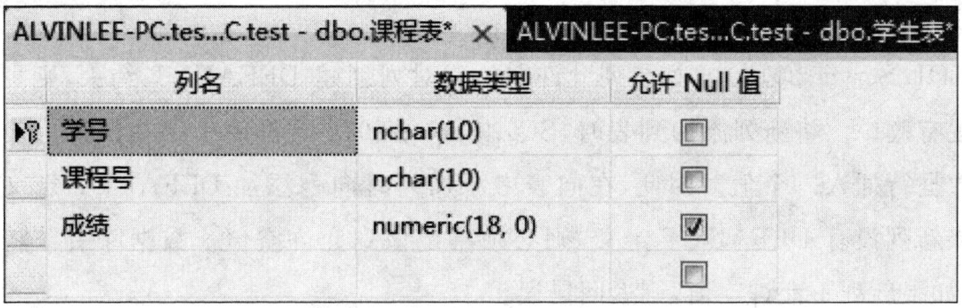

图 4.18　设置空值约束

4.2.4　修改表结构

当数据库中的表创建完成后,可以根据需要改变表中原先定义的许多选项,以更改表的结构。用户可以增加、删除和修改列,增加、删除和修改约束,更改表名以及改变表的所有者等。

1. 修改表属性

修改列属性包括以下一些内容。

(1) 修改列的数据类型。如果可以将现有列中的现有数据类型转换为新的数据类型,则可以更改该列的数据类型。

(2) 修改列的数据长度。选择数据类型时,将自动定义长度。只能增加或减少具有binary、nchar、char、varbinary、nchar、char、varbinary、varchar 或 nvarchar 数据类型的列的长度属性,对于其他数据类型的列,其长度由数据类型确定,无法更改。如果新指定的长度小于原列长度,则列中超过新列长度的所有值都将被截断,而且无任何警告。无法更改用主键约束或外键约束定义的列的长度。

(3) 修改列的精度。列的精度是选定数据类型所使用的最大位数;非数值列的精度指最大长度或定义的列长度。

(4) 修改列的小数位数。numeric 或 decimal 列的小数位数是指小数点右侧的最大位数。选择数据类型时,列的小数位数默认为 0。对于含有近似浮点数的列,因为小数点右侧的位数不固定,所以以未定义小数位数。如果要重新定义小数点右侧可显示的位数,则可以更改 numeric 或 decimal 列的小数位数。

(5) 修改列的允许为空性。可以将列定义为允许或不允许为空值,默认情况下,列允许为空值,仅当现有列中不存在空值且没有为该列创建索引时,才可以将该列更改为不允许为空值。可以将不允许为空值的现有列更改为允许为空值,除非为该列定义了主键约束。

2. 添加和删除列

1) 添加列

在 SQL Server 2012 中,如果列允许空值或对列创建 DEFAULT 约束,则可以将列添加到现有表中。将新列添加到表时,SQL Server 2012 数据库引擎在该列为表中的每个现有数据行插入一个值。因此,在向表中添加列时向列添加 DEFAULT 定义会很有用。如果新列没有 DEFAULT 定义,则必须指定该列允许空值。数据库引擎将空值插入该列,如果新列不允许空值,则返回错误。

2) 删除列

在 SQL Server 2012 中,可以删除现有表中的列,但具有下列特征的列不能被删除。

(1) 用于索引的列。

(2) 用于 CHECK、FOREIGN KEY、UNIQUE 或 PRIMARY KEY 约束的列。

(3) 与 DEFAULT 定义关联或绑定到某一默认对象的列。

(4) 绑定到规则的列。

(5) 已注册支持全文索引的列。

3. 增加、修改和删除约束

1）增加、修改和删除主键约束

可以在创建表时，创建单个主键约束，作为表定义的一部分。如果表已存在，且没有主键约束，则可以添加主键约束。一个表只能有一个主键约束。

为表中的现有列添加主键约束时，数据库引擎将检查现有列的数据和元数据，以确保主键符合以下规则：①列不允许有空值。创建表时指定的主键约束列，隐式转换为 NOT NULL。由于稀疏列必须允许空值，因此稀疏列不能用作主键的一部分；②不能有重复的值。如果为具有重复值或允许有空值列添加主键约束，则数据库引擎将返回一个错误并且添加主键约束失败。

数据库引擎会自动创建唯一的索引来强制实施主键约束的唯一性要求。如果表中不存在聚集索引或未显示指定非聚集索引，则将创建唯一的聚集索引以强制实施主键约束。如果已存在主键约束，则可以修改或删除它。例如，可以让表的主键约束引用其他列，更改列的顺序、索引名、聚集选项或主键约束的填充因子。但是，不能更改使用主键约束定义的列长度。

如果存在以下情况，则不能删除主键约束：①如果另一个表中的外键约束引用了主键约束，则必须先删除外键约束；②表包含应用于自身的 Primary XML 索引。

2）增加、修改和删除唯一性约束

创建表时，可以创建唯一性约束作为表定义的一部分。如果表已经存在，可以添加唯一性约束（假设：组成唯一性约束的列或列组合仅包含唯一的值）。一个表可以含有多个唯一性约束。默认情况下，向表中的现有列添加唯一性约束后，数据库引擎将检查列中的现有数据，以确保所有值都是唯一的。如果向含有重复值的列添加唯一性约束，数据库引擎将返回错误消息，并且不添加约束。数据库引擎将自动创建唯一性索引来强制执行唯一性约束的唯一性要求。因此，如果试图插入重复行，数据库引擎将返回错误消息，说明该操作违反了唯一性约束，不能将该行添加到列表中。除非显示制定了聚集索引，否则，默认情况下将创建唯一的非聚集索引以强制执行唯一性约束。

如果唯一性约束已经存在，可以修改或删除它。若要修改唯一性约束，必须首先删除现有的唯一性约束，然后用新定义重新创建。若要删除对约束中所包括列或列的组合输入值的唯一性要求，请删除唯一性约束。如果相关联的列被用作表的全文索引，则不能删除唯一性约束。

3）添加、修改和删除检查约束

创建表时，可以创建检查约束作为表定义的一部分。如果表已经存在，则可以添加检查约束。表和列可以包含多个检查约束。如果已存在检查约束，则可以修改或删除它。例如，可能需要修改表中某列的检查约束使用的表达式。要修改检查约束，必须首先删除现有的检查约束,然后使用新定义重新创建。

4) 添加、修改和删除默认约束

在创建表时,可以创建默认约束作为表定义的一部分。如果表已经存在,则可以添加默认约束。表中的每一列可以包含一个默认约束,默认值必须与要应用默认约束的列的数据类型相匹配。例如,int 列的默认值必须是整数,而不能是字符串。

不能为如下定义的列创建默认约束:①timestamp 数据类型;②稀疏列,因为稀疏列必须允许存在空值;③identity 或 guid 属性;④现有的默认约束或默认对象。

将默认约束添加到表中的现有列后,默认情况下,数据库引擎仅将新的默认值添加到该表的新数据行。使用以前的默认约束插入的现有数据不受影响。但是,向现有的表中添加新列时,可以指定数据库引擎在该表中现有行的新列中插入默认值(由默认约束指定)而不是空值。

如果某个默认约束已经存在,则可以修改或删除该定义。例如,可以修改当没有输入值的列中插入的值。若要修改默认约束,必须首先删除现有的默认约束,然后用新定义重新创建它。如果删除了默认约束,则当新行中的该列没有输入值时,数据库引擎将插入空值而不是默认值。但是,表中的现有数据保持不变。

5) 添加、修改和删除外键约束

创建表时,可以创建外键约束作为表定义的一部分。如果表已经存在,则可以添加外键约束。一个表可以包含多个外键约束。

如果已存在外键约束,则可以修改或删除它。例如,可能需要使表的外键约束引用其他列。但是,不能更改定义了外键约束的列的长度。若要修改外键约束,必须首先删除现有的外键约束,然后用新定义重新创建。

删除外键约束可消除外键列与另一表中相关主键列或唯一性约束列之间的引用完整性要求。

6) 增加和修改标识符列

通过使用 identity 属性可以实现标识符列,为表中所插入的第一行指定一个标识号(identityspeed 属性),并确定要添加到种子上的增量(identityincrement 属性)以确定后面的标识号。将值插入到有标识符列的表中之后,数据库引擎会通过向种子添加增量来自动生成下一个标识值。当向现有表中添加标识符列时,还会将标识号添加到现有表行中,并按照最初插入这些行的顺序应用种子值和增量值。同时还为所有新添加的行生成标识号。不能修改现有表列来添加 identity 属性。

在用 identity 属性定义标识符列时,应注意下列几点:①一个表只能有一个使用 identity 属性定义的列,且必须通过使用 decimal、int、numeric、smallint、bigint 或 tinyint 数据类型来定义该列;②可指定种子和增量,二者的默认值均为 1;③标识符列不允许为 null 值,也不能包含 default 定义或对象;④在设置 identity 属性后,可以使用 $ identity

关键字在选择列表中引用该列,还可以通过名称引用该列;⑤objectproperty()函数可用于确定一个表是否具有 identity 列,columnproperty()函数可用于确定 identity 列的名称;⑥通过使值能够显示插入,setidentity_insert 可用于禁用列的 identity 属性。

如果在经常进行删除操作的表中存在标识符列,由于已删除的标识值不再重新使用,那么标识值之间可能会出现稀缺,要避免出现这类情况,请勿使用 identity 属性。

4.2.5　编辑表

在 SQL Server 管理平台中,展开指定的数据库和表,右击要编辑的表,从弹出的快捷菜单中选择"编辑前 200 行"选项,则出现"编辑表"窗口,如图 4.19 所示。

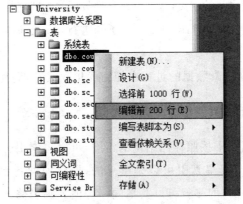

图 4.19　编辑前 200 行

4.2.6　删除表

在 SQL Server 管理平台中,展开指定的数据库和表,右击要删除的表,从弹出的快捷菜单中选择"删除"选项,则出现"删除对象"窗口,如图 4.20 所示。

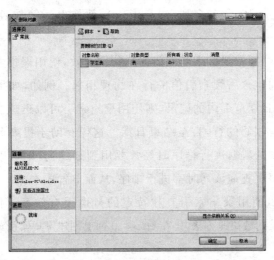

图 4.20　"删除对象"窗口

4.3 索引的建立与维护

索引是数据库随机检索的常用手段,实际上就是记录的关键字与其相应地址的对应表。通过索引可大大提高查询速度。此外,在 SQL Server 中,行的唯一性也是通过建立唯一索引来维护的。

使用索引可以大大提高系统的性能,其具体表现在以下几点。

(1) 通过创建唯一索引,可以保证数据记录的唯一性。

(2) 可以大大加快数据检索速度。

(3) 可以加速表与表之间的连接,这一点在实现数据的参照完整性方面有特别的意义。

(4) 在使用 ORDER BY 和 GROUP BY 子句进行检索数据时,可以显著减少查询中分组和排序的时间。

(5) 使用索引可以在检索数据的过程中使用优化隐藏器,提高系统性能。

4.3.1 索引的结构和类型

在 SQL Server 数据库中按照存储结构的不同,可以将索引分为两类:聚集索引和非聚集索引。聚集索引和非聚集索引可以是唯一的,即任何两行都不能有相同的索引键值;索引也可以是不唯一的,即多行可以共享同一键值。每当修改了表数据后,系统会自动维护表或视图的索引。

1. 聚集索引

聚集索引中键值的逻辑顺序决定了表中相应行的物理顺序,聚集索引的结构如图 4.21 所示。由于聚集索引规定数据在表中的物理存储顺序,因此一个表只能包含一个聚集索引,但该索引可以包含多个列(组合索引),就像电话簿按姓氏和名字进行排列一样。

聚集索引对于那些经常要搜索范围值的列特别有效,使用聚集索引找到包含第一个值的行后,便可以确保包含后续索引值的行在物理相邻。例如,如果应用程序执行的一个查询经常检索某一日期范围内的记录,则使用聚集索引可以迅速找到包含开始日期的行,然后检索表中所有相邻的行,直至结束日期。这样有助于提高此类查询的性能。同样,如果对从表中检索的数据进行排序时经常要用到某一列,则可以将该表在该列上聚集(物理排序),避免每次查询该列时都进行排序,从而节省成本。

当索引值唯一时,使用聚集索引查找特定的行也很有效率。例如,使用唯一雇员 emp_id 查找特定雇员的最快速方法,是在 emp_id 列上创建聚集索引或 primarykey 约束。

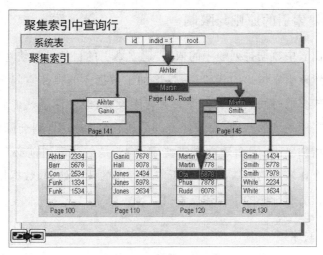

图 4. 21　聚集索引的结构

2. 非聚集索引

非聚集索引中索引的逻辑顺序与磁盘上行的物理存储顺序不同,通过二叉树的数据结构来描述,非聚集索引的叶节点是索引节点,但有一个指针指向对应的数据块。非聚集索引中的项目按索引键值的顺序存储,而表中的信息按另一种顺序存储。由于非聚集索引使用索引页存储,因此它比聚集索引需要更多的存储空间,且检查效率较低。

非聚集索引中查找数据时,可以为常用的每个列创建一个非聚集索引。例如,一本介绍园艺的书,可能会包含一个植物通俗名称索引和一个植物学名索引,因为这是读者查找信息的两种最常用的方法,非聚集索引的结构如图 4.22 所示。

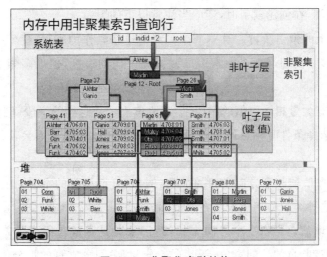

图 4. 22　非聚集索引结构

4.3.2　创建索引的原则与限制

索引就是给出表中数据排列顺序的依据,建立索引的目的是加快对表中记录的查找或排序。为表设置索引要付出的代价:一是增加了数据库的存储空间;二是在插入和修改数据时要花费较多的时间。基于合理的数据库设计,经过深思熟虑后为表建立索引,是获得高性能数据库系统的基础;而未经合理分析便添加索引,则会降低系统的总体性能。是否要为表增加索引、索引建立在哪些字段上,是创建索引前必须要考虑的问题。解决此问题的一个比较好的方法,就是分析应用程序的业务处理、数据使用,为经常被用作查询条件或者被要求排序的字段建立索引。

1. 创建索引的原则

基于优化器对 SQL 语句的优化处理,在创建索引时可以遵循下面的一般性原则。

(1) 为经常出现在关键字 order by、group by 和 distinct 后面的字段,建立索引。

在这些字段上建立索引,可以有效地避免排序操作。如果建立的是复合索引,索引的字段顺序要和这些关键字后面的字段顺序一致,否则索引不会被使用。

(2) 在 union 等集合操作的结果集字段上,建立索引。

(3) 为经常用作查询选择的字段,建立索引。

(4) 在经常用作表连接的属性上,建立索引。

(5) 考虑使用索引覆盖。对数据很少被更新的表,如果用户经常只查询其中的几个字段,可以考虑在这几个字段上建立索引,从而将表的扫描改变为索引的扫描。

2. 创建索引的限制

除了以上原则,在创建索引时,还应当注意以下的限制。

(1) 限制表上的索引数目。对一个存在大量更新操作的表,所建索引的数目一般不要超过 3 个,最多不要超过 5 个。索引虽说提高了访问速度,但太多索引会影响数据的更新操作。

(2) 不要在有大量相同取值的字段上,建立索引。在这样的字段(例如,性别)上建立索引,字段作为选择条件时将返回大量满足条件的记录,优化器不会使用该索引作为访问路径。

(3) 避免在取值朝一个方向增长的字段(例如,日期类型的字段)上,建立索引;对复合索引,避免将这种类型的字段放置在最前面。

由于字段的取值总是朝一个方向增长,新记录总是存放在索引的最后一个叶页中,从而不断地引起该叶页的访问竞争、新叶页的分配、中间分支页的拆分。此外,如果所建索引是聚集索引,表中数据按照索引的排列顺序存放,所有的插入操作都集中在最后一个数据页上进行，从而引起插入"热点"。

（4）对复合索引，按照字段在查询条件中出现的频度建立索引。在复合索引中，记录首先按照第一个字段排序。对于在第一个字段上取值相同的记录，系统再按照第二个字段的取值排序，以此类推。只有复合索引的第一个字段出现在查询条件中，该索引才可能被使用。因此，将应用频度高的字段，放置在复合索引的前面，会使系统最大可能地使用此索引，发挥索引的作用。

（5）删除不再使用，或者很少被使用的索引。表中的数据被大量更新，或者数据的使用方式被改变后，原有的一些索引可能不再被需要。数据库管理员应当定期找出这些索引，将它们删除，从而减少索引对更新操作的影响。

总之，索引就好像一把双刃剑，可以提高数据库的性能，也可能对数据库的性能起反面作用。作为数据库管理员，要有这个能力判断在合适的时间、合适的业务、合适的字段上建立合适的索引。

4.3.3　创建索引的步骤

应用 SQL Server Management Studio 创建索引，具体操作步骤如下。

（1）展开指定的服务器和数据库，选择要创建索引的表，展开该表，如图 4.23 所示，右击"索引"选项，从弹出的快捷菜单中选择"新建索引"选项，就会出现"新建索引"对话框，如图 4.24 所示。

图 4.23　"新建索引"菜单

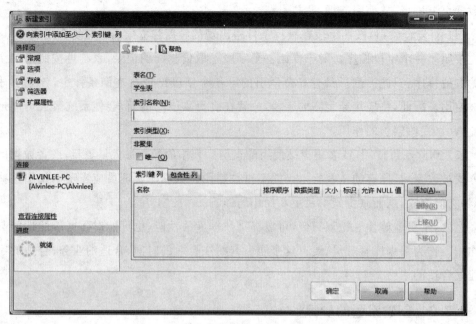

图 4.24   "新建索引"对话框

（2）在"新建索引"对话框的"常规"页面的"索引名称"文本框中输入新建索引的名称，在前面的选择框中选择是否为聚集索引，是否为唯一索引。单击"添加"按钮，打开"从'dbo.学生表'中选择列"对话框，可选择用于创建索引的字段，如图 4.25 所示。

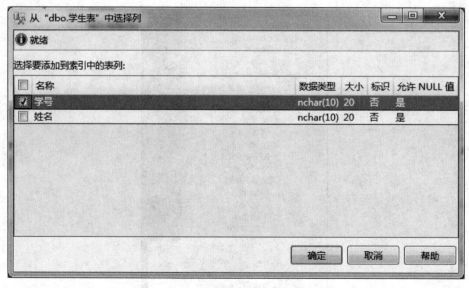

图 4.25   选择需要创建索引的字段

（3）打开创建索引对话框的"选项"页面，在此设定索引的属性，如图 4.26 所示。选择完各选项后单击"确定"按钮，即可生成新的索引；单击"取消"按钮则取消新建索引的操作。

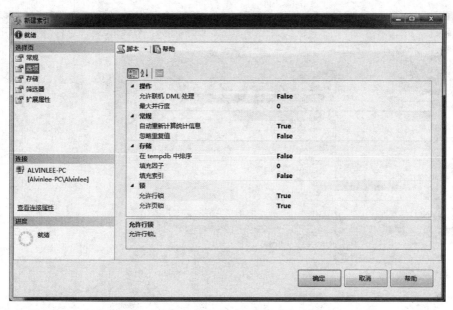

图 4.26 索引选项页面

4.3.4 修改和删除索引

应用 SQL Server Management Studio 查看、修改和删除索引,具体操作步骤如下。

(1) 展开指定的服务器和数据库项,从选项中选择"索引"选项,则会出现表中已存在的索引列表。双击某一索引名称,则出现"索引属性"对话框,如图 4.27 所示,打开"索引属性"—"碎片"页面,如图 4.28 所示。

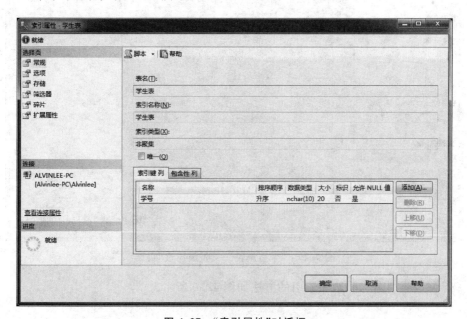

图 4.27 "索引属性"对话框

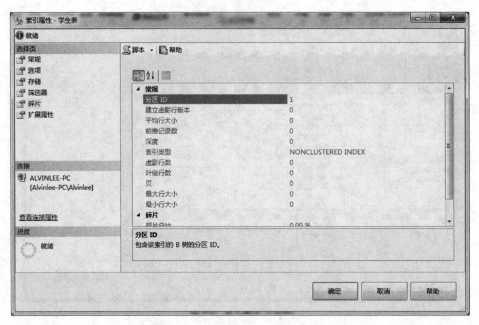

图 4. 28　"索引属性"—"碎片"页面

（2）打开"索引属性"—"扩展属性"页面，主要包括数据库名称、校对模式等，如图 4.29所示。

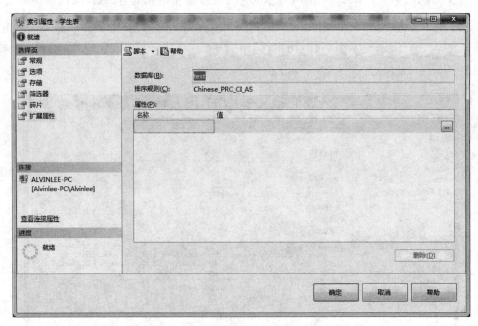

图 4. 29　"索引属性"—"扩展属性"页面

（3）修改索引名称和删除索引的方法如图 4.30 所示。

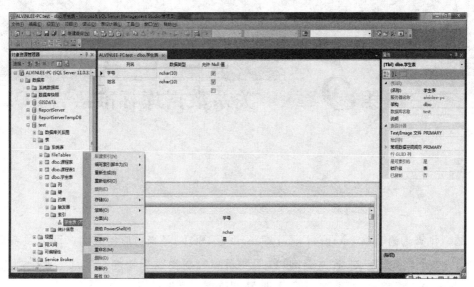

图 4.30 修改和删除索引

　　数据库是数据库管理系统的基础和核心,是存放数据库对象的容器,也是使用数据库时首先面对的对象。本章详细地介绍了数据库的建立与维护,包括创建数据库、配置数据库、更改数据库和删除数据库;数据表的建立与维护,包括列的数据类型、创建表、使用约束、修改结构和删除表;索引的建立与维护包括索引的结构和类型、创建索引的原则与限制、创建索引的步骤以及修改和删除索引。

习 题

1. SQL Server 2012 提供了哪两种类型的数据库?

2. SQL Server 2012 有哪些系统数据库? 各有什么作用?

3. 创建数据库 test_db,指定数据文件逻辑文件名为 test_db_data,初始大小为 12MB,最大值为 150MB,增长方式为每次增大 3MB,日志文件逻辑文件名为 test_db_log,初始大小为 10MB,最大值为 50MB,增长方式为每次增大 5%,并且把数据库文件存储在 d:\test_db 下。

4. SQL Server 2012 有哪几种约束? 各有什么作用?

5. 使用索引有什么好处? 在 SQL Server 2012 中建立索引应遵循哪些原则?

第 **5** 章 关系数据库标准语言 SQL

结构化查询语言(structured query language,SQL)是当前应用最为广泛的关系数据库语言,包括了数据定义、数据查询、数据更新和数据操纵等功能。本章主要学习 SQL 简介、数据定义语言、数据查询语言、数据操纵语言和视图的操作。

5.1 SQL 简介

SQL 是 IBM 公司在 20 世纪 70 年代开发的关系数据库原型 System R 的一部分。SQL 已经成为关系数据库通用的查询语言,几乎所有关系数据库系统都支持它。20 世纪 80 年代初,美国国家标准协会(ANSI)即着手 SQL 的标准化工作,1986 年 ANSI 的数据库委员会批准了 SQL 作为关系数据库语言的美国标准,即第一个 SQL 标准。后来,又在 1989 年和 1992 年相继对其进行了扩充和完善,即 ANSI SQL 89 和 ANSI SQL 92。这些标准的出台使 SQL 作为标准的关系数据库语言的地位更加巩固,大多数数据库供应商纷纷采用 SQL 作为其产品的检索语言。

微软公司在 SQL 标准的基础上做了大幅度扩充,成为 Transact-SQL。有关 Transact-SQL,将在第 6 章中做详细介绍。

SQL 由三部分组成,包括数据定义语言(DDL)、数据操纵语言(DML)、数据控制语言(DCL)。SQL 具有数据查询、数据操纵、数据定义和数据控制功能,数据库的所有操作都可以通过 SQL 来完成,其中最重要的是数据查询功能。常用的 SQL 命令如表 5.1 所示。

表 5.1 常用的 SQL 命令

分类	命令动词	功能
数据查询	SELECT	查询数据
数据定义	CREATE	建立基本表
	DROP	删除基本表
	ALTER	修改基本表

续表

分类	命令动词	功能
数据操纵	INSERT	插入记录
	UPDATE	修改记录
	DELETE	删除记录
数据控制	GRANT	授权
	REVOKE	撤销授权

SQL是一种非过程化的语言。用SQL语句解决一个问题时,用户只需告诉系统要做什么就可以了,实现过程是由系统自动完成的。另外,SQL还具有面向集合操作、语法易学易用等特点。

5.2　数据定义语言

SQL数据定义语言主要涉及数据库和基本表的建立、修改和删除,以及索引的建立和删除。

5.2.1　定义数据库

1. 数据库的创建

数据库可以被看成包含表、视图、索引以及触发器等数据库对象的容器,每个数据库对应于操作系统中的多个文件。创建数据库前,必须先确定数据库的名称、所有者、大小以及用于存储该数据库的文件等。使用SQL语言创建库的语法如下:

```
Create Database  <数据库名称>
[on [ Primary]
  [<数据文件说明>  [,…n] ] [,<文件组>  [,…n]]]
[ Log on      [<日志文件说明> [,…n] ] ]
数据文件说明::=([Name= 数据库逻辑名,]
          Filename= 实际使用的路径和文件名
          [,Size= 初始容量]
          [,Maxsize= {最大长度|Unlimited}]
          [,Filegrowth= 文件扩展增量])[,…n]
文件组::= Filegroup 文件组名称[,…n]
```

命令说明:

(1) Create Database:创建数据库的关键字,后面紧跟数据库名称。

(2) Primary:该选项是一个关键字,指定主文件组中的文件。

(3) Log on:指定日志文件的名称、地址和长度等属性。

（4）Name：指定数据库的逻辑名称，是数据库在 SQL Server 中的标识符。

（5）Filename：指定数据库文件的实际存储路径和文件名。

（6）Size：指定数据库的初始容量大小。

（7）Maxsize：指定数据文件最大长度，若用 Unlimited 则表示数据文件可以无限制地增长。

（8）Filegrowth：指定文件增长的递增量或递增方式，可用 MB、KB 指定，也可用百分数指定。

（9）〈日志文件说明〉的内容和格式与〈数据文件说明〉相同。

（10）在 SQL Server 查询编辑器中，不区分大小写。

（11）以上所有标点符号，必须是西方状态下的符号。

例 5.1　创建 university 数据库，各项参数取系统默认值。

具体操作步骤如下所述。

（1）在 SQL Server 管理界面中单击"新建查询"按钮，输入下面的 SQL 语句。

```
Create Databaseuniversity
On Primary
 (Name= 'university ',
  Filename =  ' C: \ Program  Files \ Microsoft  SQL  Server \ MSSQL \ Data \
  university. Mdf',
 Size= 10mb,
 Maxsize= 30mb,
 Filegrowth= 1mb )
Log On
 (Name= 'university _ Log',
 Filename= 'C:\Program Files\Microsoft SQL Server\MSSQL\Data\university _
 Log. Ldf',
 Size= 2mb,
 Maxsize= 6mb,
 Filegrowth= 10% )
```

（2）单击"执行"按钮，完成数据库的创建。

2. 数据库的修改

使用 SQL 语言修改数据库的语法如下所述。

```
Alter Database   <数据库名称>
{add file   <增加的文件名>  [,…n] [TO FILEGROUP 文件组名称]
| add log file   <日志文件名称>  [,…n]
```

```
| remove file  <删除的逻辑文件名>  [with delete]
| modify file  <修改的文件名>
| modify name= 新的数据库名称
| add filegroup 文件组名称
| remove filegroup 文件组名称
| modify filegroup 文件组名称
{filegroup _ property|name= 新文件组名称}}
```

例 5.2　将 university 数据库的初始容量修改为 3MB。

```
Alter Database university
Modify file
(Name= 'university',Size= 3MB)
```

执行完修改数据库的 SQL 语句后,查看 university 数据库的属性,如图 5.1 所示。

图 5.1　修改 university 数据库的参数

3. 数据库的删除

使用 SQL 语句删除数据库的语法如下:

```
Drop Database  数据库名称 [,…n]
```

注意:

(1) 该命令将删除数据库及其包含的所有数据库对象,因此要慎用。

(2) 该命令不能删除系统数据库和正在使用的数据库。

例 5.3　删除 university 数据库。

```
Drop Database  university
```

5.2.2　定义表

1. 表结构的创建

创建表时,只需要定义表的结构,即定义表名、列名、列的数据类型和约束等。使用

SQL 语言创建表结构的命令如下所述:

```
Create Table  <表名>
(<列名> <数据类型> [完整性约束]
 ,<列名> <数据类型> [完整性约束]
 [,…n])
```

命令说明:

(1) Create Table:创建表的 SQL 关键字,后面紧跟表名,在同一个数据库中,表的名称不允许重复。

(2) 完整性约束的格式为:

[Constraint 约束名] Primary Key [(列名)]	,指定主键约束
[Constraint 约束名] Unique [(列名)]	,指定唯一键约束
[Constraint 约束名] [Foreign Key] References 外键表名 (列名)	,指定外键约束
[Constraint 约束名] Check (检查表达式)	,指定检查约束
[Constraint 约束名] Default 默认值	,指定默认值

(3) 列名,同一表中不许有重复的列名。

(4) [,…n]表示表中可设计 n 个列,每列定义用逗号隔开。

例 5.4 在 university 数据库中建立一个 student(学生)表,表结构如表 5.2 所示。

表 5.2 student(学生)表

属性名	描述	类型	约束
snum	学号	字符,长度为 4	主键,首字符必须为"s",后跟 3 位数字字符
sname	姓名	字符,长度为 20	
sex	性别	字符,长度为 2	只能取"男"或"女"两种值
dept	系别	字符,长度为 30	
birthday	出生日期	日期类型	

```
Create table student
(
snum CHAR(4) NOT NULL PRIMARY KEY
    CHECK(snum like's[0-9][0-9][0-9]'),
sname VARCHAR(20) NOT NULL,
sex CHAR(2) NOT NULL CHECK(sexin('男','女')),
dept VARCHAR(30) NOT NULL,
birthday DATE NOT NULL
)
```

例 5.5 在 university 数据库中建立一个 course(课程)表,表结构如表 5.3 所示。

表 5.3　course（课程）表

属性名	描述	类型	约束
cnum	课程号	字符，长度为 4	主键，首字符必须为"c"，后跟 3 位数字字符
cname	课程名	字符，长度为 30	外键
credits	学分	短整型	取值介于 0～8
descr	课程说明	字符，长度为 40	
dept	开课系别	字符，长度为 30	
textbook	教材	字符，长度为 40	

```
Create table course
(
cnum CHAR(4) NOT NULL PRIMARY KEY
    CHECK(cnum like'c[0-9][0-9][0-9]'),
cname VARCHAR(30)NOT NULL,
credits SMALLINT NOT NULL CHECK(credits between 0 and 8),
descr VARCHAR(40) NOT NULL,
dept VARCHAR(30) NOT NULL,
textbook VARCHAR(40) NOT NULL
)
```

例 5.6　在 university 数据库中建立一个 sections（教课）表，表结构如表 5.4 所示。

表 5.4　sections（教课）表

属性名	描述	类型	约束
secnum	班号	字符，长度为 5	主键，必须为 5 位数字字符
cnum	课程号	字符，长度为 4	外键
pnum	教师工号	字符，长度为 4	首字符为"p"

```
Create table sections
(
secnum CHAR(5)NOT NULL PRIMARY KEY
    CHECK(isnumeric(secnum)= 1),
cnum CHAR(4)NOT NULL FOREIGN KEY(cnum) REFERENCES course(cnum),
pnum CHAR(4)NOT NULL CHECK(pnum like'p% ')
)
```

例 5.7　在 university 数据库中建立一个 sc（选课）表，表结构如表 5.5 所示。

表 5.5　sc（选课）表

属性名	描述	类型	约束
snum	学号	字符，长度为 4	主属性，外键
secnum	班号	字符，长度为 5	主属性，外键
score	成绩	整型	取值介于 0～100

```
Create table sc
(
snum CHAR(4) NOT NULL FOREIGN KEY(snum) REFERENCES student(snum),
secnum CHAR(5)NOT NULL FOREIGN KEY(secnum) REFERENCES sections(secnum),
scorce INT CHECK(scorce between 0 and 100)
)
```

2. 表结构的修改

对已经创建好的表结构,若想增加,则删除列或修改完整性约束时需要使用 Alter Table 关键字来修改表结构。使用 SQL 语言修改表结构的命令如下:

```
Alter Table 表名
{ Add   <新列名>  <数据类型> [完整性约束]
| Drop  Column  <列名> [,…n]
| Drop  [Constraint] <约束名> [,…n]
}
```

命令说明:

(1) Alter Table:修改表结构的关键字,<表名> 指定需要修改的表。

(2) Add:向表中添加新的列,新列中的初始内容一律为 NULL。

(3) Drop Column:删除表中的一列或多列。

(4) Drop [Constraint]:删除指定约束名的完整性约束。

例 5.8 向 student(学生)表增加一个 telephone(联系电话)列,字符型,长度为 12,其前 3 位和后 8 位必须为数字字符。

```
Alter Table student Add telephone CHAR(13) CHECK(isnumeric(left(telephone,3))=
1 and
            isnumeric(right(telephone,8))= 1)
```

例 5.9 删除 student(学生)表中存储联系电话的 telephone 列。

```
Alter Table student Drop Column telephone
```

3. 表结构的删除

对于不需要的表,可以将其删除。一旦删除了表,则它的结构、数据、约束、索引都将被删除,而建立在该表上的视图不会随之删除,系统将继续保留其定义,但无法正常使用。如果重新恢复该表,这些视图可重新使用。因此,执行删除操作一定要格外小心。删除的命令格式如下:

```
Drop Talbe 表名[,…n]
```

例 5.10 删除 student(学生)表。

```
Drop Table student
```

5.2.3 定义索引

1. 建立索引

数据库使用索引的方式与书籍使用的目录类似。通过搜索索引找到特定的值,然后根据指针到达包含该值的行。建立索引的基本命令格式如下:

```
Create [ Unique ] Index  <索引名>  on  <表名> (<列名> [次序] [,…n])
```

命令说明:

(1) 索引可以建立在一列或多列之上,索引的顺序可以是 Asc(升序)或 Desc(降序),默认为升序。

(2) 当索引建立在多列上时,首先按第一列排序,第一列相同时再考虑第二列,依此类推。

(3) Unique 表示每一个索引值对应唯一的数据记录。

例 5.11 在 student(学生)表的 birthday 出生日期上建立降序索引,名为 student _ birthdayindex。

```
Create Index student _ birthdayindex on student(birthday Desc)
```

注意:(1)在为表设置主键时,系统会自动为该列创建一个唯一的聚集索引;(2)如果某个数据列含有重复的数据项,则在该列创建索引时不能使用 Unique 关键字。

2. 删除索引

索引建立后,系统会自动对其进行维护,无须用户干涉,如果数据频繁地增加、修改、删除,系统要花大量时间来维护索引,因此,可根据实际情况删除不必要的索引,删除索引的命令格式为:

```
Drop Index<索引名> on<表名>
```

例 5.12 删除例 5.11 创建的索引 student _ birthdayindex。

```
Drop Index student _ birthdayindex on student
```

5.3 数据操纵语言

数据操纵语言有三个语句:INSERT,UPDATET 和 DELETE,分别用于实现插入记录、更新记录和删除记录。例 5.4～例 5.7 创建的 student(学生)表、course(课程)表、sections(教课)表和 sc(选课)表,实验数据如表 5.6～表 5.9 所示。

表 5.6　student 表

	snum	sname	sex	dept	birthday	telephone
1	s001	赵剑	男	计算机	1994－03－26	010-11111111
2	s002	王谦	男	交通工程	1993－01－02	027-55555555
3	s003	孙启明	男	土木工程	1994－04－02	021-44444444
4	s004	宇帆	男	机械工程	1994－09－18	021-33333333
5	s005	李晓静	女	生物工程	1995－06－22	030-22222222
6	s006	金之林	女	计算机	1995－09－12	040-66666666
7	s007	张晓东	男	城市规划	1994－08－03	050-77777777
8	s008	海琳	女	城市规划	1995－05－24	070-88888888
9	s009	杨浦	男	生物工程	1994－01－09	060-11223344
10	s010	同心	女	交通工程	1995－04－04	021-55667788

表 5.7　course 表

cnum	cname	credits	descr	dept	textbook
c117	大学英语	6	必修课	外语系	《大学英语》,同济大学出版社
c120	高等数学	6	必修课	数学系	《高等数学》,复旦大学出版社
c126	大学物理	3	必修课	物理系	《大学物理》,高等教育出版社
c130	数据库技术	3	限选课	计算机系	《数据库技术与应用》,高等教育出版社
c132	多媒体技术	3	限选课	计算机系	《多媒体技术与应用》,清华大学出版社
c135	VB 程序设计	3	限选课	计算机系	《VB. NET 程序设计》,高等教育出版社
c136	交通设计	4	必修课	交通工程	《交通工程》,机械工业出版社
c137	园林规划	3	限选课	城市规划	《园林规划》,清华大学出版社
c138	大学语文	3	限选课	文学院	《大学语文》,同济大学出版社
c139	市场营销	3	限选课	经管学院	《市场营销》,复旦大学出版社

表 5.8　sections 表

	secnum	cnum	pnum		secnum	cnum	pnum
1	11601	c116	p001	6	13001	c130	p005
2	11602	c116	p002	7	13002	c130	p006
3	12001	c120	p003	8	13201	c132	p007
4	12002	c120	p003	9	13501	c135	p006
5	12601	c120	p003	10	15101	c136	p009

表 5.9　sc 表

	snum	secnum	score		snum	secnum	score
1	s001	11601	77	9	s002	13201	98
2	s001	12001	80	10	s003	11601	90
3	s001	12601	89	11	s003	12002	94
4	s001	13002	90	12	s003	12601	88
5	s001	13201	92	13	s004	11601	89
6	s001	13501	94	14	s004	13001	90
7	s002	11602	90	15	s004	13201	92
8	s002	12601	88	16	s004	13501	89

续表

	snum	secnum	score		snum	secnum	score
17	s005	11602	56	22	s007	13501	50
18	s006	11601	88	23	s008	11601	89
19	s006	12601	78	24	s008	12001	90
20	s007	11602	90	25	s008	12601	93
21	s007	13201	95	26	s008	13201	NULL

5.3.1　插入数据

1. INSERT INTO 语句

INSERT 语句用于插入记录,常用的是以下两种语法格式:

格式1:

```
INSERT INTO 表名[(字段 1,字段 2,…,字段 n)]
            VALUES(常量 1,常量 2,…,常量 n)
```

格式2:

```
INSERT INTO 目标表名[(字段 1,字段 2,…,字段 n)]SELECT[(字段 1,字段 2,…,字段 n)]FROM
源表名
```

命令说明:

(1) 格式1是把一条记录插入指定的表中,格式2是把某个查询的结果插入表中。

(2) 格式2要求目标表的结构与源表的结构相同。

(3) 如果新记录在每一个字段上都有值,则字段名表连同两边的括号可以缺少。

(4) 如果插入时只指定了数据表中部分字段的值,则其他字段取空值或默认值。

例5.13　向 student(学生表)中插入新记录。

SQL 语句:

```
INSERT INTO student
VALUES('s 011','赵合','男','计算机','1991-2-1','010'1234567')
```

说明:因为每个字段都有值,省略了字段名列表。

查询结果如图5.2所示。

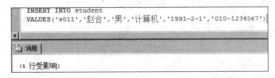

图5.2　例5.13查询结果

2. SELECT INTO 语句

SELECT INTO 语句用于批量插入记录,常用的是以下语法格式:

SELECT[(字段 1,字段 2,…,字段 n)]INTO 目标表名 FROM 源表名

命令说明:

(1) 把源表的记录,根据所选字段插入目标表。

(2) 要求目标表不存在,因为在插入时会自动创建。

例 5.14 创建新表 student_1,其列来自 student 表所有列。

SQL 语句:

```
SELECT INTO student_1 from student
```

例 5.15 将来自 student 表的所有记录插入上例创建的表 student_1。

SQL 语句:

```
INSERT INTO student_1 SELECT * from student
```

5.3.2 修改数据

UPDATE 语句用于数据修改,其语法格式为:

```
Update<表名>
    Set<列名> = <表达式> [,<列> = <表达式> ]…
    [Where<条件> ]
```

说明:

(1) 表名指要修改的表的名称。

(2) Set 子句指出要修改的列及其修改后的值。

(3) Where 子句指定待修改的记录应当满足的条件,Where 子句省略时,则修改表中的所有记录。

例 5.16 将 sc(选课)表中所有学生的 score(成绩)都增加 1。

SQL 语句:

```
update sc set score= score+ 1
```

5.3.3 删除数据

DELETE 语句用于数据删除,其语法格式为:

```
Delete From<表名> [Where<条件> ]
```

说明:

(1) 表名指要删除数据的表。

(2) Where 子句指定待删除记录应当满足的条件,Where 子句省略时,则删除表中的所有记录。

(3) Delete 语句只是删除记录,但对表的结构没有任何影响,注意和 Drop Table 命

令加以区分。

例 5.17 删除 student(学生表)中学号为 s011 的记录。

SQL 语句：

```
Delete from student where snum= 's011'
```

5.4　数据查询语言

5.4.1　单表查询

单表查询是指仅涉及一个表的查询。

1. 投影列子句 SELECT

```
SELECT [ALL|DISTINCT]
    [TOP expression [PERCENT][WITH TIES]]
    <select_list>
    [INTO new_table]
    [FROM {<table_source> [,…n]]
    [WHERE {<search_condition> }]
    [GROUP BY [ALL] group_by_expression [,…n]]
    [WITH {CUBE|ROLLUP}]
    [HAVING<search_condition> ]
    [ORDER BY order_expression [ASC|DESC]]
    [COMPUTE {{AVG|COUNT|MAX|MIN|SUM}(expression)} [,…n]]
    [BY expression [,…n]]
```

1）参数说明

(1) SELECT 子句。用于指定所选择的要查询的特定表中的列,它可以是星号
(＊)、表达式、列表、变量等。

(2) INTO 子句。用于指定所要生成的新表的名称。

(3) FROM 子句。用于指定要查询的表或者视图,最多可以指定 16 个表或者视图,
用逗号相互隔开。

(4) WHERE 子句。用来限定查询的范围和条件。

(5) GROUP 子句。是分组查询子句。

(6) HAVING 子句。用于指定分组子句的条件。GROUP BY 子句、HAVING 子句
和集合函数一起可以实现对每个组生成一行和一盒汇总值。

(7) ORDER BY 子句。可以根据一个列或者多个列来排序查询结果,在该子句中,
既可以使用列名,也可以使用相对列号。ASC 表示升序排列,DESC 表示降序排列。

(8) COMPUTE 子句。使用集合函数在查询的结果集中生成汇总行。

(9) COMPUTE BY 子句。用于增加各列汇总行。

2) SELECT 语句的执行方式

(1) 打开 SQL Server 管理平台,展开数据库,选择表。

(2) 单击标准工具栏的"新建查询"按钮,如图 5.3 所示,或者选择菜单"文件"—"新建"—"数据库引擎查询"选项,如图 5.4 所示,打开"查询编辑器"窗口。

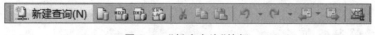

图 5.3　"新建查询"按钮

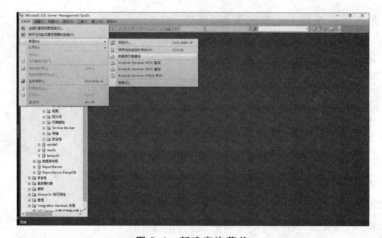

图 5.4　新建查询菜单

(3) 在列表框中选择需要打开的数据库。在查询编辑器中设计查询,如图 5.5 所示。

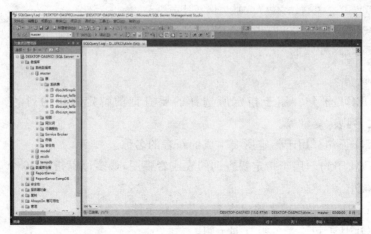

图 5.5　查询编辑器

(4) 单击"执行"按钮,执行查询,如图 5.6 所示。

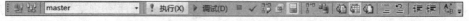

图 5.6　"执行"查询按钮

2. 简单查询

最基本的 SELECT 语句仅有两个部分:要返回的列和这些列源于的表。即不使用 WHERE 子句的无条件查询,也称作投影查询。

例 5.18 在例 5.4 建立的 student(学生)表中,查询全体学生的 snum(学号)和 sname(姓名)。

SQL 语句:

```
SELECT snum 学号, sname 姓名, sex 性别 FROM student
```

说明:由于 student(学生)表的字段都是英文,因此在每个英文字段空格后,紧跟相应的中文描述,作为各英文字段的别名,由此查询结果将显示这些中文别名,使查询结果清晰明了。查询结果如图 5.7 所示。

例 5.19 在例 5.4 建立的 student(学生)表中,查询学生的全部信息。

SQL 语句:

```
SELECT * FROM student
```

用"*"表示表的全部列名,而不必逐一列出,查询结果如图 5.8 所示。

 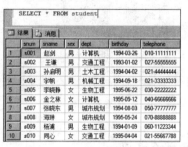

图 5.7　例 5.18 查询结果　　　　图 5.8　例 5.19 查询结果

例 5.20 在例 5.6 建立的 sections(教课)表中,查询授课的教师工号。

SQL 语句 1:

```
SELECT pnum 教师工号 FROM sections
```

SQL 语句 2:

```
SELECT DISTINCT pnum 教师工号 FROM sections
```

SQL 语句 1 的查询结果如图 5.9 所示;SQL 语句 2 的查询结果如图 5.10 所示。

 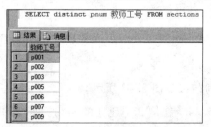

图 5.9　例 5.20 SQL 语句 1 查询结果　　　图 5.10　例 5.20 SQL 语句 2 查询结果

SQL 语句中使用 DISTINCT 可以消除查询结果中以某列为依据的重复行。因此，在例 5.20 中，教课表中相同教师工号的记录只保留第一行，余下的具有相同教师工号的记录将从查询结果中消除。

例 5.21 在例 5.4 建立的 student（学生）表中，查询前 5 条记录的学生 ID、姓名、性别、系别和出生年月。

SQL 语句：

SELECT Top 5 snum 学号,sname 姓名,sex 性别,dept 系别,birthday 出生日期 FROM student

SQL 语句中 Top 5 的作用是查询前 5 条记录，查询结果如图 5.11 所示。

例 5.22 在例 5.4 建立的 student（学生）表中，查询前 5％的学生 ID、姓名、性别、系别和出生年月。

SQL 语句：

SELECT Top 5 percent snum 学号,sname 姓名,sex 性别,dept 系别,birthday 出生日期 FROM student

SQL 语句中 Top 5 percent 的作用是查询前 5％记录，查询结果如图 5.12 所示。

图 5.11 例 5.21 查询结构   图 5.12 例 5.22 查询结构

3. 条件选择子句 WHERE

当需要在表中找出满足某些条件的行时，则要使用 WHERE 子句指定查询条件。在 WHERE 子句中，条件通常通过三部分来描述：列名，比较运算符，列名、常数。

条件查询又可以分为以下 4 种情况。

1）比较大小

例 5.23 在例 5.7 建立的 sc（选课）表中，查询班号为 11601 的学生的学号和成绩。

SQL 语句：

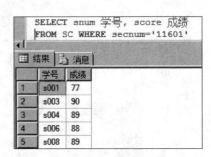

SELECT snum 学号,score 成绩 FROM SC WHERE secnum='11601'

查询结果如图 5.13 所示。

图 5.13 例 5.23 查询结果

例 5.24 在例 5.7 建立的 sc（选课）表中，查询成绩高于 90 分的学生的学号、班号和成绩。

SQL 语句：

SELECT snum 学号, secnum 班号, score 成绩 FROM SC WHERE score> 90

查询结果如图 5.14 所示。

当 WHERE 子句需要指定一个以上的查询条件时，则需要使用逻辑运算符 AND、OR 和 NOT 将其连接成复合的逻辑表达式。逻辑运算符优先级由高到低为 NOT、AND、OR，用户可以使用括号改变优先级。

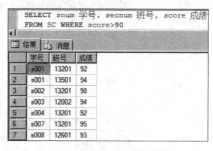

图 5.14 例 5.24 查询结果

例 5.25 在例 5.7 建立的 sc(选课)表中，查询班号为 11601 或 11602 且分数大于等于 90 分的学生学号、班号和成绩。

SQL 语句：

SELECT snum 学号, secnum 班号, score 成绩 FROM SC WHERE (secnum = '11601' OR secnum= '11602') AND score> = 90

查询结果如图 5.15 所示。

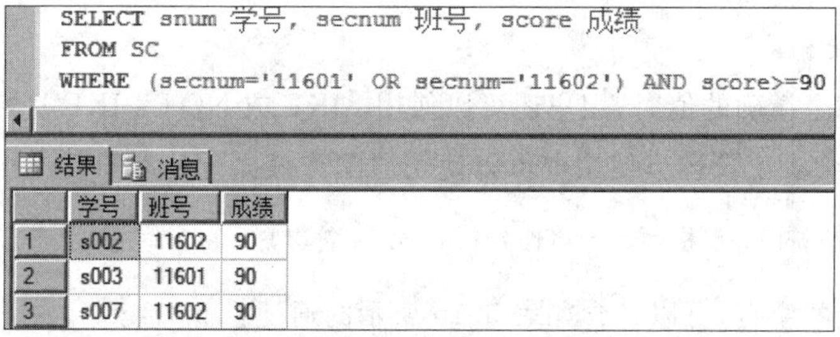

图 5.15 例 5.25 查询结果

2) 确定范围

SQL 语句中有一个特殊的 BETWEEN 运算符，用于检查某个值是否在两个值之间（包括等于两端的值）。

例 5.26 在例 5.7 建立的 sc(选课)表中，查询成绩在 85~90 分的学生学号、班号和成绩。

SQL 语句：

SELECT snum 学号, secnum 班号, score 成绩 FROM SC WHERE score between 85 and 90

上面的 SQL 语句等价于以下 SQL 语句：

SELECT snum 学号, secnum 班号, score 成绩 FROM SC WHERE score > = 85 and score<= 90

查询结果如图 5.16 所示。

在 SELECT 语句中可以用"IN"操作来查询属性值属于指定集合的元组，利用"NOT IN"查询指定集合外元组。

例 5.27 在例 5.7 建立的 sc(选课)表中，查询班号 11601 或 11602 的学生的学号、班号和成绩。

　SQL 语句：

SELECT snum 学号, secnum 班号, score 成绩 FROM SC WHERE secnum in ('11601','11602')

　此语句也可以使用逻辑运算符"OR"实现，相应的 SQL 语句如下：

SELECT snum 学号, secnum 班号, score 成绩 FROM SC WHERE secnum= '11601' or secnum= '11602'

　查询结果如图 5.17 所示。

图 5.16　例 5.26 查询结果

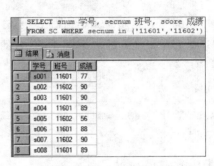

图 5.17　例 5.27 查询结果

3）部分匹配查询

　当不知道完全精确的值时，用户还可以使用 LIKE 或 NOT LIKE 进行部分匹配查询（也称模糊查询）。LIKE 运算使用户可以使用通配符来执行基本的模式匹配。

　使用 LIKE 运算符的一般格式为：<属性名> LIKE<字符串常量>

　字符串常量的字符，可以包含如表 5.10 所示的通配符。

表 5.10　字符串中的通配符

通配符	说　　明
＿	表示任意单个字符
％	表示任意长度的字符串
[]	与特定范围（例如，[a-f]）或特定集（例如，[abcdef]）中的任意单字符匹配
[^]	与特定范围（例如，[^a-f]）或特定集（例如，[^abcdef]）之外的任意单字符匹配

　例 5.28　在例 5.4 建立的 student（学生）表中，查询所有姓张的学生学号和姓名。

　SQL 语句：

SELECT snum 学号, sname 姓名 FROM student WHERE sname LIKE '% 张% '

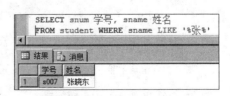

图 5.18　例 5.28 查询结果

　查询结果如图 5.18 所示。

　例 5.29　在例 5.4 建立的 student（学生）表中，查询姓名中第二个汉字是"之"的学生学号和姓名。

SQL 语句：

SELECT snum 学号, sname 姓名 FROM student WHERE sname LIKE '_之% '

查询结果如图 5.19 所示。

4) 空值查询

某个字段没有值称为具有空值。通常没有
为一个列输入值时,该列的值就是空值。空值
不同于零和空格,它不占任何存储空间。例如,
某些学生选课后没有参加考试,有选课记录,但

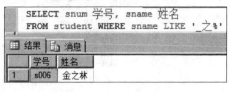

图 5.19　例 5.29 查询结果

是没有考试成绩,考试成绩为空值,这与参与考试、成绩为零分是不同的。

例 5.30　在例 5.7 建立的 sc(选课)表中,查询没有成绩的学生的学号和班号。

SQL 语句：

SELECT snum 学号, secnum 班号,score 成绩 FROM sc WHERE score IS NULL

这里的空值条件为 IS NULL,不能写成“成绩＝NULL”。查询结果如图 5.20 所示。

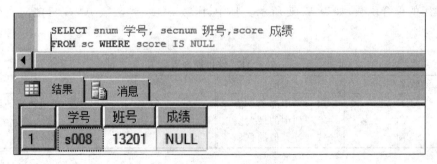

图 5.20　例 5.30 查询结果

4. 查询结果排序

在 SELECT 语句中使用 ORDER BY 子句可对查询结果排序。ORDER BY 子句包
括一个或多个用于指定排序的列名,排序方式可以指定,DESC 为降序,ASC 为升序,缺
省为升序。ORDER BY 子句可以使用以逗号分隔的多个列作为排序依据,查询结果将
先按指定的第一列进行排序,然后再按指定的下一列进行排序。

例 5.31　在例 5.7 建立的 sc(选课)表中,查询班号为 11601 的学生学号和成绩,并
按成绩降序排列。

SQL 语句：

SELECT snum 学号, score 成绩 FROM sc WHERE secnum= '11601' ORDER BY score DESC

查询结果如图 5.21 所示。

```
SELECT snum 学号, score 成绩 FROM sc
WHERE secnum='11601' ORDER BY score DESC
```

	学号	成绩
1	s003	90
2	s004	89
3	s008	89
4	s006	88
5	s001	77

图 5.21   例 5.31 查询结果

5. 聚合函数和分组查询

GROUP BY 子句可以将查询结果按属性列或属性列组合在行的方向上进行分组，每组在属性列或属性列组合上具有相同的聚合值。如果聚合函数没有使用 GROUP BY 子句，则只为 SELECT 语句报告一个聚合值。

1）聚合函数

常用的聚合函数，如表 5.11 所示。其中，函数 SUM 和函数 AVG 只能对数值型字段进行计算。

表 5.11   常用聚合函数

函数名称	功能	函数名称	功能
MIN	求一列中的最小值	AVG	按列计算平均值
MAX	求一列中的最大值	COUNT	按列值计个数
SUM	按列计算值的总和		

例 5.32   在例 5.7 建立的 sc（选课）表中，查询学号为's001'学生的总分和平均分。

SQL 语句：

`SELECT sum(score) 总分, avg(score) 平均分 FROM sc where snum= 's001'`

查询结果如图 5.22 所示。

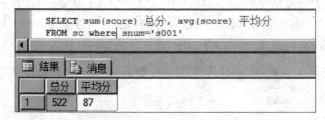

```
SELECT sum(score) 总分, avg(score) 平均分
FROM sc where snum='s001'
```

	总分	平均分
1	522	87

图 5.22   例 5.32 查询结果

2）分组汇总子句 GROUP BY

例 5.33   在例 5.7 建立的 sc（选课）表中，查询每位学生的学号及其选课的门数。

SQL 语句：

```
SELECT snum 学号, COUNT(*) AS 选课数 FROM sc GROUP BY snum
```

GROUP BY 子句按照学号的值分组，所有具有相同学号的元组为一组，对每一组使用函数 COUNT()进行计算，统计出各位同学选课的门数。查询结果如图 5.23 所示。

可以在包含 GROUP BY 子句的查询中，使用 WHERE 子句。在完成任何分组之前，将消除不符合 WHERE 子句中的条件的行。

例 5.34 在例 5.7 建立的 sc(选课)表中，查询班号为 11601 的所有学生学号及平均成绩。

SQL 语句：

```
SELECT snum 学号, AVG(score) 平均成绩 FROM sc WHERE secnum= '11601' GROUP BY snum
```

查询结果如图 5.24 所示。

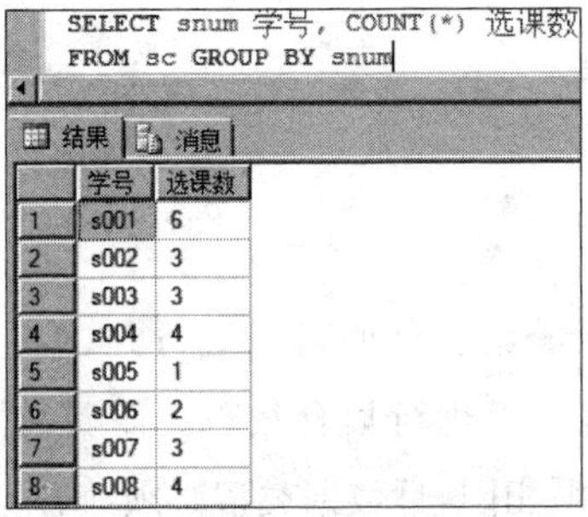

图 5.23 例 5.33 查询结果

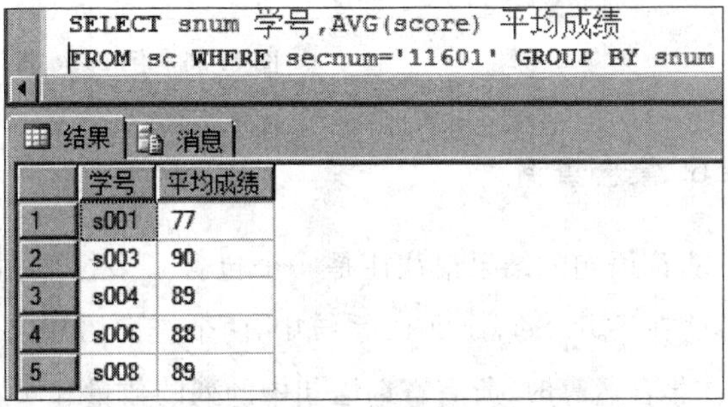

图 5.24 例 5.34 查询结果

3) 选择组子句 HAVING

若在分组后还要按照一定的条件进行筛选，则需使用 HAVING 子句。

例 5.35 在例 5.7 建立的 sc(选课)表中，查询平均成绩大于 85 的学生学号及平均成绩。

SQL 语句：

```
SELECT snum 学号, avg(score) 平均成绩 FROM sc GROUP BY snum HAVING AVG(score)> 85
```

查询结果如图 5.25 所示。

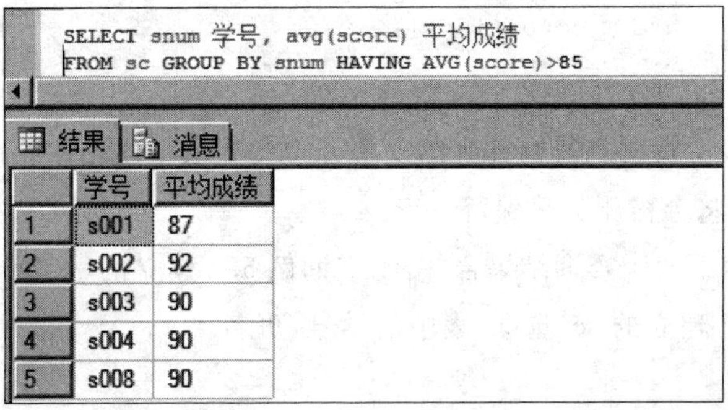

图 5.25 例 5.35 查询结果

例 5.36 在例 5.7 建立的 sc(选课)表中,查询选课在三门以上且各门课程均及格的学生的学号及其总成绩,查询结果按总成绩降序列出。

SQL 语句:

SELECT snum 学号, SUM(score) 总成绩 FROM sc WHERE score> = 60 GROUP BY snum HAVING COUNT(*)> = 3 ORDER BY SUM(score) DESC

查询结果如图 5.26 所示。

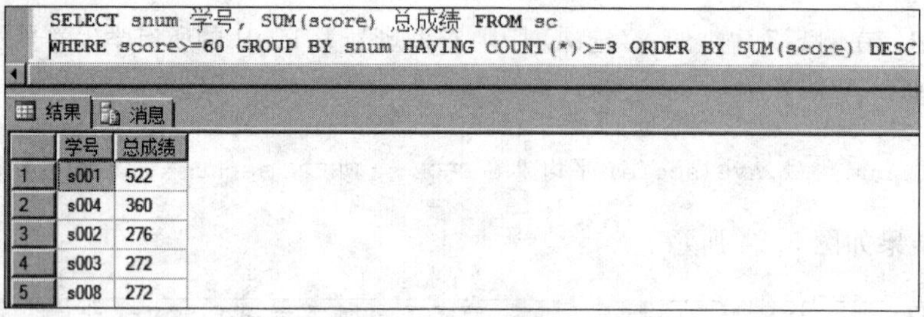

```
SELECT snum 学号, SUM(score) 总成绩 FROM sc
WHERE score>=60 GROUP BY snum HAVING COUNT(*)>=3 ORDER BY SUM(score) DESC
```

	学号	总成绩
1	s001	522
2	s004	360
3	s002	276
4	s003	272
5	s008	272

图 5.26 例 5.36 查询结果

6. 集合查询

查询语句的结果集往往是一个包含了多行数据集合。集合之间可以进行并、差、交等运算。在 SQL Server 2012 系统中,两个查询语句之间也可以进行集合运算。需要注意的是,在集合运算时,所有查询语句中的列的数量和顺序必须相同,且数据类型必须兼容。

UNION 可以将两个或更多查询的结果合并为单个结果集,该结果集包含联合查询中所有查询的全部行。联合查询的语法格式为:

```
SELECT select_list
    FROM table_source
    [WHERE search_conditions]
    {UNION [ALL]
        SELECT search_list
        FROM table_source
        [WHERE search_conditions]}
[ORDER BY order_expression]
```

ALL 关键字表示将所有行合并到结果集合中。如果不使用该关键字,则联合查询结果集合中的重复行将会被删除只保留一行。

例 5.37 将以下两个查询结果合并:①查询例 5.4 建立的 student(学生)表的学号,姓名;②查询例 5.7 建立的 sc(选课)表中的学号,班名。

SQL 语句:

SELECTsnum,sname FROM student

```
UNION ALL
SELECTsnum,secnum FROM sc
```

查询结果如图 5.27 所示。

5.4.2 连接查询

数据表之间的联系是通过表的字段值来体现的，这种字段称为连接字段。连接操作的目的就是通过加在连接字段的条件将多个表连接起来，以便从多个表中查询数据。前面的查询都是针对一个表进行的，当查询同时涉及两个以上的表时，称为连接查询。

JOIN 连接查询的语法格式为：

```
SELECT select _ list
    FROM table1 join _ type table2 [on join _
conditions]
    [WHERE search _ conditions]
    [ORDER BY order _ expression]
```

table1 与 table2 为基表，join _ type 指定连接类型，join _ conditions 指定连接条件。连接类型有：交叉连接、内连接(INNER JOIN)、外连接[左外连接(LEFT JOIN)和右外连接(RIGHT JOIN)]和自连接等多种形式，是查询语句中最广泛的一种操作。

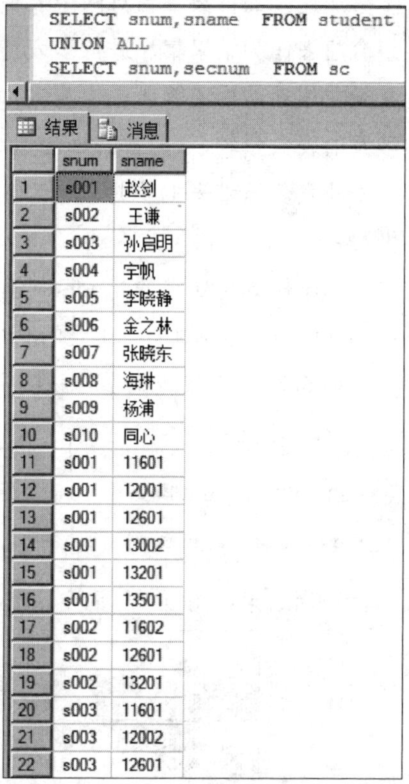

```
SELECT snum,sname  FROM student
UNION ALL
SELECT snum,secnum  FROM sc
```

结果 消息

	snum	sname
1	s001	赵剑
2	s002	王谦
3	s003	孙启明
4	s004	宇帆
5	s005	李晓静
6	s006	金之林
7	s007	张晓东
8	s008	海琳
9	s009	杨浦
10	s010	同心
11	s001	11601
12	s001	12001
13	s001	12601
14	s001	13002
15	s001	13201
16	s001	13501
17	s002	11602
18	s002	12601
19	s002	13201
20	s003	11601
21	s003	12002
22	s003	12601

图 5.27 例 5.37 查询结果

1. 交叉连接

交叉连接将两张表不加限制地连接在一起，没有约束条件，也称为非限制性连接。在数学上，就是两个表的笛卡儿积，结果集是两张表的所有可能的组合。因此，交叉连接的结果集可能非常庞大。如果两张表各有 1 万行记录，则它们交叉连接的结果是 1 亿行记录。交叉连接的语法格式如下：

```
Select 列名列表 From table1,table2
```

例 5.38 将学生表 student 与课程表 course 表进行交叉连接，代码如下：

```
Select student.name 学生姓名, course.name 课程名 From student, course
```

这个连接将所有可能的学生与课程的组合都列举了出来，意味着每位学生都选修了学校的所有课程。

2. 内连接

内连接是指将本表内的数据与另一个表内的行数据相互连接,产生的结果行数取决于参加连接的行数。当对两个表中指定列进行比较时,仅将两个表中满足连接条件的行组合起来作为结果集。进行多表连接查询时,当两个或多个表中具有相同名称的列时,必须在该列前使用表名作为前缀,并用"."来分隔,避免出现列的混淆。另外,由于连接涉及的表数量较多,通常的做法是给表起个简短的别名,例如,a,b,c,这样做既避免了重复书写表名所带来的麻烦,又使查询语句显得简单明了。下面的例题都采用了别名的做法。

基于例 5.4 建立的 student(学生)表,例 5.5 建立的 course(课程)表,例 5.6 建立的 section(教课)表,例 5.7 建立的 sc(选课)表,完成例 5.39 的连接查询。

例 5.39 连接查询学号,姓名,班号和成绩。

SQL 语句:

SELECT a. snum 学号, a. sname 姓名, b. secnum 班号, b. score 成绩 FROM student a,sc b where a. snum= b. snum

查询结果如图 5.28 所示。

	学号	姓名	班号	成绩
1	s001	赵剑	11601	77
2	s001	赵剑	12001	80
3	s001	赵剑	12601	89
4	s001	赵剑	13002	90
5	s001	赵剑	13201	92
6	s001	赵剑	13501	94
7	s002	王谦	11602	90
8	s002	王谦	12601	88
9	s002	王谦	13201	98
10	s003	孙启明	11601	90
11	s003	孙启明	12002	94
12	s003	孙启明	12601	88
13	s004	宇帆	11601	89
14	s004	宇帆	13001	90
15	s004	宇帆	13201	92
16	s004	宇帆	13501	89
17	s005	李晓静	11602	56
18	s006	金之林	11601	88
19	s006	金之林	12601	78
20	s007	张晓东	11602	90
21	s007	张晓东	13201	95
22	s007	张晓东	13501	50
23	s008	海琳	11601	89
24	s008	海琳	12001	90

图 5.28 例 5.39 查询结果

3. 外连接

内连接是将两个表进行连接,只列出满足连接条件的行。如果一个表中的某一元组,在另一个表缺少对应的元组,则在内连接查询中将被认为是不满足连接条件的元组,从而不出现在查询结果中。外连接打破了这个限制,其作用于两个表,只限制其中一个表的元组,而不限制另一个表的元组,可以将不满足连接条件的元组也显示在结果中。外连接有左外连接、右外连接和全外连接 3 种。它们的区别是:左外连接对左边的表不加限制,列出表中的所有元组;右外连接则是对右边的表不加限制;全外连接是对两边的表都不加限制。

1) 左外连接

左外连接的语法格式如下:

Select 列名列表
From 表 1 Left [Outer] Join 表 2 On 表 1. 列 1= 表 2. 列 2

例 5.40 查询每个课程的开班情况,要求必须列出所有课程。

分析:一方面,要求列出所有课程,即使某些课程还没有开班,也需要列出课程名称,所以对于课程表将不作限制地列出所有的课程名称;另一方面,对于教课表,需要将其与课程表进行连接限制,仅列出符合连接条件的班级号。基于上述分析,需要使用外连接,并将课程放在左边,进行左外连接。实现本例的外连接查询语句如下,查询结果如图 5.29 所示。

select cname 课程名,secnum 班号 from course left join sections on course. cnum= sections. cnum

	课程名	班号
1	大学英语	11601
2	大学英语	11602
3	高等数学	12001
4	高等数学	12002
5	高等数学	12601
6	大学物理	NULL
7	数据库技术	13001
8	数据库技术	13002
9	多媒体技术	13201
10	VB程序设计	13501
11	交通设计	15101
12	园林规划	NULL
13	大学语文	NULL
14	市场营销	NULL

图 5.29 例 5.40 查询结果

2) 右外连接

右外连接的语法格式如下:

Select 列名列表
From 表 1 Right [Outer] Join 表 2 On 表 1. 列 1= 表 2. 列 2

右外连接是指对 Join 右边的表不作限制。如果同时将表 1 和表 2 对调,Right 改为 Left,则左外连接与右外连接查询的最终结果完全相同。

例 5.41 查询系别为"交通工程"的所有学生的选课情况。

分析:要列出所有学生的选课信息,表示对学生表 student 不做限制,对成绩表 sc 做限制。将学生表放在 Join 的右边,作右外连接,代码如下。

```
select sc. snum 学号, sc. secnum 课程号
from sc right join student on sc. snum= student. snumwhere student. dept= '交通工程'
order by sc. secnum
```

3) 全外连接

全外连接的语法格式如下：

```
Select 列名列表
From 表 1
    Full [Outer] Join 表 2 On 表 1. 列 1= 表 2. 列 2
```

说明：全外连接对左右两边的表都不加限制，即列出两边表的所有列。全外连接在实际中比较少用。

4. 自连接

连接操作不仅可以在不同的基表上进行，而且在同一张表内也可以进行自身连接。自连接可以看成一张表的两个副本之间进行的连接。在自连接中，必须为表指定两个别名，使这在逻辑上成为两张表。自连接的语法格式如下：

```
Select 别名 1. 列名 1,…, 别名 1. 列名 n, 别名 2. 列名 1,…, 别名 2. 列名 n
From 表 1 As 别名 1
Join 表 2 As 别名 2 On 连接表达式
```

如果别名中没有特殊字符，则 As 关键字可以省略。

5.4.3 嵌套查询

在 WHERE 子句中包含一个形如 SELECT-FROM-WHERE 的查询块，此查询块称为子查询或嵌套查询，包含子查询的语句称为父查询或外部查询。基于例 5.4 建立的 student(学生)表，例 5.5 建立的 course(课程)表，例 5.6 建立的 section(教课)表，例 5.7 建立的 sc(选课)表，完成以下嵌套查询。

1. 带比较运算符的单值子查询

可以使用比较运算符(=,>,<,>=,<=,! =)将父查询和子查询连接起来。

例 5.42 查询与海琳系别相同的学生学号、姓名和系别。

SQL 语句：

```
SELECT snum 学号, sname 姓名, dept 系别 FROM student
    WHERE dept= (SELECT dept FROM student WHERE sname= '海琳')
```

查询结果如图 5.30 所示。

```
SELECT snum 学号, sname 姓名, dept 系别 FROM student
WHERE dept=(SELECT dept FROM student WHERE sname='海琳')
```

	学号	姓名	系别
1	s007	张晓东	城市规划
2	s008	海琳	城市规划

图 5.30　例 5.42 查询结果

2. 返回一组值的子查询

如果子查询的返回值不止一个,而是一个集合时,则不能直接使用比较运算符,可以在比较运算符和子查询之间插入 ANY、IN、ALL 或 EXISTS。

1) 带 ANY 或 IN 谓词的子查询

例 5.43　查询班号 11601 中所有学生的姓名。

SQL 语句:

```
SELECT sname 姓名 FROM student
    WHERE snum= ANY
        (SELECT snum FROM sc WHERE secnum= '11601')
```

可以使用 IN 代替"=ANY"。

SQL 语句:

```
SELECT sname 姓名 FROM student
    WHERE snum in
        (SELECT snum FROM sc WHERE secnum= '11601')
```

查询结果如图 5.31 所示。

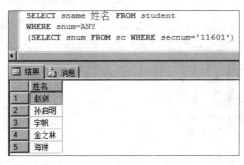

图 5.31　例 5.43 查询结果

2) 带 ALL 谓词的子查询

例 5.44　查询其他班中比 11601 班所有学生最高成绩都高的学生的姓名和成绩。

SQL 语句:

```
SELECT snum 学号, score 成绩,secnum 班号 FROM sc
        WHERE score> ALL (SELECT score FROM sc WHERE secnum= '11601')
```

查询结果如图 5.32 所示。

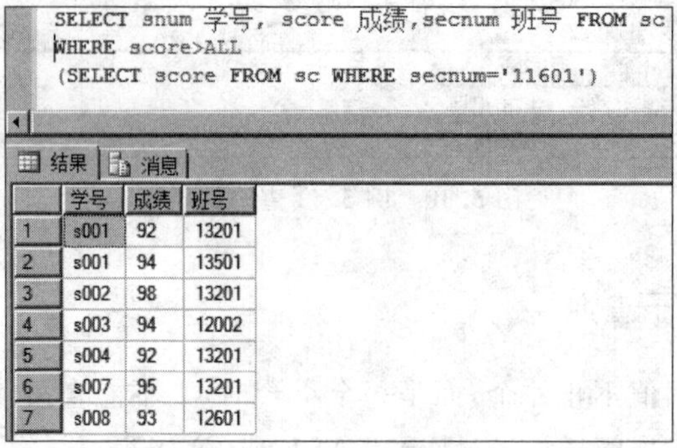

```
SELECT snum 学号, score 成绩,secnum 班号 FROM sc
WHERE score>ALL
(SELECT score FROM sc WHERE secnum='11601')
```

	学号	成绩	班号
1	s001	92	13201
2	s001	94	13501
3	s002	98	13201
4	s003	94	12002
5	s004	92	13201
6	s007	95	13201
7	s008	93	12601

图 5.32 例 5.44 查询结果

3）带 EXISTS 谓词的子查询

EXISTS 表示存在量词,带有 EXISTS 的子查询不返回任何实际数据,它只得到逻辑值“真”或“假”。当子查询的查询结果集合为非空时,外层的 WHERE 子句返回真值,否则返回假值。

例 5.45 查询选课表中所有学生的学号和姓名。

SQL 语句:

```
SELECT snum 学号, sname 姓名 FROM student
        WHERE EXISTS (SELECT * FROM sc WHERE sc.snum= student.snum)
```

查询结果如图 5.33 所示。

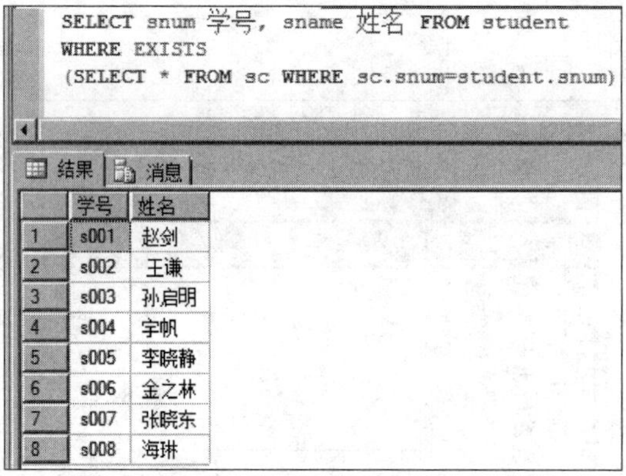

```
SELECT snum 学号, sname 姓名 FROM student
WHERE EXISTS
(SELECT * FROM sc WHERE sc.snum=student.snum)
```

	学号	姓名
1	s001	赵剑
2	s002	王谦
3	s003	孙启明
4	s004	宇帆
5	s005	李晓静
6	s006	金之林
7	s007	张晓东
8	s008	海琳

图 5.33 例 5.45 查询结果

5.5 视图的操作

视图是个虚表,是从一个或者多个表抑或者视图中导出的表,其结构和数据是建立在对表的查询基础上的。

5.5.1　视图的作用和相关语法格式

1. 视图的作用

使用视图的优点和作用主要有以下5点。

（1）视图可以使用户只关心他感兴趣的某些特定数据和他所负责的特定任务,而那些不需要的或者无用的数据则不在视图中显示。

（2）视图大大地简化了用户对数据的操作。

（3）视图可以让不同的用户以不同的方式看到不同或者相同的数据集。

（4）在某些情况下,由于表中数据量太大,因此在表的设计时常将表进行水平或者垂直分割,但表的结构的变化对应用程序将产生不良的影响。而使用视图可以重新组织数据,从而使外模式保持不变,原有的应用程序仍可以通过视图来重载数据。

（5）视图提供了一个简单而有效的安全机制。

2. 视图相关语法格式

视图相关命令的语法格式如表5.12所示。

表 5.12　视图相关命令的语法格式

语句		语法格式
定义	创建	CREATE VIEW 视图名[(列名1[,…n])]AS 查询语句
	修改	ALTER VIEW 视图名[(列名1[,…n])]AS 查询语句
	删除	DROP VIEW 视图名[,…n]
数据操作	插入	INSERT [INTO]表名|视图名[(列名1,…)] Values（表达式1,…）
	修改	UPDATE 表名|视图名 SET 列名＝表达式[WHERE 条件]
	删除	DELETE 表名|视图名[WHERE 条件]
	查询	SELECT 字段列表 FROM 数据表\视图…

5.5.2　创建视图

SQL Server 2012 提供了三种创建视图的方法:第一,用 SQL Server 管理平台创建视图;第二,用 T-SQL 语句中的 CREATE VIEW 命令创建视图;第三,利用 SQL Server 管理平台的视图模板来创建视图。

创建视图时应该注意以下6种情况。

（1）只能在当前数据库中创建视图,在视图中最多只能引用1 024 例,视图中记录的数目只由其基表中的记录数决定。

（2）如果视图引用的基表或者视图被删除,则该视图不能再被使用,直到创建新的基表或者视图。

（3）如果视图中某一列是函数、数学表达式、常量或者来自多个表的列名相同，则必须为列定义名称。

（4）不能在视图中创建索引，不能在规则、默认、触发器的定义中引用视图。

（5）当通过视图查询数据时，SQL Server 要检查以确保语句中设计的所有数据库对象存在，每个数据库对象在语句中的上下文中有效，而且数据修改语句不能违反数据完整性规则。

（6）视图的名称必须遵循标识符的规则，且对每个用户必须是唯一的。此外，该名称不得与该用户拥有的任何表的名称相同。

1. 利用 SQL Server 管理平台创建视图

（1）在 SQL Server 管理平台中，打开要创建视图的数据库文件夹，展开指定的数据库，右击视图，从弹出的快

图 5.34 "新建视图"菜单

捷菜单中选择"新建视图"命令，如图 5.34 所示，出现"添加表"对话框，如图 5.35 所示。

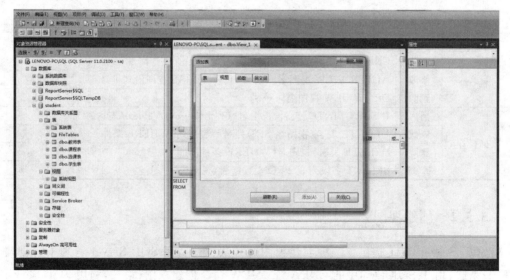

图 5.35 "新建视图"对话框

（2）选择创建视图所需的表、视图和函数后，通过选择字段左边的复选框选择需要的字段，如图 5.36 所示。单击工具栏中的"保存"按钮，或者右击，从快捷菜单中选择"保存"命令保存视图，输入视图名，即可完成视图的创建。

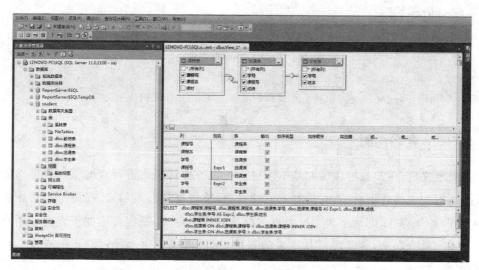

图 5.36 视图设计

2. 使用 CREATE VIEW 语句创建视图

其语法格式如下：

```
CREATE VIEW [schema_name.] view_name [(column[,…n])]
[WITH<view_attribute> [,…n]]
AS
select_statement
[WITH CHECK OPTION]
<view_attribute> ::=
{ENCRYPTION|SCHEMABINDING|VIEW_METADATA}
```

例 5.46 选择 student(学生)表的姓名和性别,course(课程)表中的班号和成绩,创建一个视图,并且 student 表中的系别只能是计算机,视图定义为 v_s1。

SQL 语句：

```
CREATE VIEW v_s1
AS
SELECT sname 姓名,sex 性别,secnum 班号,score 成绩
    from student a,sc b
    WHERE a.snum= b.snum and dept= '计算机'
```

例 5.47 选择 student(学生)表的学号、姓名和性别,course(课程)表中的成绩,sections(教课)表中的课程号,course(课程)表中的课程名称,创建一个视图,视图定义为 v_s2。

SQL 语句：

```
CREATE VIEW v_s2
AS
SELECT a.snum 学号,sname 姓名,sex 性别,c.cnum 课程号,cname 课程名,score 成绩
    from student a,sc b,course c,sections d
    WHERE a.snum= b.snum and b.secnum= d.secnum and c.cnum= d.cnum
```

5.5.3 查询视图

视图定义后,用户就可以像对基本表进行查询一样对视图进行查询了。数据库管理系统执行对视图的查询时,首先进行有效性检查,检查查询涉及的表、视图等是否在数据库中存在,如果存在,则从字典中取出查询涉及的视图定义,把定义中的子查询和用户对视图的查询结合起来,转换成对基本表的查询,然后再执行这个经过修正的查询。将对视图的查询转换为对基本表的查询的过程称为视图消解(view resolution)

例 5.48 查询例 5.47 创建的视图 v_s2。

SQL 语句:

select * from v_s2

查询结果如图 5.37 所示。

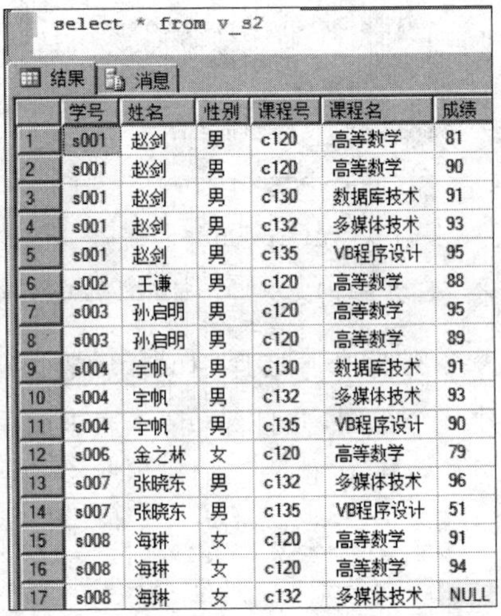

5.5.4 通过视图修改数据

视图可以过滤掉用户不关心的数据,因此,通过视图修改数据不仅可以提高数据处理的工作效率,还可以提高数据操作的安全性。使用视图修改数据时,需要注意以下几点。

(1) 修改视图中的数据时,不能同时修改两个或多个基表,可以对基于两个或多个基表或者视图的视图进行修改,但是每次修改都只能影响一个基表。

(2) 不能修改那些通过计算得到的字段,例如,包含计算值或者合计函数的字段。

(3) 如果在创建视图时指定了 WITH CHECK OPTION 选项,那么使用视图修改数据库信息,必须保证修改后的数据满足视图定义的范围。

	学号	姓名	性别	课程号	课程名	成绩
1	s001	赵剑	男	c120	高等数学	81
2	s001	赵剑	男	c120	高等数学	90
3	s001	赵剑	男	c130	数据库技术	91
4	s001	赵剑	男	c132	多媒体技术	93
5	s001	赵剑	男	c135	VB程序设计	95
6	s002	王谦	男	c120	高等数学	88
7	s003	孙启明	男	c120	高等数学	95
8	s003	孙启明	男	c120	高等数学	89
9	s004	宇帆	男	c130	数据库技术	91
10	s004	宇帆	男	c132	多媒体技术	93
11	s004	宇帆	男	c135	VB程序设计	90
12	s006	金之林	女	c120	高等数学	79
13	s007	张晓东	男	c132	多媒体技术	96
14	s007	张晓东	男	c135	VB程序设计	51
15	s008	海琳	女	c120	高等数学	91
16	s008	海琳	女	c120	高等数学	94
17	s008	海琳	女	c132	多媒体技术	NULL

图 5.37 例 5.48 查询结果

(4) 执行 UPDATE 和 DELETE 命令时,所删除与更新的数据必须包含在视图的结果集中。

(5) 如果视图引用多个表时,无法用 DELETE 命令删除数据,若使用 UPDATE 命令则应与 INSERT 操作一样,被更新的列必须属于同一个表。

1. 插入数据记录

例 5.49 首先创建一个包含限制条件的视图 v_sc,限制条件为成绩>85,然后插入一条不满足限制条件的记录,再用 SELECT 语句检索视图和表。

SQL 语句:

```
CREATE VIEW v_sc
AS
SELECT * FROM sc
WHERE score> = 85
GO
INSERT INTO v_sc values('s002','11601',80)
GO
SELECT * FROM sc
GO
SELECT * FROM v_sc
GO
```

2. 更新和删除数据记录

使用视图可以更新数据记录,但应该注意的是,更新的只是数据库中的基表。使用视图删除记录,可以直接利用 DELETE 语句删除任何基表中的记录。但应该注意,必须指定在视图中定义过的字段来删除记录。

例 5.50 通过视图 v_sc 修改表 sc 中的记录,将学号为 s002 的成绩改为100。

SQL 语句:

```
Update v_sc set score= 100 where snum= 's002' and score= 98
```

例 5.51 通过视图 v_sc 删除表 sc 中学号为 s002 成绩为 100 的记录。

SQL 语句:

```
delete from v_sc where snum= 's002' and score= 100
```

5.5.5 修改和删除视图

1. 修改视图

在 SQL Server 管理平台中,右击要修改的视图,从弹出的快捷菜单中选择"设计视图"命令,出现"视图修改"对话框。该对话框与创建视图时的对话框相同,可以按照创建视图的方法修改视图。

使用 ALTER VIEW 语句修改视图,必须拥有使用视图的权限才能使用 ALTER

VIEW 语句,语法格式如下:

```
ALTER VIEW view_name
[(column[,…n])]
[WITH ENCRYPTION]
AS
select_statement
[WITH CHECK OPTION]
```

例 5.52 修改视图 v_sc,在视图中增加了新的字段 sname。

SQL 语句:

```
ALTER VIEW v_sc(snum,sname,secnum,score)
AS
SELECT a.snum,b.sname,secnum,score
FROM sc a, student b
WHERE a.snum= b.snum
```

2. 删除视图

对于不再使用的视图,可以使用 SQL Server Mangement Studio 删除视图,具体操作如下。

(1) 在"对象资源管理器"中的"视图"目录中,选择要删除的视图,右击该节点,在弹出的快捷菜单中,选择"删除"命令。

(2) 在确认消息对话框中,单击"确定"按钮即可。

删除视图也可以使用 SQL Server 管理平台或者 T-SQL 中的 DROP VIEW 命令,其语法格式如下。

```
DROP VIEW  {view_name} [,…n]
```

可以使用该命令同时删除多个视图,只需在要删除的各视图名称之间用逗号隔开即可。

例 5.53 同时删除视图 v_s1 和 v_s2。

SQL 语句:

```
Drop view v_s1, v_s2
```

本 章 小 结

本章详细地介绍了 SQL 数据定义语言、数据操纵语言、数据查询语言和视图的操作,各部分的内容如下。

1. 数据定义语言

本节的重点是对数据库、表和索引操作。操作数据库包括：数据库的创建、修改和删除；操作表包括：表结构的创建、表结构的修改和表结构的删除；操作索引包括：建立索引和删除索引。

2. 数据操纵语言

本节的重点是插入数据、修改数据和删除数据。

3. 数据查询语言

数据查询是创建数据库的主要目的，因此，本章使用了较大的篇幅介绍各种查询方法，并按照单表查询、连接查询和嵌套查询逐一举例分析。

(1) 单表查询。单表查询中仅涉及一个表，是最基本的查询，本章从 select 子句、from 子句、where 子句、groupby 子句和 orderby 子句这 5 个方面对数据查询的创建给出了比较全面的介绍。

(2) 连接查询。在实际应用中经常会使用两个以上的表建立查询，这种查询被称为连接查询。本章主要介绍了使用最广泛的内连接查询。

(3) 嵌套查询。在一个 select 语句中嵌入另一个完整的 select 语句称为嵌套查询。本章根据外部查询与子查询的连接符号，将嵌套查询分为使用 in 的嵌套查询和使用比较运算符的嵌套查询。

4. 视图的使用

视图的使用包括视图的创建、查询、更新和删除。

习 题

一、单项选择题

1. SQL 语言具有的功能是(　　)。

A. 关系规范化、数据操纵、数据控制　　　B. 数据定义、数据操纵、数据查询

C. 数据定义、数据规范化、数据控制　　　D. 数据定义、关系规范化、数据操作

2. 下列(　　)约束所约束的字段是不允许出现空值。

1. 主键　　　　　B. 外键　　　　　C. 默认键　　　　　D. Unique

3. 在 SQL 语句中，用来插入数据和更新数据的关键字分别是(　　)。

A. Update，Insert　　B. Insert，Update　　C. Delete，Update　　D. Create，Insert

4. 在匹配查询条件中，若查询条件为：查询姓"王"的学生的相关信息，则相应的 Like 子句应表示为(　　)。

A. Like '王 * '　　　B. Like '王%'　　　C. Like '王? '　　　D. Like ' * 王'

二、填空题

1. SQL 是( )的缩写。

2. 数据查询常用的 3 种方法分别是( )、( )和( )。

3. Select 语句的 Having 子句一般跟在( )子句后面。

4. SQL 语言定义表使用的关键字是( ),修改表结构使用的关键字是( ),删除表使用的关键字是( )。

三、操作题

1. 数据库 XSGL 有三个表:STU(学生表)、KCB(课程表)和 CJB(成绩表),如表 5.13~表 5.15 所示。请使用 SQL 命令完成下列操作。

表 5.13 STU(学生表)

字段名称	字段类型	大小
学号	char	10
姓名	char	8
性别	char	2
生日	datetime	
系部	char	20

表 5.14 KCB(课程表)

字段名称	字段类型	大小
课程号	char	10
课程名	char	30
学分	real	

表 5.15 CJB(成绩表)

字段名称	字段类型	大小	取值范围
学号	char	10	数据来自学生信息表
课程号	char	10	数据来自课程信息表
成绩	real		

(1) 用 SQL 命令创建表 STU,表 KCB 和表 CJB。

(2) 用 SQL 命令向表 STU 添加记录,学号 08,姓名:张欣,性别:男,生日 1998-8-1,系部:计算机;向 KCB 表添加记录,课号 k12,课程名:数学,学分:3;向 CJB 表添加记录,学号 08,课号:k12,成绩:90。

(3) 用 SQL 命令定义视图,名为成绩单(学号、姓名、性别、系部、课程名、成绩),并查看视图。

(4) 从 STU 表中删除张欣的记录。

第 **6** 章   数据库编程

Transact-SQL(以下简称 T-SQL)是微软公司在关系型数据库管理系统 Microsoft SQL Server 中的 ISO SQL 的实现。T-SQL 是 SQL 的扩展,在 SQL 的基础上添加了流程控制。所以,T-SQL 不是一种标准的编程语言,它只能够通过 SQL Server 的数据引擎来分析和运行。本章将介绍 T-SQL 语言基础、存储过程与触发器。

6.1   **Transact-SQL 语言基础**

6.1.1   **T-SQL 语言类型、常量和变量**

1. T-SQL 语言类型

T-SQL 语言是一种交互式查询语言,功能强大、简单易学。该语言既允许用户直接查询数据库中的数据,也可以把语句嵌入高级程序设计语言中使用。根据 T-SQL 语言的功能特点,可以划分为如下 5 种类型。

(1) 数据定义语言(data definition language,DDL)。最基础的 T-SQL 语言类型,可用来创建数据库和创建、修改、删除数据库中的各种对象,并为其他语言的操纵提供对象。主要的数据库定义语句包括 CREATE、ALTER、DROP 等。

(2) 数据操纵语言(data manipulation language,DML)。用于操作数据库中的对象和数据,是 T-SQL 语言的最常用部分。包括查询、添加、修改和删除数据库中数据的语句,如 SELECT、INSERT、UPDATE、DELETE 等。

(3) 数据控制语言(data control language,DCL)。主要用来执行有关安全管理的操作,控制对数据库对象操作的权限。包括 GRANT、DENY、REVOKE 等语句。

(4) 事务管理语言(transact management language,TML)。用于管理事务。在数据库中执行操作时,经常需要多个操作同时完成或同时取消。而事务就是一个单元的操作,这些操作或者全部成功,或者全部失败。包括 COMMIT、ROLLBACK 等语句。

(5) 附加的语言元素。包括变量、标识符、数据类型、表达方式和控制流语句。

2. 常量

常量也称为文字值或标量值,是表示一个特定数据值的符号。常量的格式取决于它所表示的值的数据类型,在对于数据的操作中,常量被经常使用。例如,在 SELECT 语句中,可以使用常量构建查询条件。T-SQL 中常用的常量如表 6.1 所示。

表 6.1 T-SQL 中常用的常量

类型	说　明	示　例
整型常量	没有小数点和指数 E	$60,25,-365$
实型常量	decimal 或 numeric 带小数点的常数 float 或 real 带指数 E 的常数	$15.63、-200.25$ $+123E-3、-12E5$
字符串常量	用单引号作定界符	'学生 ','this is a database'
双字节字符串	前缀 N 必须是大写,单引号引起来	N' 学生 '
日期型常量	单引号引起来	'6/5/03','May 12 2008','19491001'
货币型常量	精确数值型数据,前缀 $	$ 380.2
二进制常量	前缀 0x	0xAE、0x12EF、0x69048AEFDD010E
全局唯一标识	前缀 0x 单引号引起来	0x6F9619FF8B86D011B42D00C04FC964FF '6F9619FF-8B86-D011-B42D-00C04FC964FF'

3. 变量

变量可分为局部变量和全局变量。局部变量是用来存储指定数据类型的单个数据值的对象,全局变量是由系统提供且预先声明的用来保存 SQL Server 系统运行状态数据值的变量。

1) 局部变量

局部变量是一个能够拥有特定数据类型的对象,它的作用范围被限制在程序内部。局部变量必须先用 DECLARE 命令定义后才可以使用,被引用时要在其名称前加上标志"@"。

定义局部变量语句的语法格式如下:

```
DECLARE {@ local_variable data_type} [,…n]
```

其中,参数@local_variable 用于指定局部变量的名称,变量名必须以符号@开头,并且局部变量名必须符合 SQL Server 的命名规则。参数 data_type 用于设置局部变量的数据类型及其大小。data_type 可以是由系统提供的或用户自己定义的数据类型,但是,不能是 text、ntext 或 image 数据类型。

使用 DECLARE 命令声明并创建局部变量之后,系统会将其初始值设为 NULL。可用 SELECT 或 SET 语句对局部变量赋值。其语法格式为:

```
SET {{@ local_variable= expression}
SELECT {@ local_variable= expression} [,…n]
```

其中,参数@lcoal_variable 是给其赋值并声明的局部变量,参数 expression 是任意有效的 SQL Server 表达式。

例 6.1　创建一个@myvar 变量,然后将一个字符串值存入变量中,最后输出@myvar 变量的值。

T-SQL 语句:

```
DECLARE @ myvar char(20)
    SELECT @ myvar= 'This is a test'
    SELECT @ myvar
```

例 6.2　通过查询给变量赋值。

T-SQL 语句:

```
USE university
GO
DECLARE @ rows int
SET @ rows= (SELECT COUNT(*) FROM student)
```

2) 全局变量

全局变量由系统维护,不能被用户创建,任何程序均可以随时调用。全局变量通过存储一些 SQL Server 的配置设定值和统计数据。全局变量名以标记符“@@”开头。SQL 常用的全局变量如表 6.2 所示。

表 6.2　SQL 常用的全局变量表

名　称	说　明
@@connections	返回当前到本服务器的连接的数目
@@rowcount	返回上一条 T-SQL 语句影响的数据行数
@@error	返回上一条 T-SQL 语句执行后的错误号
@@procid	返回当前存储过程的 ID 号
@@remserver	返回登录记录中远程服务器的名字
@@spid	返回当前服务器进程的 ID 标识
@@version	返回当前 SQL Server 服务器的版本和处理器类型
@@language	返回当前使用的语言名称

例 6.3　显示到当前日期和时间为止试图登录 SQL Server 的次数。

T-SQL 语句:

```
SELECT GETDATE() '当前的时期和时间',
@ @ CONNECTIONS '试图登录的次数'
```

查询结果如图 6.1 所示。

6.1.2　运算符和表达式

T-SQL 的运算主要包括算术运算、赋值运算、位运算和比较运算,熟悉这些运算的运算符

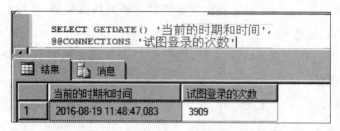

图 6.1　例 6.3 显示结果

语法,将对编写运行的语句、存储过程、函数等有很大的帮助。运算符是一些符号,它们能够用来执行算术运算、字符串连接、赋值以及在字段常量和变量之间进行比较。运算符主要有六大类:算术运算符、位运算符、比较运算符、逻辑运算符、字符串串联运算符和一元运算符。

1. 算术运算符

对两个表达式执行数学运算,这两个表达式可以是数值数据类型类别的一个或者多个数据类型,如表 6.3 所示。

表 6.3　算术运算符

运算符	含　义	运算符	含　义
+(加)	加	/(除)	除
−(减)	减	%(取模)	返回一个除法运算的整数余数
*(乘)	乘		

注:等号(=)是唯一的 T-SQL 赋值运算符。

2. 位运算符

位运算符,如表 6.4 所示,在两个表达式之间执行位操作,这两个表达式可以是整型数据或者二进制数据(image 数据类型除外)。此外,在位运算符左右两侧的操作数不能同时是二进制数据。表 6.5 为所支持的操作数数据类型。

表 6.4　位运算符

运算符	含　义	运算符	含　义
&(位与)	位与(两个操作数)	^(位异或)	位异或(两个操作数)
|(位或)	位或(两个操作数)		

表 6.5　位运算支持的操作数数据类型

左操作数	右操作数
binary	int、smallint 或 tinyint
bit	int、smallint、tinyint 或 bit
int	int、smallint、tinyint、binary 或 varbinary
smallint	int、smallint、tinyint、binary 或 varbinary
tinyint	int、smallint、tinyint、binary 或 varbinary
varbinary	int、smallint 或 tinyint

3. 比较运算符

比较运算符用于测试两个表达式是否相同,在 T-SQL 的查询语句中经常使用。除了 text、ntext 或 image 数据类型的表达式外,比较运算符可以用于所有的表达式,如表 6.6所示。

表 6.6　比较运算符

运算符	含义	运算符	含义
=(等于)	等于	<>(不等于)	不等于
>(大于)	大于	! =(不等于)	不等于(非 ISO 标准)
<(小于)	小于	! <(不小于)	不小于(非 ISO 标准)
≥(大于等于)	大于等于	! >(不大于)	不大于(非 ISO 标准)
≤(小于等于)	小于等于		

4. 逻辑运算符

用于对某些条件进行测试,逻辑运算符按优先级别从高到低排列为 NOT、AND、OR,如表 6.7 所示。

表 6.7　逻辑运算符

运算符	含义
ALL	如果一组的比较都为 TRUE,那么就为 TRUE
AND	如果两个布尔表达式都为 TRUE,那么就为 TRUE
ANY	如果一组的比较中任何一个为 TRUE,那么就为 TRUE
BETWEEN	如果操作数在某个范围之内,那么就为 TRUE
EXISTS	如果子查询包括一些行,那么就为 TRUE
IN	如果操作数等于表达式列表中的一个,那么就为 TRUE
LIKE	如果操作数与一种模式相匹配,那么就为 TRUE
NOT	对任何其他布尔运算符的值取反
OR	如果两个布尔表达式中的一个为 TRUE,那么就为 TRUE
SOME	如果在一组比较中,有些为 TRUE,那么就为 TRUE

5. 字符串串联运算符

加号(+)是字符串串联运算符,可以将字符串串联起来。

注意:默认情况下,对于 varchar 数据类型的数据,在 INSERT 或赋值语句中,空的字符串将被解释为空字符串。在串联 varchar、char 或 text 数据类型的数据时,空的字符串被解释为空字符串。例如,'abc'+''+'def' 被存储为'abcdef'.但是,如果兼容级别设置为 65,则空常量将作为单个空白字符处理,'abc'+''+'def'被存储为'abc def'。

6. 一元运算符

一元运算符只对一个表达式执行操作,该表达式可以是 numberic 数据类型类别中的任何一种数据类型,如表 6.8 所示。

表 6.8　一元运算符

运算符	含义	运算符	含义
＋(正) －(负)	数值为正 数值为负	～(位非)	返回数字的非

当一个复杂的表达式含有多个运算符时,运算符优先级决定执行运算的先后次序。在 SQL Server 2012 中,运算符的优先等级从高到低如表 6.9 所示,如果优先等级相同,则按照从左到右的顺序进行运算。

表 6.9　运算符的优先级

类型	运　算　符
一元运算	＋(正)、－(负)、～(按位 NOT)
乘除模	＊(乘)、/(除)、%(模)
加减串联	＋(加)、＋(串联)、－(减)
比较运算	＝、＞、＜、≥、≤、<>
位运算	^(位异或)、&(位与)、|(位或)
逻辑非	NOT
逻辑与	AND
逻辑或等	ALL、ANY、BETWEEN、IN、LIKE、OR、SOME
赋值	＝

6.1.3　流程控制语句

流程控制语句是指用来控制程序执行和流程分支的语句,在 SQL Server 2012 中,流程控制语句主要用来控制 SQL 语句、语句块或者存储过程的执行流程。T-SQL 语言对 SQL 语言进行了扩充,其中控制流是最为重要的部分。流程控制语句关键字可用于临时性 T-SQL 语句、批处理和存储过程中。控制流语言的使用和程序设计十分相似。

1. BEGIN-END 语句

BEGIN-END 语句能够将多个 T-SQL 语句组合成一个语句块,并视为一个单元处理。其语法格式为:

```
BEGIN
    {sql_statement|statement_block
    }
END
```

2. IF-ELSE 语句

IF-ELSE 语句是条件判断语句,用来判断当某一条件成立时执行某段程序,条件不成立执行另一段程序。其中,ELSE 子句是可选的,最简单的 IF 语句没有 ELSE 子句部分。SQL Server 允许嵌套使用 IF-ELSE 语句,而且嵌套层数仅受制于可用内存的大小。

IF-ELSE 语句的语法格式为:

```
IF Boolean_expression
    {sql_statement|statement_block}
[ELSE
    {sql_statement|statement_block}]
```

例 6.4 利用 BEGIN-END 语句使得 IF 语句在条件取值为 FALSE 时跳过语句块。

T-SQL 语句:

```
IF(@ @ ERROR<> 0)
    BEGIN
        SET @ ErrorSaveVariable= @ @ ERROR
        PRINT 'Error encountered,'+
        CAST(@ ErrorSaveVariable AS VARCHAR(10))
END
```

例 6.5 利用 IF-ELSE 语句判断例 5.4 创建的 sc(选课)表中,若班级 11602 平均成绩高于 90 分,则该班级学生是优秀的;否则输出班级平均成绩低于 90 分。

T-SQL 语句:

```
USE university
IF(SELECT AVG(score) FROM sc WHERE secnum= '11602')> = 90
    SELECT snum FROM sc WHERE secnum= '11602'
ELSE
    PRINT '班级平均成绩低于 90。'
```

3. GO 语句

GO 语句是批处理语句。批处理是一起提交并作为一组执行的若干 T-SQL 语句。

例 6.6 GO 语句实例。

T-SQL 语句:

```
USE university
GO
DECLARE @ MyMsg VARCHAR(50)
```

```
SELECT @ MyMsg= 'Hello, World.'
Print @ MyMsg
```

4. CASE 语句

CASE 语句可以计算多个条件式,并将其中一个符合条件的结果表达式返回。CASE 语句按照使用形式的不同,可以分为简单 CASE 语句和搜索 CASE 语句。

简单 CASE 语句的语法格式为:

```
CASE input _ expression
    WHEN when _ expression THEN result _ expression
        [...n]
    ELSE else _ result _ expression
ENDCASE
```

搜索 CASE 语句的语法格式为:

```
CASE WHEN Boolean _ expression THEN result _ expression
        [...n]
    ELSE else _ result _ expression
END
```

例 6.7 使用简单 CASE 语句,更改例 5.7 创建的 sc(选课)表的班级分类显示,以使其更容易理解,输出班级分类、学号和成绩,并计算各班平均分。

T-SQL 语句:

```
USE university
SELECT Category=
    CASE secnum
        WHEN '11601' THEN '大学英语'
        WHEN '11602' THEN '大学英语'
        WHEN '12001' THEN '高等数学'
        WHEN '12002' THEN '高等数学'
        WHEN '12601' THEN '高等数学'
        WHEN '13001' THEN '数据库技术'
        WHEN '13002' THEN '数据库技术'
        WHEN '13201' THEN '多媒体技术'
        WHEN '13501' THEN 'VB 设计'
        WHEN '15101' THEN '交通设计'
    END, snum 学号,score 成绩
FROM sc
```

```
ORDER BY secnum, score
COMPUTE AVG(score) BY secnum
```

例 6.8 使用搜索 CASE 语句,根据例 5.7 创建的 sc(选课)表的学生成绩范围将成绩显示为'无成绩','不合格','合格','良好'和'优秀',查询分类成绩和学号,并将查询结果按分类成绩升序排列。

T-SQL 语句:

```
USE university
SELECT 'score Category'=
    CASE
        WHEN score IS NULL THEN '无成绩'
        WHEN score< 60 THEN '不合格'
        WHEN score> = 60 AND score<70 THEN '合格'
        WHEN score> = 70 AND score<90 THEN '良好'
        ELSE '优秀'
    END,snum
FROM sc ORDER BY score
```

5. WHILE、CONTINUE 和 BREAK 语句

WHILE 语句用于设置重复执行 SQL 语句或语句块的条件,只要指定的条件为真,就重复执行语句。使用 CONTINUE 和 BREAK 语句在循环内部控制 WHILE 循环中语句的执行。CONTINUE 语句可以是程序跳过 CONTINUE 语句后面的语句,回到 WHILE 循环的第一条命令。BREAK 语句则使程序完全跳出循环,结束 WHILE 语句的执行。

其语法格式为:

```
WHILE Boolean _ expression
    {sql _ statement|statement _ block}
    [BREAK]
    {sql _ statement|statement _ block}
    [COTINUE]
    {sql _ statement|statement _ block}
```

例 6.9 在嵌套的 IF-ELSE 和 WHILE 中使用 BREAK 和 CONTINUE 语句。如果平均分少于 70 分,就将分数增加 10,然后查询最高分。如果最高分小于或等于 90 分,WHILE 循环重新启动并再次将分数增加 10。该循环不断地将分数增加直到最高分超过 100 分,然后退出 WHILE 循环并打印一条消息。

T-SQL 语句：

```
USE university
WHILE(SELECT AVG(score) FROM sc)<70
    BEGIN
        UPDATE sc SET score= score+ 10
        SELECT MAX(score) FROM sc
        IF(SELECT MAX(score) FROM sc)> 100
        BREAK
    ELSE
        CONTINUE
    END
```

6. GOTO 语句

GOTO 语句可以使程序直接跳到指定的标签位置处继续执行，而位于 GOTO 语句和标签之间的程序将不会被执行。标签由标签名加冒号组成，如"al:"。在 GOTO 语句中，标签后面不用跟冒号。GOTO 语句的语法格式为：

```
GOTO label
...
label:
```

例 6.10 利用 GOTO 语句求出从 1 加到 5 的总和。
T-SQL 语句：

```
DECLARE @ sum int,@ count int
SELECT @ sum= 0,@ count= 1
label_1:
SELECT @ sum= @ sum+ @ count
SELECT @ count= @ count+ 1
IF @ count<= 5
    GOTO label_1
SELECT @ count ,@ sum
```

7. WAITFOR 语句

在达到设定的时间或时间间隔之前，或者指定语句至少修改或返回一行之前，WAITFOR 语句将停止执行批处理、事务或存储过程等。其语法格式为：

```
WAITFOR
```

```
{
    DELAY 'time_to_pass'
    |TIME 'time_to_execute'
    |(receive_statement)[,TIMEOUT timeout]
}
```

其中,DELAY 用于指定时间间隔,TIME 用于指定某一时刻,其数据类型为 datetime,格式为"hh:mm:ss"。

例 6.11　使用 WAITFOR 语句,以便在 22:30 执行存储过程 update_all_stats。

T-SQL 语句:

```
BEGIN
    WAITFOR TIME '22:30'
    EXECUTE update_all_stats
END
```

8. RETURN 语句

RETURN 语句用于无条件地终止一个查询、存储过程或者批处理,此时位于 RETURN 语句之后的语句将不会被执行。其语法格式为:

```
RETURN [integer_expression]
```

其中,参数 integer_expression 为返回的整型值。RETURN 一般用于存储过程或应用程序中返回特定值,表示存储过程或应用程序的执行状态。

例 6.12　如果在执行 findshudent 时没有给出学号作为参数,利用 RETURN 将一条消息发送到用户的屏幕上然后从过程中退出;如果给出学号,将显示该学生的所有信息。

T-SQL 语句:

```
CREATE PROCEDURE findstudent @nm char(4)= NULL
AS
IF @nm IS NULL
    BEGIN
        PRINT '必须指定学号'
        RETURN
    END
ELSE
    SELECT snum,sname,dept FROM student where snum= @nm
```

9. TRY-CATCH 语句

TRY-CATCH 语句是用来捕获异常和处理异常的语句。当 TRY 内语句错误时,则传递给 CATCH 内语句;当 TRY 内语句无错误时,则运行完 TRY 内语句,然后传递给 END CATCH 语句。具体实例,参加本书 7.3.2 节。

6.1.4 常用函数

T-SQL 语言中的函数分为系统定义函数和用户自定义函数。系统定义函数又分为 4 种函数:行集函数、聚合函数、排名函数和标量函数,其中聚合函数已在 5.4.1 节中介绍,本节将介绍其余 3 种函数。

1. 行集函数

行集函数可以在 T-SQL 语句中当作表引用,如表 6.10 所示。

表 6.10 常用行集函数

函　数	功　能
OPENQUERY()	对给定的连接服务器执行指定的传递查询
OPENROWSET()	访问 OLE DB 数据源中的远程数据所需的全部连接信息
OPENXML()	通过 XML 文档提供行集视图
CONTAINSTABLE()	返回由包含以下项的字符数据类型的列组成的零行、一行或多行表
FREETEXTTABLE()	为符合条件的列返回行数为零或包含一行或多行的表
OPENDATASOURCE()	不使用连接服务器的名称,而提供特殊的连接信息

2. 排名函数

排名函数为查询结果数据集分区中的每一行返回一个排名值(也称序列值),如表 6.11 所示。

表 6.11 排名函数

函数分类	功　能
RANK	返回结果集的分区内每一行的排名
DENSE_RANK	返回结果集的分区内每一行的排名,排名没有间断
NTILE	将有序分区中的行分发到指定数目的组中
ROW_NUMBER	返回结果集的分区内每一行的排名,每个分区的第一行从 1 开始

3. 标量函数

标量函数对传递给它的一个或多个参数值进行处理和计算,并返回一个单一的值。标量函数可以应用在任何一个有效的表达式中,如表 6.12 所示。

表 6.12　标量函数的分类

函数分类	解　　释
配置函数	返回当前的配置信息
游标函数	返回有关游标的信息
日期和时间函数	对日期和时间输入值进行处理
数学函数	对作为函数参数提供的输入值进行计算
元数据函数	返回有关数据库和数据库对象的信息
安全函数	返回有关用户和角色的信息
字符串函数	对字符串(char 或 varchar)输入值执行操作
系统函数	执行操作并返回有关 SQL Server 中的值、对象和设置的信息
系统统计函数	返回系统的统计信息
文本和图像函数	对文本或图像输入值或列执行操作,返回有关这些值的信息

下面将介绍学用的字符串函数、日期和时间函数、数学函数和系统函数。

1) 字符串函数

常用字符串函数,如表 6.13,可以对二进制数据、字符串和表达式执行不同的运算,大多数字符串函数只能用于 char 和 varchar 数据类型以及明确转换成 char 和 varchar 的数据类型,少数字符串函数也可以用于 binary 和 varbinary 数据类型。

表 6.13　常用字符串常数

函　　数	功　　能
ASCII()	返回字符表达式中最左侧字符的 ASCII 代码值
CHAR()	将整数 ASCII 代码转换为字符
LEFT()	返回字符表达式最左侧指定数目的字符
LEN()	返回给定字符串表达式的字符数
LOWER()	返回将大写字符转换为小写字符的字符表达式
REPLICATE()	按指定次数重复表达式
RIGHT()	返回字符表达式右侧指定数目的字符
UPPER()	返回将小写字符转换为大写字符的字符表达式
SUBSTRING()	返回字符表达式,二进制,文本表达式或图像表达式的一部分
STUFF()	返回从默认表达转换而来的字符串

字符串函数可以分为以下几类。

(1) 基本字符串函数:UPPER(),LOWER(),SPACE(),REPLICATE(),STUFF(),REVERSE(),LTRIM(),RTRIM()。

(2) 字符串查找函数:CHARINDEX(),PATINDEX()。

(3) 长度和分析函数:DATALENGTH(),SUBSTRING(),RIGTH()。

(4) 转换函数:ASCH(),CHAR(),STR(),SOUNDEX(),DIFFERENCE()。

例 6.13　使用 LTRIM()函数删除字符串变量中的起始空格。

T-SQL 语句:

```
DECLARE @ string_to_trim varchar(60)
```

```
   SET @ string_to_trim= '     Five spaces are at the beginning of this string. '
SELECT 'Here is the string without the leading spaces: '+ LTRIM(@ string_to_trim)
```

例 6.14 使用 start_location 参数,从例 5.4 创建的 student(学生)表,dept 列第 1 个字符开始查找"工程"。

T-SQL 语句:

```
USE university
SELECT CHARINDEX ('工程', dept,1) FROM student
```

例 6.15 查询 5.4 创建的 student(学生)表中,每个学生的姓氏及名字。

T-SQL 语句:

```
USE university
SELECT SUBSTRING(sname, 1, 1),right(sname,len(sname)- 1)
FROM student
order by SUBSTRING(sname, 1, 1)
```

例 6.16 在第一个字符串(abcdef)中删除从第二个位置(字符 b)开始的第三个字符,然后在删除的起始位置插入第二个字符串,创建并返回一个字符串。

T-SQL 语句:

```
SELECT STUFF('abcdef', 2, 3, 'ijklmn')
```

结果显示:

```
aijklmnef
```

2) 日期和时间函数

常用日期和时间函数,如表 6.14 所示,用于对日期和时间数据进行各种不同的处理和运算,并返回一个字符串、数字值或日期和时间值。与其他函数一样,可以在 SELECT 语句的 SELECT 和 WHERE 子句以及表达式中使用日期和时间函数。

表 6.14 常用的日期和时间函数

函　数	功　能
DATEADD(datepart,number,date)	以 datepart 指定的方式,返回 date 加上 number 之和
DATEDIFF(datepart,date1,date2)	以 datepart 指定的方式,返回 date2 与 date1 之差
DATENAME(datepart,date)	返回日期 date 中 datepart 指定部分所对应的字符串
DATEPART(datepart,date)	返回日期 date 中 datepart 指定部分所对应的整数值
DAY(date)	返回指定日期的天数
GETDATE()	返回当前的日期和时间
MONTH()	返回指定日期的月份数
YEAR(date)	返回指定日期的年份数

例 6.17 显示在例 5.4 创建的 student(学生)表中出生日期到当前日期间的年数。

T-SQL 语句:

```
USE university

SELECT DATEDIFF (year, birthday, getdate()) AS diffdays

FROM student
```

例 6.18 从 GETDATE()函数返回的日期中提取月份数。

T-SQL 语句：

```
SELECT DATENAME(month, getdate()) AS 'Month Name'
```

3) 数学函数

常用数学函数，如表 6.15 所示，用于对数字表达式进行数字运算并返回运算结果。

表 6.15 常用数学函数

函数参数	功　能
ABS(numeric_expression)	返回绝对值
ASIN,ACOS,ATAN(float_expression)	返回反正弦,反余弦,反正切
SIN,COS,TAN,COT(float_expression)	返回正弦,余弦,正切,余切
ATAN2(float_expression)	返回 4 个象限的反正切弧度值
DEGREES(numeric_expression)	将弧度转化为角度
RADLANS()	将指定的度数化为弧度
CEILING()	返回大于或等于数字表达式的最小整数
EXP(n)	返回 e 的 n 次方
LOG(n. n)	返回浮点数 $n.n$ 的自然对数值
RAND()	返回随机 $0 \sim 1$ 的 float 类型值
SQRT()	返回平方根
SQUARE()	返回平方值

例 6.19 在同一个表达式中使用 CEILING(),FLOOR()和 ROUND()函数。

T-SQL 语句：

```
SELECT CEILING(13.4), FLOOR(13.4), ROUND(13.4567,3)
```

结果显示：

```
14      13      13.457 0
```

4) 系统函数

系统函数用于返回有关 SQL Server 系统、用户、数据库和数据库对象的信息。

系统函数包括如下两个转换函数。

(1) CAST()函数允许把一个数据类型强制转换为另一种数据类型,其语法格式为：

```
CAST(expression AS data_type)
```

(2) CONVERT()函数允许用户把表达式从一种数据类型转换成另一种数据类型,还允许把日期转换成不同的样式,其语法格式为：

```
CONVERT(data_type[(length)], expression [,style])
```

例 6.20 用 style 参数将当前日期转换为不同格式的字符串。

T-SQL 语句：

```
SELECT '101'= CONVERT(char, GETDATE(), 101),
    '1'= CONVERT(char, GETDATE(), 1),
    '112'= CONVERT(char, GETDATE(), 112)
```

例 6.21 从 university 数据库中返回 student 表的首列名称。

T-SQL 语句：

```
USE university
SELECT COL _ NAME(OBJECT _ ID('student'), 1)
```

例 6.22 检查 sysdatabases 中的每一个数据库,使用数据库标识号来确定数据库的名称。

T-SQL 语句：

```
USE master
SELECT dbid, DB _ NAME(dbid) AS DB _ NAME
    FROM sysdatabases
    ORDER BY dbid
```

6.2 存储过程

存储过程是为了完成特定功能而汇集在一起的一组 SQL 程序语句,是经编译和优化后存储在数据库服务器中的 SQL 程序,使用时调用即可。触发器是一种特殊的存储过程,它是在执行某些特定的 T-SQL 语句时自动执行的一种存储过程。触发器主要是通过事件进行触发而执行,存储过程却可通过存储过程名字直接调用。

6.2.1 存储过程的概念

存储过程是 SQL Server 中应用最广泛、最灵活的技术。存储过程是已经存储在 SQL Server 服务器中的一组预编译过的 T-SQL 语句,存储过程可以接收参数,用户通过指定存储过程的名字并给出参数(如果该存储过程带有参数)来执行它。存储过程既不能在被调用的位置上返回数据,也不能被引用在语句中。

存储过程分为系统存储过程、扩展存储过程和用户定义存储过程。

系统存储过程主要存储在 master 数据库中并以"sp _"为前缀,在任何数据库中都可以调用,在调用时不必在存储过程前加上数据库名。系统存储过程允许具有执行系统存储过程权限的用户执行修改表的任务,并且可以在所有的数据库中执行。

扩展存储过程允许用户使用编程语言(如 C)创建自己的外部例程。扩展存储过程是指 Microsoft SQL Server 的实例可以动态加载和运行的 DLL，并以"_xp"开头。扩展存储过程直接在 SQL Server 实例的地址空间中运行，可以使用 SQL Server 扩展存储过程 API 完成编程。

用户自定义存储过程是由用户创建，用来完成某项任务，存储在创建时的数据库中。存储过程的优点如下所述。

（1）存储过程提高了数据的安全性。

（2）增强代码的重用性和共享性。

（3）使用存储过程可以加快系统的运行速度。

（4）使用存储过程可以减少网络流量。

6.2.2 创建存储过程

当创建用户定义存储过程时，需要确定存储过程的三个组成部分。

（1）所有的输入参数以及传给调用者的输出参数。

（2）被执行的针对数据库的操作语句，包括调用其他存储过程的语句。

（3）返回给调用者的状态值，以指明调用是成功还是失败。

创建用户定义存储过程的方法有两种，可以用 CREATE PROCEDURE 命令进行创建以及 SQL Server Management Studio 创建。

1. 用 CREATE PROCEDURE 命令创建

CREATE PROCEDURE 的语法格式如下：

```
CREATE {PROC|PROCEDURE} [schema_name.]procedure_name[;number]
    [{@ parameter[type_schema_name.]data_type}
        [VARYING] [= default] [[OUTPUT]] [,…n]
    [WITH< procedure_option> [,…n]
    [FOR REPLICATION]
AS
    {<sql_statement> [;] […n] | <method_specifier> } [;] <procedure_option> ::=
    [ENCRYPTION] [RECOMPILE] EXECUTE_AS_Clause]
    <sql_statement> ::=
    {[BEGIN] statements [END]}
    <menthod_specifier> ::= EXTERNAL NAME assembly_name.class_name.method_name
```

各参数的说明如下。

（1）schema_name。过程所属架构的名称。

（2）procedure_name。新建存储过程的名称。过程名称必须遵循有关标识符的规则，并且在架构中必须唯一。过程名称请不要使用前缀"sp_"，此前缀用以指定系统存储过程。

可在 procedure_name 前面使用一个数字符号（#）（# procedure_name）来创建局

部临时过程,使用两个数字符号(＃＃procedure_name)来创建全局临时过程。对于CLR 存储过程,不能指定临时名称。

存储过程或全局临时存储过程的完整名称(包括＃＃)不能超过 128 个字符。局部临时存储过程的完整名称(包括＃)不能超过 116 个字符。

(3) number。是可选参数,用于对同名的过程分组。使用一个 DROP PROCEDURE 语句可将这些分组过程一起删除。例如,称为 orders 的应用程序可能使用名为 orderproc;1 和 orderproc;2 等的过程。DROP PROCEDURE orderproc 语句将删除整个组。如果名称中包含分隔标识符,则数字不应包含在标识符中,只应在procedure_name 前后使用适当的分隔符。

带编号的存储过程有以下限制:不能使用 XML 或 CLR 用户定义类型作为数据类型;不能对带编号的存储过程创建计划指南。

(4) @parameter。过程中的参数。在 CREATE PROCEDURE 语句中可以声明一个或多个参数。除非定义了参数的默认值或者将参数设置为等于另一个参数,否则用户必须在调用过程时为每个声明的参数提供值。存储过程中输入和输出的参数合计不得超过 2 100 个。如果过程包含表值参数,并且该参数在调用中缺失,则传入空表默认值。

用符号"@"作第一个字符来指定参数名称。参数名称必须符合有关标识符的规则。每个过程的参数仅用于该过程本身,其他过程中可以使用相同的参数名称。默认情况下,参数只能代替常量表达式,而不能用于代替表名、列名或其他数据库对象的名称。

如果指定了 FOR REPLICATION,则无法声明参数。

(5) [type_schema_name.]data_type。参数以及所属架构的数据类型。所有数据类型都可以用作 T-SQL 存储过程的参数。可以使用用户定义表类型来声明表值参数作为 T-SQL 存储过程的参数。只能将表值参数指定为输入参数,这些参数必须带有READONLY 关键字。cursor 数据类型只能用于 OUTPUT 参数。如果指定了 cursor数据类型,则还必须指定 VARYING 和 OUTPUT 关键字。可以为 cursor 数据类型指定多个输出参数。

对于 CLR 存储过程,不能指定 char、varchar、text、ntext、image、cursor、用户定义表类型和 table 作为参数。如果参数的数据类型为 CLR 用户定义类型,则必须对此类型有EXECUTE 权限。

如果未指定 type_schema_name,则 SQL Server 数据库引擎将按以下顺序引用type_name:SQL Server 系统数据类型;当前数据库中当前用户的默认架构;当前数据库中的 dbo 架构。

对于带编号的存储过程,数据类型不能为 XML 或 CLR 用户定义类型。

(6) VARYING。指定作为输出参数支持的结果集。该参数有存储过程动态构造,其内容可能发生改变。仅适用于 cursor 参数。

(7) Default。参数的默认值。如果定义了 default 值,则无须指定此参数的值即可执行过程。默认值必须是常量或 NULL。如果过程使用带 LIKE 关键字的参数,则可包含下列通配符:%、_、[]和[^]。

注意:只有 CLR 过程的默认值记录在 sys. parameters. default 列中。对于 T-SQL 过程参数,该列将为 NULL。

(8) OUTPUT。指示参数是输出参数。此选项的值可以返回给调用 EXECUTE 的语句。使用 OUTPUT 参数将值返回给过程的调用方。除非是 CLR 过程,否则 text、ntext 和 image 参数不能用作 OUTPUT 参数。使用 OUTPUT 关键字的输出参数可以为游标占位符,CLR 过程除外。不能将用户定义表类型指定为存储过程的 OUTPUT 参数。

(9) RECOMPILE。指示数据库引擎不缓存该过程的计划,该过程在运行时编译。如果指定了 FOR REPLICATION,则不能使用此选项。对于 CLR 存储过程,不能指定RECOMPILE。

若要指示数据库引擎放弃存储过程内单个查询的计划,请使用 RECOMPILE 查询提示。如果非典型值或临时值仅用于属于存储过程的查询子集,则使用 RECOMPILE查询提示。

(10) ENCRYPTION。指示 SQL Server 将 CREATE PROCEDURE 语句的原始文本转换为模糊格式。模糊代码的输出在 SQL Server 的任何目录视图中都不能直接显示。对系统表或数据库文件没有访问权限的用户不能检索模糊文本。但是,可以通过DAC 端口访问系统表的特权用户或直接访问数据文件的特权用户可以使用此文本。此外,能够向服务器进程附加调试器的用户可在运行时从内存中检索已解密的过程。有关访问系统元数据的详细信息,请查看元数据可见性配置。

该选项对于 CLR 存储过程无效。使用此选项创建的过程不能在 SQL Server 复制过程中发布。

(11) EXECUTE AS。指定在其中执行存储过程的安全上下文。

(12) FOR REPLICATION。指定不能在订阅服务器上执行为复制创建的存储过程。使用 FOR REPLICATION 选项创建的存储过程可用作存储过程筛选器,且只能在复制过程中执行。如果指定了 FOR REPLICATION,则无法声明参数。对于 CLR 存储过程,不能指定 FOR REPLICATION。对于使用 FOR REPLICATION 创建的过程,忽略 RECOMPILE 选项。

FOR REPLICATION 过程将在 sys. objects 和 sys. procedures 中包含 RF 对象类型。

(13) <sql_statement>。包含在过程中的一个或多个 T-SQL 语句。

(14) EXTERNAL NAME assembly_name. class_name. method_name。指定 . NET

Framework 程序集的方法,以便 CLR 存储过程引用。class_name 必须为有效的 SQL Server 标识符,并且该类必须存在于程序集中。如果类包含一个使用句点(.)分隔命名空间各部分的限定命名空间的名称,则必须使用方括号([ ])或引号(" ")将类名称分隔开。指定的方法必须为该类的静态方法。

注意:默认情况下,SQL Server 不能执行 CLR 代码。可以创建、修改和删除引用公共语言运行时模块的数据库对象;不过,只有在启用 clr enabled 选项之后,才能在 SQL Server 中执行这些引用。若要启用该选项,需使用 sp_configure。

1) 创建无参数的存储过程

例 6.23 创建一个存储过程 pr1_sc,显示例 5.7 创建的 sc(选课)表中所有学生的平均分数。

```
CREATE PROCEDURE pr1_sc
    As
        SELECT snum 学号, AVG(score)平均分 From sc GROUP BY snum
```

2) 创建带输入参数的存储过程

例 6.24 创建一个存储过程 pr1_sc_ins,以简化对例 5.7 创建的 sc(选课)表的数据添加工作,使在执行该存储过程时,其参数值作为数据添加到表中。

```
CREATE PROCEDUREpr1_sc_ins
@ Param1 char(4),@ Param2 char(5),@ Param3 int
AS
BEGIN
    insert into sc values(@ Param1,@ Param2,@ Param3)
END
```

3) 创建带输出参数的存储过程

例 6.25 创建带输出参数的存储过程,通过输入指定学号,得到例 5.7 创建的 sc(选课)表中该学生的平均分。

```
CREATE PROCEDURE pr1_sc_out
@ _snum CHAR(4), @ _avg INT OUTPUT
As
    SELECT AVG(score)平均分 From sc WHERE snum= @ _snum GROUP BY snum
```

4) 创建返回存储过程的执行状态的存储过程

例 6.26 创建返回存储过程执行状态的存储过程,检查例 5.7 创建的 sc(选课)表中,给定学号的学生有无不及格的记录,如果有则返回 1;否则返回 0。

```
CREATE PROCEDURE pr1_sc_status
```

```
@ _ snum CHAR(4)= NULL
As
  IF EXISTS(SELECT *  FROM sc WHERE snum= @ _ snum and score< 60)
  BEGIN
    PRINT @ _ snum+ '无不及格记录'
    RETURN 1
  END
ELSE
  BEGIN
    SELECT * FROM sc WHERE snum= @ _ snum and score< 60
    RETURN 0
  END
```

2. 用 SQL ServerManagement Studio 创建

参考步骤如下所述。

(1) 展开"数据库"、存储过程所属的数据库以及"可编程性"。

(2) 右击"存储过程",再选择"新建存储过程"命令,如图 6.2 所示。

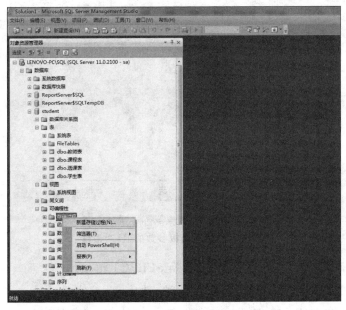

图 6.2　"新建存储过程"菜单

(3) 在"查询"菜单上,选择"指定模板参数的值"命令,如图 6.3 所示。

(4) 在"指定模板参数的值"对话框中,"值"列包含参数的建议值。接受这些值或将其替换为新值,再单击"确定"按钮,如图 6.4 所示。

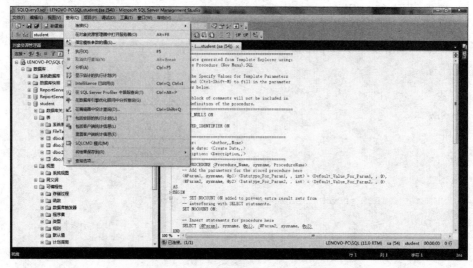

图 6.3 "指定模板参数的值"菜单

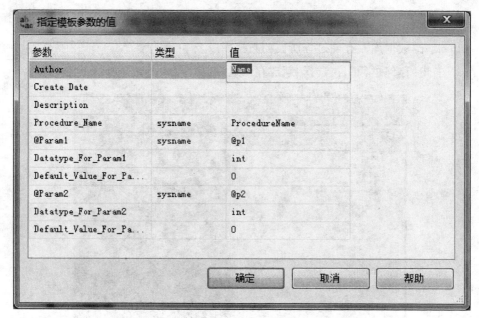

图 6.4 "指定模板参数的值"对话框

(5) 在查询编辑器中,使用过程语句替换 SELECT 语句。

(6) 若要测试语法,请在"查询"菜单上,单击"分析"。

(7) 若要创建存储过程,请在"查询"菜单上,选择"执行"命令。

(8) 若要保存脚本,请在"文件"菜单上,选择"保存"命令。接受该文件名或将其替换为新的名称,再单击"保存"按钮。

6.2.3 执行存储过程

执行存储过程必须具有执行存储过程的权限许可,才可以直接执行存储过程。可以使用 EXECUTE 命令直接执行存储过程,语法格式如下:

```
[[EXEC[UTE]]
{
  [@ return _ status= ]
    {procedure _ name [;number] | @ procedure _ name _ var}
  [[@ parameter= ] {value | @ variable [OUTPUT] | [DEFAULT] }
     [,…n]
[WITH RECOMPILE]
```

例 6.27 使用 EXECUTE 命令,执行例 6.22 定义的存储过程 pr1 _ sc。

```
EXEC pr1 _ sc
```

例 6.28 使用 EXECUTE 命令传递参数,执行例 6.23 定义的存储过程 pr1 _ sc _ ins。

存储过程 pr1 _ sc _ ins 可以通过以下两种方式中的任一种执行。

T-SQL 语句 1:

```
EXEC pr1 _ sc _ ins 's009','11601',85
```

T-SQL 语句 2:

```
EXECpr1 _ sc _ ins @ Param1= 's009',@ Param2= '11601',@ Param3= 85
```

例 6.29 使用 EXECUTE 命令传递参数,执行例 6.24 定义的存储过程 pr1 _ sc _ out。

在定义和执行带输出参数的存储过程时都必须用 OUTPUT 保留字。

```
DECLARE @ temp CHAR(4), @ avg _ out INT
SET @ temp= 's001'
EXEC pr1 _ sc _ out @ temp,@ avg _ out OUT
PRINT @ temp+ '的平均分为:'+ CAST(@ avg _ out AS CHAR(3))
```

例 6.30 使用 EXECUTE 命令传递参数,执行例 6.25 定义的存储过程 pr1 _ sc _ state。

```
DECLARE @ return _ status INT
EXEC @ return _ status= pr1 _ sc _ status 's001'
IF @ return _ status= 1
   PRINT'该生有不及格记录'
ELSE
```

```
PRINT'该生无不及格记录'
```

6.2.4 修改和删除存储过程

存储过程可以根据用户的要求或者基表定义的改变而改变。

1. 修改存储过程

1) 用 ALTER PROCEDURE 语句

使用 ALTER PROCEDURE 语句可以更改执行 CREATE PRODEDURE 语句创建的过程,但不会更改权限,也不影响相关的存储过程或触发器。其语法格式如下:

```
ALTER PROC [EDURE] procedure_name [;number]
    [{@ parameter data_type}
        [VARYING] [= default] [OUTPUT]
    ] [,…n]
[WITH
    {RECOMPILE | ENCRYPTION | RECOMPILE,ENCRYPTION}
]
[FOR REPLICATION]
    AS
    sql_statement [,…n]
```

例 6.31 用 ALTER PROCEDURE 重新定义例 6.23 创建的存储过程 pr1_sc_ins,使之只包含学号和班名。

T-SQL 语句:

```
USE university
GO
ALTER PROCEDURE pr1_sc_ins
@ Param1 char(4),@ Param2 char(5)
AS
BEGIN
    insert into sc values(@ Param1,@ Param2,NULL)
END
```

2) 用 SQL Server Management Studio 修改存储过程

(1) 打开"对象资源管理器",连接到数据库引擎实例。

(2) 展开"所在数据库",然后展开"存储过程"文件夹。

(3) 右击要查看、修改的"用户存储过程",选择"编辑"命令。

（4）在弹出的编辑窗口中可查看和编辑用户存储过程的代码等。

2. 删除存储过程

1）用 DROP PROC 语句删除存储过程

删除存储过程可以使用 DROP 命令，DROP 命令可以将一个或者多个存储过程或者存储过程组从当前数据库中删除，其语法格式如下：

```
DROP PROCEDURE {procedure} [,…n]
```

2）用 SQL Server Management Studio 删除存储过程

（1）打开"对象资源管理器"，连接到数据库引擎实例。

（2）展开"所在数据库"，然后展开"存储过程"文件夹。

（3）右击要删除的存储过程，从弹出的快捷菜单中选择"删除"命令，则会弹出"删除对象"对话框，在该对话框中，单击"确定"按钮，即可完成删除操作。

（4）单击"显示相关性"按钮，则可以在删除前查看与该存储过程有依赖关系的对象名称。

6.3 触发器

在 SQL Server 中，可用约束和触发器两种方法保证数据的有效性和完整性。约束直接在数据表内设置，实现一些比较简单的功能。触发器是特殊类型的存储过程，它能在任何试图改变表或试图中由触发器保护的数据时执行，保证其他相关联的数据也跟着进行相应的变化。触发器通过操作事件进行触发而被自动执行，不能直接调用执行，也不能被传送和接受参数。触发器的重要作用就是实现约束不能做到的复杂的参照完整性和一致性。

SQL Server 2012 包括两大触发器：DML 触发器和 DDL 触发器。

6.3.1 创建和应用 DML 触发器

DML 触发器是当数据库服务器中发生数据操作语言（DML）事件时自动执行的存储过程。当数据表发生数据操作语言事件（INSERT、UPDATE、DELETE 操作）时，DML 触发器会被自动执行，可以处理各种复杂的操作。DML 触发器按照触发时刻分为两类：AFTER（之后）触发器和 INSTEAD OF（替代）触发器。AFTER 触发器是在执行某个触发操作（INSERT、UPDATE 或 DELETE）和处理完约束之后被激发执行。AFTER 触发器只能在表上定义，可以针对表的同一个操作定义多个 AFTER 触发器，通常使用系统过程 sp_settriggerorder 定义触发器被触发的次序。INSTEAD OF 触发器是用触发器的程序代替 INSERT、UPDATE 或 DELETE 语句执行，在处理约束之前激发。

INSTEAD OF 触发器可在表或试图上定义,对表的同一个操作只能定义一个 INSTEAD OF 触发器。所以,当执行 DML 语句(INSERT、UPDATE、DELETE)违反约束条件时,将不执行 AFTER 触发器;但会激发 INSTEAD OF 触发器而不执行这些数据操作语句本身。

当数据表(库)执行数据定义语言(CREATE、ALTER、DROP 操作)后,DDL 触发器会被自动执行。DDL 触发器只能是 AFTER(之后)触发器,一般用于执行数据库中的管理任务。

DML 触发器可以查询其他表,还可以包含复杂的 T-SQL 语句。将触发器和触发它的语句作为可在触发器内回滚的单个事务对待。如果检测到错误(例如,磁盘空间不足),则整个事务自动回滚。

DML 触发器定义在一个表中,当在表中执行插入(INSERT)、修改(UPDATE)、删除(DELETE)操作时触发器被触发自动执行,当表被删除时与它关联的触发器也会一同被删除。DML 触发器根据触发语句分为 INSERT、UPDATE 和 DELETE 触发器。

1. 创建 DML 触发器

DML 触发器可以在 SQL Server 数据库查询引擎里编写 T-SQL 代码,使用 CREATE TRIGGER 命令创建 DML 触发器。CREATE TRIGGER 命令的语法格式如下:

```
CREATE TRIGGER [schema_name.] trigger_name
ON {table | view}
[WITH [ENCRYPTION] EXECUTE AS Clause] [,…n] ]
{FOR | AFTER | INSTEAD OF} { [INSERT] [,] [UPDATE] [,] [DELETE] }
[WITH APPEND]
[NOT FOR REPLICATION]
AS
{sql_statement [;] [,…n] | EXTERNAL NAME<method specifier [;]> }
<method_specifier> : := assembly_name.class_name.method_name
```

参数说明:

(1) schema_name。DML 触发器所属架构的名称。DML 触发器的作用域是为其创建该触发器的表或视图的架构。不能为 DDL 或登录触发器指定 schema_name。

(2) trigger_name。触发器的名称。trigger_name 必须遵循标识符规则,但 trigger_name 不能以♯或♯ ♯开头。

(3) table | view。对其执行 DML 触发器的表或视图,有时被称为触发器表或触发器视图。可以根据需要指定表或视图的完全限定名称。视图只能被 INSTEAD OF 触发

器引用。不能对局部或全局临时表定义 DML 触发器。

（4）WITH ENCRYPTION。对 CREATE TRIGGER 语句的文本进行模糊处理。使用 WITH ENCRYPTION 可以防止将触发器作为 SQL Server 复制的一部分进行发布。

（5）EXECUTE AS。指定用于执行该触发器的安全上下文，允许控制 SQL Server 实例，用于验证被触发器引用的任意数据库的用户账户。

（6）WITH APPEND。指定应该添加现有类型的其他触发器。只有当兼容级别是 65 或更低时，才需要使用该可选子句。如果兼容级别是 70 或更高，则不必使用 WITH APPEND 子句添加现有类型的其他触发器（这是兼容级别设置为 70 或更高的 CREATE TRIGGER 的默认行为）。

（7）sql_statement。触发条件和操作。触发器条件指定其他标准，用于确定尝试的 DML、DDL 或 LOGON 事件是否导致执行触发器操作。DML 触发器使用 DELETED 和 INSERTED 逻辑表，在结构上和触发器所在的表的结构相同，SQL Server 会自动创建和管理这些表。可以使用这两个临时的驻留内存的表测试某些数据修改的效果及设置触发器操作的条件。DELETED 表用于存储 DELETE 或 UPDATE 语句所影响的行的副本，在执行 DELETE 或 UPDATE 语句时，行从触发器表中删除，并传输到 DELETED 表中。INSERTED 表用于存储 INSERT 或 UPDATE 语句所影响的行的副本，在一个插入或更新事务处理中，新建的行被同时添加到 INSERTED 表和触发器表中，INSERTED 表中的行是触发器表中新行的副本。

（8）<method_specifier>。对于 CLR 触发器，指定程序集与触发器绑定的方法。该方法不能带有任何参数，并且必须返回空值。class_name 必须是有效的 SQL Server 标识符，并且该类必须存在于可见程序集中。如果该类有一个使用"."来分隔命名空间部分的命名空间限定名称，则类名必须用[ ]或" "分隔符分隔。该类不能为嵌套类。

例 6.32 建立一个 UPDATE 和 DELETE 触发器，当向例 5.7 创建的 sc（选课）表修改和删除数据时，查询修改和删除的数据。

T-SQL 语句：

```
CREATE TRIGGER tr1_sc
ON sc
FOR UPDATE, DELETE
AS
SELECT * FROM inserted
SELECT * FROM deleted
```

例 6.33 建立一个 INSERT 和 UPDATE 触发器，当向例 5.7 创建的 sc（选课）表插入或更新数据时，获取插入或更新操作时的学号。

T-SQL 语句：

```
CREATE TRIGGER tr2 _ sc
ON sc
FOR INSERT, UPDATE
AS
BEGIN
  DECLARE @ xh char(4)
  SELECT @ xh= inserted. snum FROM inserted / * 获取插入或更新操作时的新值(学号) * /
END
```

2. 应用 DML 触发器

1) 使用 INSERT 触发器

INSERT 触发器通常被用来更新时间标记字段,或者验证被触发器监控的字段中数据满足要求的标准,以确保数据的完整性。

例 6.34 建立一个 INSERT 触发器,当向例 5.7 创建的 sc(选课)表中添加数据时,如果添加的数据与例 5.4 创建的 student(学生)表中的数据不匹配(没有对应的学号),则将此数据删除。(注:此功能等同于外键约束功能。)

T-SQL 语句:

```
CREATE TRIGGER tr3 _ sc ON sc
FOR INSERT
AS
BEGIN
  DECLARE @ xh char(4)
  SELECT @ xh= Inserted. snum FROM Inserted
  IF not exists(select snum from student where snum= @ xh)
  DELETE sc WHERE snum= @ xh
END
```

2) 使用 UPDATE 触发器

当在一个有 UPDATE 触发器的表中修改记录时,表中原来的记录被移动到删除表(deleted)中,修改过的记录插入插入表(inserted)中,触发器可以参考删除表和插入表以及被修改的表,以确定如何完成数据库操作。

例 6.35 创建一个 UPDATE 触发器,该触发器防止用户修改例 5.7 创建的 sc(选课)表的成绩。

T-SQL 语句:

```
CREATE TRIGGER tr4 _ sc ON sc
FOR update
```

```
AS
IF update(score)
BEGIN
  raiserror('不能修改入学成绩',16,10)
  ROLLBACK TRANSACTION
END
```

3）使用 DELETE 触发器

DELETE 触发器通常用于两种情况：第一种情况是为了防止那些确实需要删除但会引起数据一致性问题的记录的删除；第二种情况是执行可删除主记录的子记录的级联删除操作。

例 6.36　建立一个与例 5.7 创建的 sc(选课)表结构一样的表 sc1,当删除表 sc 中的记录时,自动将被删除的记录存放到 sc1 表中。

T-SQL 语句：

```
CREATE TRIGGER tr5 _ sc ON sc          / *建立触发器 * /
FOR DELETE                             / *对表删除操作 * /
AS
INSERT sc1 SELECT  *  FROM deleted     / *将删除掉的数据送入表 s1 中 * /
```

6.3.2　创建和应用 DDL 触发器

DDL 触发器仅在运行数据定义语言（DDL）的 CREATE、ALTER、DROP 语句后被激发执行。DDL 触发器可用于管理任务,例如,审核和控制数据库操作。

DDL 触发器一般用于以下目的。

（1）防止对数据库架构进行某些更改。

（2）希望数据库中发生某种情况以响应数据库架构中的更改。

（3）要记录数据库架构中的更改和事件。

使用 CREATE TRIGGER 命令创建 DDL 触发器的语法格式如下：

```
CREATE TRIGGER trigger _ name
ON {ALL SERVER | DATABASE} [WITH<ddl _ trigger _ option> [,…n]]
  {FOR|AFTER} {event _ type|event _ group} [,…n]
    AS {sql _ statement [;] [,…n] |EXTERNAL NAME<method specifier> [;]}
```

参数说明：

（1）trigger _ name。触发器的名字,在数据库中必须唯一。

（2）Sql _ statement。SQL 语句。

（3）all server| database。在创建触发器时确定使触发器是被服务器事件所触发，还是被数据库事件所触发。

（4）event_type。这是一个逗号分隔的服务器或数据库列表，在其上的 DDL 行为被捕获。

```
<ddl_trigger_option> ::= [ENCRYPTION] EXECUTE AS Clause]
<method_specifier> ::= assembly_name.class_name.method_name
```

在响应当前数据库或服务器中处理的 T-SQL 事件时，可以激发 DDL 触发器。触发器的作用域取决于事件。

例 6.37 使用 DDL 触发器来防止数据库中的任一表被修改或删除。

T-SQL 语句：

```
CREATE TRIGGER safety1
ON DATABASE
FOR DROP_TABLE, ALTER_TABLE
AS
  PRINT '不能删除或修改表！'
ROLLBACK
```

例 6.38 使用 DDL 触发器来防止在数据库中创建表。

T-SQL 语句：

```
CREATE TRIGGER safety2
ON DATABASE
FOR CREATE_TABLE
AS
PRINT '创建表 Issued。'
SELECT
EVENTDATA().value('(/EVENT_INSTANCE/TSQLCommand/CommandText) [1]','
nvarchar(max)')
RAISERROR('不能创建表。', 16, 1)
ROLLBACK
```

6.3.3 嵌套触发器和递归触发器

1. 嵌套触发器

当一个触发器执行时，激发其他触发器执行，称为触发器的嵌套。DML 触发器和 DDL 触发器最多可以嵌套 32 层。可以通过 nested triggers 服务器配置选项来控制是否可以嵌套 AFTER 触发器;但不管设置为何值,都可以嵌套 INSTEAD OF 触发器(只有 DML 触发器可以是 INSTEAD OF 触发器)。

可以使用 SQL Server Management Studio 配置 nested triggers 选项。在"对象资源管理器"中,右击服务器,然后选择"属性"命令。在"高级"页上,将"允许触发器激发其他触发器"选项设置为 True(默认值)或 False。

如果允许使用嵌套触发器,且触发链中的一个触发器启动了一个无限循环,则将超出嵌套层限制,触发器将终止执行。

可使用嵌套触发器执行一些有用的日常工作,如保存前一个触发器所影响行的一个备份副本。

2. 递归触发器

AFTER 触发器不会以递归方式自行调用,除非设置了 RECURSIVE_TRIGGERS 数据库选项。有直接递归和间接递归两种方式。

1) 直接递归

在触发器内部有导致触发器本身被再次触发的操作,称为直接递归。例如,应用程序更新了表 T3,从而触发了触发器 Trig3,而 Trig3 再次更新表 T3,从而再次触发了触发器 Trig3。

在 SQL Server 2012 中,当某个 AFTER 或 INSTEAD OF 类型的触发器调用其他不同类型的触发器之后,再次调用同一个触发器时,也会发生直接递归。例如,一个应用程序对表 T4 进行更新,此更新将导致触发 INSTEAD OF 触发器 Trig4;Trig4 对表 T5 进行更新,此更新将导致触发 AFTER 触发器 Trig5;Trig5 更新表 T4,此更新将导致再次触发 INSTEAD OF 触发器 Trig4;此事件链即被认为是 Trig4 的直接递归。

2) 间接递归

举例说明:对表 T1 进行更新时,激发了表 T1 的触发器 Trig1;Trig1 触发器里有更新表 T2 的语句,此更新将导致激发表 T2 的触发器 Trig2;而触发器 Trig2 里又有更新表 T1 的语句,从而导致再次激发表 T1 的触发器 Trig1。这就是触发器的间接递归。

当 RECURSIVE_TRIGGERS 数据库选项设置为 OFF 时,仅阻止 AFTER 触发器的直接递归。若要禁用 AFTER 触发器的间接递归,还必须将 nested triggers 服务器选项设置为 0。

6.3.4　修改和删除触发器

1. 修改触发器

可以把触发器看成特殊的存储过程,因此适用于存储过程的管理方式也可用于触发器。例如,使用 sp_help"触发器名字"。

使用 sp_rename 命令,可以修改触发器名称,sp_rename 命令的语法格式如下:

```
sp_rename oldname,newname
```

使用 ALTER TRIGGER 语句,可以修改 DML 触发器定义,ALTER TRIGGER 语句的语法格式如下:

```
ALTER TRIGGER schema_name.trigger_name
ON(table | view)
[WITH<dml_trigger_option> [,…n] ]
   (FOR | AFTER | INSTEAD OF)
   { [DELETE] [,] [INSERT] [,] [UPDATE] }
[NOT FOR REPLICATION]
AS {sql_statemnt [;] [,…n] | EXTERNAL NAME<method specifier> [;] }
<dml_trigger_option> := [ENCRYPTION] [&lEXECUTE AS Clause> ]
<method_specifier> : := assembly_name.class_name.method_name
```

2. 删除触发器

只有触发器所有者才有权删除触发器。删除已创建的触发器有以下三种方法。

(1) 使用系统命令 DROP TRIGGER 删除指定的触发器。其语法格式如下:

```
DROP TRIGGER {trigger} [,…n]
```

(2) 删除触发器所在的表。删除表时,SQL Server 将会自动删除与该表相关的触发器。

(3) 在 SQL Server 管理平台中,展开指定的服务器和数据库,选择并展开指定的表,右击要删除的触发器,从弹出的快捷菜单中选择"删除"选项,即可删除该触发器。

6.4 游标

6.4.1 游标的概念

使用 Select 语句返回的结果集包括所有满足条件的数据行,但是在实际开发数据库程序时,往往每次只需要处理一行数据,因此必须借助于游标这一机制来进行单条记录的数据处理。游标是一种能从包括多条数据记录的结果集中每次提取一条记录的机制。

游标总是与一条 Select 语句相关联,游标由结果集和结果集中指向特定记录的游标位置组成。游标允许应用程序对查询语句 Select 返回的行结果集中每一行相同或不同的操作,而不是一次性地对整个结果集进行同一操作,同时还具备对基于游标位置的表中数据进行删除或更新的能力。游标把作为面向集合的数据库管理系统和面向行的程序设计两者联系起来,使两种数据处理方式能够进行沟通。

Transact_SQL 服务器游标由 Declare....Cursor 语法定义,一般用在 Transact_SQL 脚本、存储过程和触发器中。Transact_SQL 服务器游标主要用在服务器上,由从客户端发送给服务器 Transact_SQL 语句或是批处理、存储过程、触发器中的 Transact_SQL 进行管理。Transact_SQL 服务器游标不支持提取数据块或多行数据。

6.4.2 游标的基本操作

使用游标的典型过程如下:声明游标、打开游标、读取游标数据(从游标中检索记录)、关闭游标和释放游标。

1. 声明游标

声明游标的语句格式如下:

```
Declare 游标名称 [Insensitive] [Scroll] Cursor
For Select 语句
[For {Read Only|Update [Of 列名 [,…n]] }]
```

参数说明:

(1) Insensitive。用于定义参数一个静态游标,在系统临时数据库 tempbd 中创建该游标使用的数据临时副本。对游标的所有请求都从 tempdb 中的临时表中得到应答。因此在对该游标进行提取操作时所返回的数据,并不会随着基表内容的改变而改变,而且也无法通过游标修改基本数据。

(2) Scroll。用于定义一个滚动游标,指定所有对游标的数据记录提取选项(First、Last、Prior、Next、Relative、Absolute)均有用。如果未指定 Scroll,则 Next 是唯一支持的提取选项。

(3) Select。语句用于定义游标结果集的标准 Select 语句。

(4) Read Only。用于定义一个只读游标,表示不允许游标内的数据被更新。

(5) Update [Of 列名 [,…n]]。用于定义游标内可更新的列。如果在 Update 中指定"[Of 列名 [,…n]]"参数,则只允许修改所列出的列;如果在 Update 中未指定列的列表,则可以更新所有列。

例 6.39 声明一个名为 cur_course1 的滚动只读游标。代码如下:

```
Declare cur_course1 Scroll Cursor
For Select * from course
For Read Only
```

例 6.40 声明一个名为 cur_course2 的可更新游标,指定课程名为可更新列。代码如下:

```
Declare cur_course2 Scroll Cursor
For Select * from course
For Update of cname
```

2. 打开游标

打开游标的语句格式如下：

```
Open 游标名称
```

要判断打开游标是否成功，可通过全局变量@@Error 的返回值确定。如果@@Error 等于 0，表示打开游标成功，否则表示打开失败。当声明的游标是静态游标时，可通过全局变量@@Cursor_Rows 的返回值获取游标中的记录数。

例 6.41 声明一个静态游标 cur_course3，显示当前 course 表中的记录数。代码如下：

```
Declare cur_course3 Insensitive Cursor    //声明一个静态游标
For Select * From Course
Open cur_course3                          //打开游标
If @ @ Error= 0                           //判断游标打开是否成功,若打开成功,则
                                            显示当前游标的记录数

Begin
Print '课程表当前记录数为'+ Cast(@ @ Cursor_Rows As Varchar(5))
End
```

3. 读取游标数据

当一个游标成功打开后，就可以使用 Fetch 语句读取游标中的数据，语法格式如下：

```
Fetch [Next |Prior|First|Last|Absolute n|Relative n]
From 游标名称
[Into 变量 [,…n]]
```

参数说明：

（1）Next。用于返回当前记录的下一条记录，并移动记录指针到当前位置。如果 Fetch Next 为对游标的第一次提取操作，则返回结果集中的第一条记录。Next 为默认的游标提取选项。

（2）Prior。用于返回当前记录的上一条记录，并移动记录指针到当前位置。如果 Fetch Prior 为对游标的第一次提取操作，则没有记录返回，并且记录指针置于第一条记录之前。

（3）First。用于返回游标中的第一条记录并将其作为当前记录。

（4）Last。用于返回游标中的最后一条记录并将其作为当前记录。

（5）Absolute n。表示如果 n 为正整数，则返回自游标头开始的第 n 条记录，并将返

回的记录变成新的当前记录；如果 *n* 为负正数，则返回从游戏标尾之前的第 *n* 条记录，并将返回的记录变成新的当前记录；如果 *n* 为 0，则没有记录返回。

（6）Relative *n*。表示如果 *n* 为正整数，则返回当前记录之后的第 *n* 条记录，并将返回的记录变成新的当前记录；如果 *n* 为负正数，则返回当前记录之前的第 *n* 条记录，并将返回的记录变成新的当前记录；如果 *n* 为 0，则返回当前记录。

（7）Into 变量名［,…n］。用于将提取操作的列数据放进局部变量中。列表中的各个变量从左到右与游标结果中的相应列相关联。各变量的数据类型必须与相应的结果列的数据类型匹配，变量的数目必须与游标选择列表中的列的数目一致。

在定义游标时，如果没有选择 Scroll 选项，则只能使用 Fetch Next 命令从游标中读取数据，即只能从结果集第一行按顺序地每次读取一行。如果选择了 Scroll 选项，则可以使用所有的 Fetch 操作。要判断游标数据提取是否成功，可通过全局变量@@Fetch_Status 的返回值来确定。在每次用完 Fetch 语句从游标中提取数据时，都应仔细检查该变量，确定上次 Fetch 操作是否成功，以决定如何进行下一步处理：@@Fetch_Status 等于 0，表示 Fetch 语句成功；@@Fetch_Status 等于−1，表示 Fetch 语句失败；@@Fetch_Status 等于−2，表示被提取的行不存在。

例 6.42　利用@@FETCH_STATUS 控制循环读取游标数据。代码如下：

```
Declare cur_course4 Cursor      //声明一个游标
For Select * From course
Open cur_course4                //打开游标
Fetch Next From cur_course4     //执行提取操作
While @ @ Fetch_Status= 0       //检查@ @ Fetch_Status,以确定是否可以继续提取
Begin
  Fetch Next From cur_course4
End
Close cur_course4               //关闭游标
Deallocate cur_course4          //释放游标
```

4. 关闭游标

当游标使用完毕后，使用 Close 语句可以关闭游标，但不释放游标占用的系统资源。因此，游标关闭后还可以使用 Open 语句重新打开。关闭游标的语法格式如下：

```
Close 游标名称
```

5. 释放游标

当游标关闭后，并没有在内存中释放其所占用的系统资源，所以可以使用 Deallocate 命令删除游标引用。当释放最后的游标引用时，组成该游标的数据结构由 SQL Server

释放。游标释放后就不能再使用 Open 语句重新打开,必须使用 Declare 语句重新声明游标。释放游标的语法格式如下:

Deallocate 游标名称

6.4.3 使用游标更新数据

通常情况下,使用游标从数据表中提取数据,以实现对数据的一条条检索。但在某些情况下,也可以通过游标定位记录,修改或删除当前行。

修改游标当前数据行的语法结构如下:

Update 表名
Set 列名1= 值1,列名2= 值2
Where Current of 游标名

删除游标当前数据行的语法结构如下:

Delete From 表名
Where Current Of 游标名

其中,Current Of 游标名表示游标所指的当前行数据。

例 6.43 声明一个游标 cur_course5,用于读取课程表 course 中的课程信息,并将第 2 门课程的课程说明更改为'限选课'。代码如下:

```
Declare cur_course5 Scroll Cursor            //声明游标
For Select * From course
Open cur_course5                             //打开游标
Fetch Absolute 3 From cur_course5            //定位至第 3 条记录,执行提取操作
Update student Set descr= '限选课'           //更新当前行数据
Where current of of cur_course5
Close cur_course5                            //关闭游标
Deallocate cur_course5                       //释放游标
```

本章小结

本章详细介绍了 TransacT-SQL 语言基础、存储过程和触发器,各部分的内容如下。

1. TransacT-SQL 语言基础

第一,介绍了 Transact_SQL 语言类型、常量和变量;第二,介绍了运算符和表达式,包括:算术运算符、位运算符、比较运算符、逻辑运算符、字符串串联运算符和一元

运算符;第三,介绍了流程控制语句,包括:BEGIN-END 语句、IF-ELSE 语句、GO 语句、CASE 语句、WHILE、CONTINUE 和 BREAK 语句、GOTO 语句、WAITFOR 语句、RETURN 语句和 TRY-CATCH 语句;第四,介绍了常用函数,包括:行集函数、排名函数和标量函数。

2. 存储过程

从存储过程的概念出发,介绍了创建存储过程的两种方法:用 CREATE PROCEDURE 命令创建和用 SQL MamagementStudio 创建、执行存储过程、修改和删除存储过程。

3. 触发器

重点介绍了创建和应用 DML 触发器、创建和应用 DDL 触发器、嵌套触发器和递归触发器、修改和删除触发器。

习　题

1. T-SQL 和 SQL 的关系是什么?

2. 在 SQL Server 2012 中,根据 T-SQL 语言的功能和特点,可以把 T-SQL 语言分为哪 5 种类型?它们分别包含哪些语句?

3. 存储过程和触发器的区别是什么?

4. 怎样执行带参数的存储过程?

5. SQL Server 2012 有哪些类型的触发器? 各有什么特点?

第7章 VB. NET 程序设计基础

本书的数据库开发环境是 Visual Basic. NET(VB. NET),本章简要地介绍 VB. NET 环境、常用控件和基本语法规则,为开发数据库应用程序打好基础。

7.1 VB. NET 基本概念

7.1.1 VB. NET 概述

在 20 世纪 80 年代初,Microsoft 刚发展 DOS 时就引入 Basic,以后又推出具有结构化设计思想的 Quick Basic;当 Microsoft 公司开发出 Windows 操作系统时,就将 Basic 升级为 Visual Basic,以可视化工具为界面设计、以结构化 Basic 语言为基础、以事件驱动为运行机制,标志着软件设计和开发的一个新时代的开始;同时 Microsoft 公司又对 Visual Basic 进行了功能扩展:在 Office 中使用宏语言 VBA(Visual Basic Application),在动态网页设计中使用 VBScript 和 ASP。

随着 Internet 技术的成熟和广泛应用,Internet 逐渐成为编程领域的中心,为适应这种新局面的变化,2000 年以来 Microsoft 公司推出了 Microsoft. NET 开发平台。在这个开发平台中,VB. NET 是最早推出的一个编程语言,成为数据库应用程序设计开发中一款非常优秀的工具。

1. .NET 开发平台的组成

.NET 开发平台包括 .NET 框架(.NET Framwork)、.NET 开发技术和 .NET 开发工具等组成部分,如图 7.1 所示。.NET 框架是整个开发平台的基础,包括公共语言运行库(CLR)和基础类库等;.NET 开发技术提供了全新的数据库访问技术 ADO. NET 和网络应用开发技术 ASP. NET,其中融合了 XML 技术,奠定了新一代电子数据交换的标准,使网络计算成为可能;在开发工具方面,.NET 提供了 VB. NET、VC++. NET、VC♯. NET 和 VJ♯. NET 等多种语言支持。而 Visual Studio. NET 则是全面支持 .NET

的开发工具。

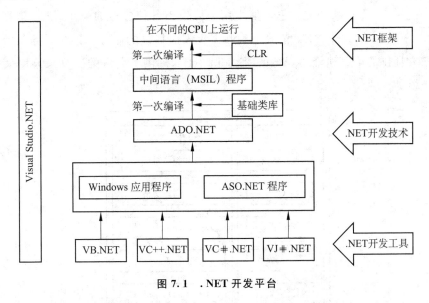

图 7.1　. NET 开发平台

2. . NET 开发平台的特点

(1) 支持多种语言编程环境。程序员可以使用自己熟悉的程序设计语言进行编程，也可以在一个应用程序的开发中使用多种语言编写，而且使用不同语言所编写的模块之间也能很容易地整合起来。

(2) 开发多种应用程序。在 Visual Studio. NET 中，使用任何一种语言编程环境都可以创建使用多种应用程序，如 Windows 应用程序、ASP. NET 程序等。这些程序统称为 . NET 程序。

(3) 使用同一个基础类库。在传统的语言编程环境中，不同的语言有不同的函数库，而且调用方式也不同，不同语言的函数库是不能通用的。现代的编程在很大程度上依靠程序库中提供的可重用代码，面向对象的语言方便了类库的建立。. NET 框架提供了数以千计的可重用类，无论是 VB，还是 C＋＋，都使用同一个基础类库来开发各种应用程序。

(4) 公共语言运行时库(Common Language Runtime, CLR)。运行时库提供了执行程序的服务，实现了编程语言的统一。. NET 程序需要经过两次编译才能在 CPU 中运行，首先，编译生成与 CPU 无关的中间语言(MSIL)程序；其次，在 CLR 的支持下，中间语言程序再被编译成由本地 CPU 指令组成的程序，实现 . NET 跨平台运行的目标。

3. Visual Studio. NET 和 . NET 框架

要想开发和运行 . NET 应用程序，必须在计算机上安装 . NET 框架。. NET 框架包含把 . NET 应用程序转换为可执行文件所需的所有编译器。Visual Studio. NET 提供了可视化的、高效的集 4 种编程语言于一体的,可以创建、测试和部署应用程序的集成开发环境,只有在 .NET 框架的支持下才能由用户开发出各种各样的应用程序,其关系如图7.2 所示。Visual Studio.NET 依赖于 .NET 框架所提供的服务。这些服务包括微软公司或第三方提供的语言编译器,Visual Studio.NET 提供了大量的工具来调用某一种安装的编译器。

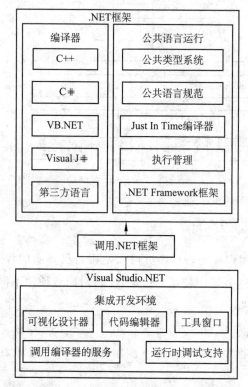

图 7.2 **Visual Studio. NET 和 . NET 框架之间的关系图**

4. VB. NET 与 Visual Studio. NET

VB. NET 是 Visual Studio. NET 支持的多种编程语言之一,是 Visual Studio. net 中第一个推出的基于 .NET 框架的应用程序开发工具,是完全面向对象的编程语言,包括支持继承、构造、重载等面向对象的特性。它继承了传统的 Visual Basic 的特点和风格,但又不是 VB 6.0 的升级版,所以在 VB 6.0 下开发的应用程序要在 VB. NET 下运行,改动将是比较大的。

7.1.2　VB. NET 集成开发环境

集成开发环境(IDE)是一组软件工具,集应用程序的设计、编辑、运行、调试等多种功能于一体,为程序的开发带来了极大地方便。

Visual Studio. net 是以项目为单位进行开发的,一般一个项目对应一个应用程序。

要新建一个 VB.NET 的 Windows 应用程序,首先要进入 VB.NET 集成开发环境。启动 Visual Studio.net 2012 后,进入"起始页",选择"新建项目"或"打开项目"按钮,就可进入相应的对话框。图 7.3 为"新建项目"对话框。

图 7.3　"新建项目"对话框

在"Visual Basic"模板子集中选择一个模板,并在"名称"处输入项目名称,输入相应的信息后,就可建立一个新项目,进入 VB.NET 集成开发环境,如图 7.4 所示。

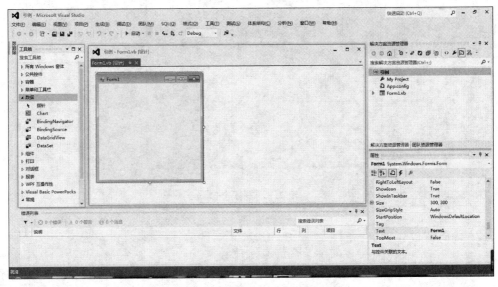

图 7.4　VB.NET 集成开发环境

VB.NET 集成开发环境由许多窗口组成,按照窗口布局方式可分为两类:一类是位置相对固定的主窗口、窗体设计和代码窗口；另一类是可以浮动、隐藏、停靠的其他窗口，如工具箱、属性、解决方案资源管理器、输出等窗口，在指向这些窗口的标题栏时可通过快显菜单进行这些特性的设置。

在 VB.NET 中窗口比较多，当由于操作不当破坏了窗口的布局后，可通过"工具"—"选项"命令，在其对话框选择"重置窗口布局"恢复默认布局。

1. 窗体窗口

窗体窗口，如图 7.5 所示。在设计应用程序时，窗体是用户建立 VB.NET 应用程序的界面；运行时，窗体就是用户看到的正在运行的窗口，用户通过与窗体上的控件交互可得到结果。一个应用程序可以有多个窗体，可通过"项目"→"添加 Windows 窗体"命令增加新窗体。

处于设计状态的窗体由网格点构成，方便用户对控件的定位。

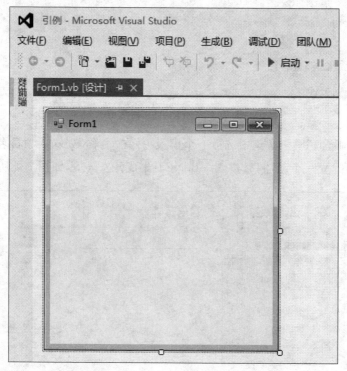

图 7.5　窗体窗口

2. 代码窗口

代码窗口是专门用来进行代码设计的窗口，包括各种事件进程、过程和类等源程序代码的编写和修改均在此窗口下进行，如图 7.6 所示。打开代码窗口最简单的方式：双击窗体、控件，或单击代码窗口上方的选项卡组对应项。

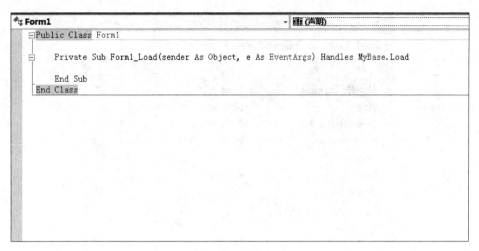

图 7.6 代码窗口

代码窗口有如下的主要内容。

（1）对象列表框：显示所选对象的名称。单击右边的下拉按钮，显示此窗体中的对象名。

（2）过程列表框：列出所用对应于"对象"列表框中对象的事件过程名称和用户自定义过程的过程名称。

在对象列表框中选择对象名，在过程列表框中选择事件过程名，即可构成选中对象的事件过程模板，用户可在该模板内输入代码。

在代码窗口中编辑代码时，代码会被系统以不同的颜色显示：黑色为常规代码、蓝色为关键字、绿色为注释；如果代码有语法错误，错误处会出现蓝色波浪，这使错误的代码在编辑时就会被提醒修正。

新建一个项目后，在代码窗口通常可看到如下代码。

（1）Public Class Form1…End Class：是一个类，Vb.net 中把窗体也看成一个类。

（2）Inherits System.WinForms.Form：表示这个类是由 System.Winforms.Form 派生出来的，继承了父类已有特性。

（3）Windows 设计器生成的代码。

系统根据界面设计而自动生成的代码，其中减号"一"或加号"＋"表示代码区可收缩或可展开。当展开时，用户可查看"♯Region…♯End Region"之间的由系统自动生成的代码，但不要修改；一般处于收缩状态。

3. 属性窗口

属性窗口如图 7.7 所示，它用于显示和设置所选定的窗体和控件等对象的属性。属性窗口由以下 4 部分组成。

（1）对象和命名空间列表框：单击其右边的下拉按钮可打开所选对象及命名空间。

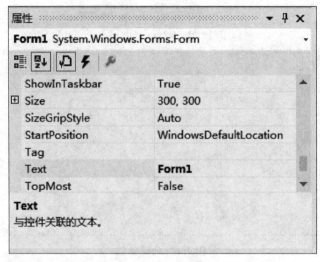

图 7.7　属性窗口

（2）属性显示排列方式：有"按字母序"和"按分类序"两个按钮。

（3）属性列表框：列出所选对象在设计模式可更改的属性及默认值。

（4）属性含义说明：当在属性列表框选取某属性时，在该区显示多选属性的含义。

4. 解决方案资源管理器窗口

VB. NET 中，项目是一个独立的编程单位，其中包含窗体文件及其他一些相关文件；一个或若干个项目组成了一个解决方案，使用户可以更方便地组织需要开发和设计的项目文件，并以树状的结构显示，如图 7.8 所示 。一个解决方案可以含有以下类型的文件。

图 7.8　解决方案管理器窗口

（1）代码模块文件（. vb 文件）：所有包含代码的文件都以 . vb 为扩展名保存，包括窗体文件、类模块或其他代码文件。在图 7.8 中有 4 个代码模块文件。

（2）项目文件（.vbproj 文件）：每个项目对应一个项目文件。本例中的项目名为"引例"，其存盘项目文件为"引例.vbproj"。项目通常由引用和代码模块组成。

（3）解决方案文件（.sln 文件）：可包括一个或多个用不同语言开发的项目（本书仅涉及一个用 VB 开发的项目）。在建立一个新项目时，解决方案名（默认）与项目名相同，仅是扩展名不同。

5. 工具箱窗口

工具箱窗口包含 VB.NET 项目开发使用的工具条目，以选项卡来分类组织。工具箱窗口由 5 个选项卡组成，各类组件分别放在不同的选项卡中。

（1）"Windows 窗体"是最常用的选项卡，存放开发 Windows 应用程序所使用的控件。

（2）"数据"选项卡放在访问数据库的控件。

（3）"组件"选项卡放置系统提供的组件，如报表等。

（4）"剪贴板循环"选项卡保存了最近复制到剪贴板上的 12 个控件或组件，便于用户使用。

（5）"常规"选项卡默认为空，用户可以在上面保存常用的控件。

常用的"Windows 窗体"选项卡和"数据"选项卡如图 7.9 所示。

图 7.9 工具箱窗口

工具箱窗口处理上述几种常用的窗口外，在集成环境中还有其他一些窗口，包括对象浏览、输出、命令、任务列表等,这可通过"视图"菜单中有关的菜单项打开相应的窗口。

7.1.3 一个简单的应用程序

下面通过一个简单的应用程序来说明 VB. NET 应用程序的建立和运行过程。

1. 建立一个新项目

一个应用程序就是一个项目,可以通过"文件"菜单中的"新建"→"项目"命令建立一个新的项目,本例的项目名为"温度转换"。

2. 建立用户界面的对象

在窗体上进行用户界面的设计,首先要明确这个应用程序执行后窗口上显示的形式,如有哪些控件、对控件进行操作发生哪些事件、控件间关系等。

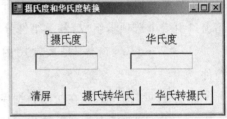

图 7.10 例 7.1 设计界面

本例中共涉及 6 个控件对象:1 个 Label(标签),2 个 TextBox(文本框)、3 个 Button(命令按钮)。标签用来显示信息,不能用于输入;文本框用来输入数据并显示;命令按钮用来执行有关操作;窗体是上述控件对象的载体,新建项目时自动创建,如图 7.10 所示。

3. 对象属性的设置

对象建立好后,就要为其设置属性值,使对象符合应用程序的需要。属性的设置可以通过两种方法实现:通常,对于反映对象的外观特征的一些不变的属性应在设计阶段完成;而一些内在的可变的属性则在编程阶段实现。本例中各控件对象的文本(Text)属性设置,如表 7.1 所示。

表 7.1 控件的文本(Text)属性设置

控件名	文本(Text)
Form1	摄氏度和华氏度转换
Label1	摄氏度 华氏度
TextBox1	空白
TextBox2	空白
Button1	清屏
Button2	摄氏转华氏
Button3	华氏转摄氏

要建立多个相同性质的控件,可通过复制的方式,然后对属性进行不同的设置。属

性表中 Text 的"空白"表示无内容。

4. 对象事件过程及编程

建立了用户界面并为每个对象设置了属性后,就要考虑用什么事件来激发对象执行所需的操作。这涉及选择对象的事件和编写事件过程代码。

现以 Button2 命令按钮为例,说明事件过程的编程。双击命令按钮,打开代码窗口,显示该事件的模板。也可以在代码窗口通过"对象列表"右边的下拉按钮、"过程列表"右边的下拉按钮选择对象和事件,显示所需的模板。在该模板的过程体的光标处加入代码,图 7.11 中选择内容行是键入的代码,其余是系统自动产生的事件过程模板,如果由用户自行输入系统自动生成的代码,有可能造成一系列的错误。

```
Public Class Form1

    Private Sub Button1_Click(sender As System.Object, e As System.EventArgs) Handles Button1.Click
        TextBox1.Text = ""
        TextBox2.Text = ""
    End Sub

    Private Sub Button2_Click(sender As System.Object, e As System.EventArgs) Handles Button2.Click
        TextBox2.Text = 32 + Val(TextBox1.Text) * 1.8
    End Sub

    Private Sub Button3_Click(sender As System.Object, e As System.EventArgs) Handles Button3.Click
        TextBox1.Text = (Val(TextBox2.Text) - 32) / 1.8
    End Sub
End Class
```

图 7.11　代码窗口和输入的程序代码

5. 运行和调试程序

设计好了一个完整的应用程序后,就可以利用工具栏的启动按钮或按 F5 键运行程序。VB.NET 程序先进行编译,检查有无语法错误。若有语法错误,则显示错误信息,提示用户修改;若没有语法错误,则生成可执行程序,并执行程序。本例中用户可以在窗体的文本框输入数据,单击"命令"按钮执行相应的事件过程。VB.NET 生成的可执行程序有两个版本,调试版本(Debug)和发布版本(Release);自动产生 Debug、Release 文件夹,分别用来存放生成的可执行文件。

6. 保存程序和文件组成

至此,已完成了一个简单的 Vb.net 应用程序的建立。在这个过程中,Vb.net 在用户指定的文件夹("C:\VBNET")下以项目名的("温度转换")为子文件夹名,为该项目生成多个文件和子文件夹,由 VB.NET 系统来管理。相关文件和文件夹的作用,如表 7.2所示。

表 7.2　相关文件和文件夹的作用

文件或文件夹	作　　用
*.sln	解决方案定义文件,存储定义一组项目关联、配置等的信息
*.suo	解决方案选项文件,存储为解决方案创建的所有用户选项
*.vbproj	项目文件,存储一个项目的相关信息,如窗体、类引用等
Form1.vb	窗体文件,存储窗体上使用的所有控件对象和有关的属性、对象相应的事件过程、程序代码,一个窗体一个文件
AssemblyInfo.vb	包含了项目集合的信息,是系统自动建立
*.exe	可执行文件,启动该可执行文件,存于"Obj\Debug"、"Bin"文件夹下
Bin	文件夹,启动该可执行文件的默认路径,一般可存放启动该程序的素材,如图片、数据库文件等,可通过 Application.StartupPath()命令获得启动程序的路径
Debug	文件夹,存放程序调试时生成的可执行文件及其他信息

7.2　VB.NET 可视化界面设计

VB.NET 的特点之一就是方便的可视化界面设计,可以通过工具箱上的控件类来生成界面上的各个对象。

7.2.1　控件的基本概念

应用程序的开发离不开"工具箱"的控件,可视化程序设计实际上是与一组控件对象进行交互的过程。

1. 对象和类

在面向对象程序设计中,"对象"是构成程序的主体,是系统中的基本运行实体。每个对象皆有自己的特征、行为和发生在该对象上的一些活动。类是创建对象实例的模板,是同种对象的集合与抽象,对象是类的实例化。面向对象的程序设计主要是建立在类和对象的基础上。通常的面向对象的程序设计中的类是由程序员自己设计的,而在 Visual Studio.net 中,类可以由系统设计好,也可由用户自己设计。

在 VB.NET 可视化界面设计中,利用工具箱上的系统建立的控件类,在窗体上画出一个控件对象时就是类的实例化。例如,在图 7.12 所示的 TextBox 控件是类的图形化表示,窗体上显示的是两个 TextBox 控件对象,继承了 TextBox 类的特征,也可以根据需要修改各自的属性,如文本框的大小,滚动条的形式等。

在 VB.NET 的应用程序中,对象为程序员提供了现成的代码,提高了编程的效率。例如,图 7.12 中的 TextBox 文本框对象本身具有对文本输入、编辑、删除的功能,用户可不必再编写相应的程序。

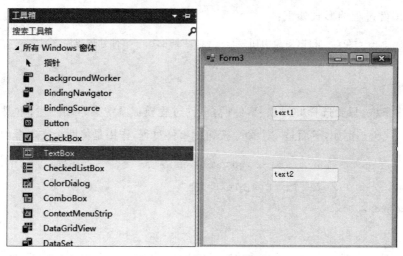

图 7.12　控件类与对象

2. 对象的属性、事件和方法

对象具有自己的属性、事件和方法,即对象的三要素。不同的对象有不同的属性、方法和事件。

1) 属性

属性主要用于设置对象的外观。对象常用的属性有名称(Name)、文本(Text)、大小(Size)、位置(Location)、字体(Font)等。属性可以在属性窗口直观地设置;也可以在代码设计窗口动态地改变,一般形式为:

对象名. 属性名= 需设置的属性值

例如:

```
TextBox1.Text= (Val(TextBox2.Text) - 32) / 1.8
```

2) 方法

方法是附属于对象的行为和动作,可以理解为指使对象动作的命令。方法是对象本身内含的函数或过程,供用户直接调用,给用户的编程带来了很大的方便。常用的方法有 Show、Hide、Cls、Focus 等。方法调用的形式为:

对象名. 方法 [参数]

例如:

```
TextBox1.Focus        //窗体焦点到 TextBox1 文本框
```

3) 事件

事件就是系统预先设置好的、能被对象识别的活动。事件发生在用户与应用程序交互时,如单击控件(Click)、改变内容(Change)、获取焦点(GotFocus)、键盘按下(KeyPress)等;也有部分事件由系统产生,不需要用户激活,如计时器的 Tick 事件。

VB. NET 事件过程的形式如下：

```
Private Sub 对象名_事件(对象引用,事件信息)Handless 事件处理程序
…      事件过程代码
End Sub
```

对用户来说，只要选择好对象、事件后，事件过程模板系统会自动产生；重要的是要编写事件过程代码。例如，下面是一个命令按钮的事件过程，作用是将两个文本框内容清空。

```
Private Sub Button1 _ Click ( ByVal Sender As System.Object, _ ByVal e As
System.EventArgs)Handles TextBox1.Text= ""
      TextBox2.Text= ""
End Sub
```

当用户对一个对象发出一个动作时，可能同时在该对象上发生多个事件。例如，单击一下鼠标，同时发生了 Click、MouseDown、MouseUp 事件。编写程序时，并不要求对这些事件都编写代码，只需对感兴趣的事件过程编码。没有编码的为空事件过程，系统也就不处理该事件过程。

VB. NET 是采用事件驱动编程机制的语言，事件驱动程序设计是图形用户界面的本质。对象、事件和事件过程之间的关系如图 7.13 所示。

图 7.13 对象、事件和事件过程之间的关系

3. 对象通用属性

每个控件的外观是由一系列属性来决定的。例如，控件的大小、颜色、位置、名称等，不同的控件既有不同的属性，也有相同的属性。通用属性表示大部分控件具有的属性。系统为每个属性提供了默认的属性值，也可以根据需要进行设置。

在 VB. NET 中，属性的类型有三种：基本数据类型、枚举类型、类(结构)类型。因此对不同的类型，通过代码设置时表示方式不同：对于类(结构)类型，在代码设置时不能直接赋值，应先用 New 关键字创建一个实例，然后再赋值。以下列出常用的几个属性。

(1) Name：是所有的对象都具有的属性。所有的控件在创建时由 VB. NET 自动提供一个默认名称，例如，TextBox1、TextBox2、Button1 等，也可根据需要更改对象名称。在应用程序中，对象名称是作为对象的标识在程序中引用，不会显示在窗体上。

(2) Text：在窗体上显示的文本。在 Vb. net 中，TextBox、Button、Label 等大多数控件都有 Text 文本属性。在 TextBox 控件用于获取用户键入或显示文本，其他控件用 Text 属性设置其在窗体上显示的文本。

(3) Size、Location：控件布局属性。在 Vb. net 中控件布局由 Size、Location 结构来实现，它们各有一对整数表示，整数单位为像素。

Size 表示控件的大小，可用 Width 和 Height 两个属性来分别表示控件的宽带和高

度。Location 表示控件的位置,可用 Left 和 Top 两个属性来表示,分别表示控件到窗体左边框、顶部的距离。对于窗体,表示窗体到屏幕左边框、顶部的距离。例如:

```
Button1.Left= 88
Button1.Top= 48
Button1.Width= 80
Button1.Height= 32
```

(4) Font:该属性的取值是 Font 类的实例,一般通过"Font 属性"对话框,如图 7.14 所示。若在程序代码中需要改变文本的外观,则应通过 New 创建 Font 对象来改变字体,例如:

```
Label1.Font= New Font("Arial",10)
```

(5) ForeColor、BackColor:颜色属性。ForeColor 用来设置或返回控件的前景(即正文颜色)颜色,BackColor 用来设置或返回控件的正文以外的显示区域的颜色,均是枚举类型。用户可以在调色板中直接选择所需颜色,如图 7.15 所示。

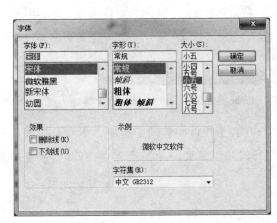

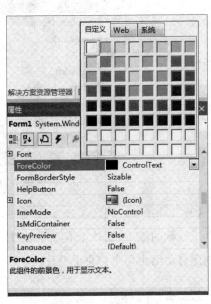

图 7.14　Font 属性对话框　　　　图 7.15　颜色属性对话框

(6) Cursor:指示在运行时当鼠标移动到对象的一个特定部分时,被显示的鼠标指针的图像。其设置值是一个 Cursor 枚举类型的枚举值,可在属性窗口中查看该属性值,如图 7.16 所示。若要用户定义自己的指针图标,可通过如下语句实现:

```
对象名.Cursor= New Cursor("图标文件名")
```

(7) Enabled、Visible:决定控件的有效性和可见性。若 Enabled 值为 True,允许用户进行操作;若 Enabled 值为 False,则禁止用户进行操作,呈灰色。若 Visible 值为 False,程序运行时控件不可见,但控件本身存在;反之则可见。

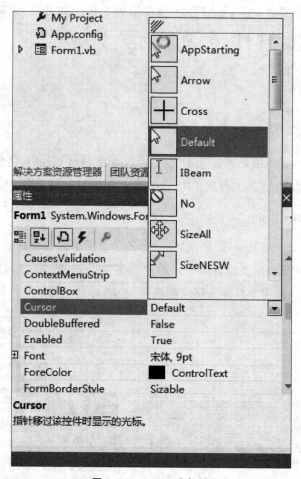

图 7.16　Cursor 光标值

(8) TabIndex:决定了按 Tab 键时焦点在各个控件间移动的顺序。焦点是接收用户键盘或鼠标的能力,窗体上有多个控件,运行时焦点只要一个。当建立控件时,系统按先后顺序自动给出每个控件的顺序号。

7.2.2　窗体

用 VB. NET 创建一个应用程序的第一步就是创建用户界面。窗体是所有控件的容器,用户可以根据自己的需要利用工具箱上的控件在窗体上设计界面。

1. 主要属性、常用方法和主要事件

1) 主要属性

窗体属性决定了窗体的外观和操作,对于大部分窗体属性,既可以通过属性窗口设置,也可以在程序中设置,有少量属性只能在设计状态设置,或只能在窗体运行期间设置。窗体除了前面介绍的主要属性外,还有下列重要的属性:MaxButton、MinButton、

Icon、BackgroundImage、FormBorderStyle、WindowsState。

2）常用方法

窗体的常用方法主要有：Show、Hide、ShowDialog 等，主要用于多窗体的显示和隐藏等。

3）主要事件

窗体的事件较多，最常用的事件有 Click、DblClick、Load、Activated 和 Resize 等。Load 事件是在窗体被装入工作区时触发的事件。当应用程序启动、自动执行该事件，所以该事件通常用来在启动应用程序时对属性和变量进行初始化。

2. 多重窗体

在 VB.net 中，简单应用程序一般只有一个窗体。在实际应用中，特别是对于较复杂的应用程序，需要用多个窗体来实现。在多重窗体中，每个窗体可以有自己的界面和程序代码，完成各自的功能。

1）添加窗体

选择"项目"—"添加 Windows 窗体"命令，在对话框中选定"Windows 窗体"即可。

2）窗体的实例化和显示

在多重窗体程序中，只有启动窗体（默认为 Form1）的实例化是由 VB.NET 系统自动完成的，用户无法获知对象的名称，故当前窗体用 Me 来表示，其他所有的窗体都是通过代码实例化并显示的。例如，若要显示窗体 Form2，则应使用下列语句：

```
Dim Frm2 As New Form2    //定义 Frm 为类 Form2 的对象变量，并创建一个实例赋予 Frm2
Frm2.Show()     //也可以用命令 Frm2.ShowDialog()，显示 Frm2 中存储的窗体
```

而不能用下列语句显示 Form2：

```
Form2.Show()    //或 Form2.ShowDialog()
```

这是因为 Form2 是一个类名，不是窗体对象名。

3）不同窗体间数据的访问

在多重窗体程序中，不同窗体之间相互访问有下列两种形式（假定两个窗体在 Form1 和 Form2 间访问，Form1 为启动窗体）。

（1）窗体 Form1 可以访问窗体 Form2 上的数据。

Form1 中的代码的表示如下：

```
Dim Frm2 As New Form2    //定义 Frm 为类 Form2 的对象变量，并创建一个实例赋予 Frm
Frm2.ShowDialog()    //显示窗体 Frm2
TextBox1.Text= Frm2.TextBox1.Text
```

而不能采用如下访问形式：

```
TextBox1.Text= Form2.TextBox1.Text
```

这是因为 Form2 是类,不是程序运行时所见的窗体对象。

(2)通过在标准模板文件中声明全局变量实现相互访问。

为了实现窗体间相互访问,一个有效的方法是在模块中声明全局变量,作为交换数据的场所。例如,可通过"项目"→"添加模块"命令,创建一个标准模块文件 Module,然后在其中声明全局变量:

```
Public x As String
```

这样在项目中的多个窗体都可以访问全局变量 x。

例 7.1 多重窗体应用示例。输入学生两门课程的成绩,计算总分及平均分并显示。

解决方案资源管理器界面,如图 7.17 所示。本例有三个窗体类 Form1、Form2 和 Form3,分别作为主窗体、数据输入窗体和数据输出窗体,如图 7.18(a)、图 7.18(b)、图 7.18(c)所示。还有一个模块 Module1,说明多窗体间共同的全局变量。

图 7.17 解决方案资源管理器窗口

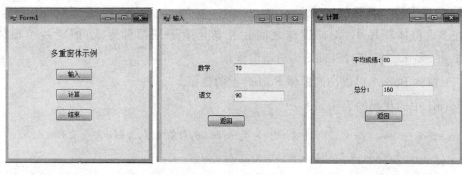

(a)主窗体   (b)数据输入窗体   (c)数据输出窗体

图 7.18

在标准模块 Module 存放多窗体间共用的全局变量声明,程序代码如下所示:

```
Public sMath,sChinese As Single
```

对于不同窗体间的显示和隐藏,可利用 Show、ShowDialog()和 Hide 方法,如在当前主窗体要显示输入成绩窗体的事件过程:

```
Public Class Form1
…
Dim F2 As New Form2    //将 F2 说明为类 Form2 的窗体对象变量,并赋值一实例
Dim F3 As New Form3    //将 F3 说明为类 Form3 的窗体对象变量,并赋值一实例

Sub Input_Click(…) Handles Input.Click    //主窗体中"输入成绩"按钮事件过程
    F2.ShowDialog()        //将 F2 作为模式对话框显示
End Sub

Sub Calc_Click(…) Handles Calc.Click    //主窗体中"计算成绩"按钮事件过程
    F3. ShowDialog()    //将 F3 作为模式对话框显示
  End Sub
End Class


Public Class Form2
…
  Sub Button_Click(…) Handles cmdReturn.Click    //将成绩存放模块上的变量,并关闭
                                                     自身
    sMath= Val(TextBox1.Text)        //将数学分赋值给全局变量 sMath,以便其他窗体访问
    sChinese= Val(TextBox2.Text)
    Me.Close
  End Sub
End Class


Public Class Form3
…
//当 Form3 窗体成为活动窗体,只得执行该事件过程代码
  Sub Form3_Activated(…) Handles MyBase.Activated
    Dim total As Single
    total= sMath+ sChinese
    TextBox1.Text= total/2        //将平均分送到 F3 的文本框显示
    TextBox2.Text= total
```

```
End Sub
Sub Button1_Click(…) Handles Button.Click    //单击返回按钮,回到主窗体(Form1)
    Me.Hide()
  End Sub
End Class
```

7.2.3　常用的基本控件

控件是可视化编程中重要的组成部分,属性、事件和方法是控件的三要素。

1. 标签

标签(label)主要是用来显示(输出)文本信息,但是不能作为输入信息的界面。即标签控件的内容只能用 Text 属性来设置或修改,不能直接编辑。

1) 主要属性

标签最主要的属性有 Name、Text、TextAlign、Font、Size、Location、ForeColor、BackColor、Enabled、Image、BorderStyle、Visible 等。

2) 主要事件

标签经常接收的事件有:Click、DblClick 和 Change。但通常标签仅起到在窗体上显示文字或图片的作用,因此一般不需要编写事件过程。

2. 文本框

文本框(textbox)是一个文本编辑区域,用户可以在该区域输入、编辑、修改和显示正文内容,即用户可以创建一个文本编辑器。

1) 主要属性(如表 7.3 所示)

表 7.3　文本框的主要属性

属性	类型	意　义
Text	字符串	键盘输入和编辑正文
Maxlength	整型	以字为单位,默认值 32767
MultiLine	逻辑	设置文本多行属性,默认(False)仅一行
ScrollBars	枚举	当 MultiLine 属性为 True 时,ScrollBars 属性才有效
PassWordChar	字符	设置显示文本框中的替代符
ReadOnly	逻辑	默认值为 False,表示可编辑
SelectionStart	整型	选定的正文的开始位置,第一个字符的位置是 0
SelectionLength	整型	选定的正文长度
SelectedText	字符串	选定的正文内容

2）主要事件

在文本框所能响应的事件中，TextChanged、KeyPress、LostFocus 和 GotFocus 是最重要的事件。

3）方法

文本框最有用的方法是 Focus，该方法是把光标移到指定的文本框中。当在窗体上建立多个文本框后，可以用该方法把光标置于所需要的文本框上。其形式如下：

对象.Focus

Focus 还可以用于如 CheckBox、Button、ListBox、ComboBox 等控件。

3. 命令按钮

在应用程序中，命令按钮（button）的应用十分广泛。在程序执行期间，当用户选择某个命令按钮就会执行相应的事件过程。

1）主要属性

主要属性有 Text、TextAlign、Image、ImageAlign、BackGroundImage 等。

2）主要事件

命令按钮一般接收 Click 事件。

例 7.2　建立一个类似记事本的应用程序，程序运行效果如图 7.19 所示。该程序主要提供两类操作：剪切、复制和粘贴的编辑操作；字体、大小的格式设置。

图 7.19　例 7.2 运行界面

分析：

（1）根据题目要求，建立控件并设置属性，如表 7.4 所示。

表 7.4 属 性 设 置

默认控件名	文本(Text)	图片(Image)	说明
Button1	空白	cut. bmp	剪切
Button2	空白	copy. bmp	复制
Button3	空白	Paste. bmp	粘贴
Button4	格式	空白	字体格式化
Button5	结束	空白	
TextBox1	MultiLine＝True；ScrollBars. Both		存放编辑、格式化的文本

（2）要实现"剪切、复制和粘贴"的编辑操作，可利用文本框的 SelectedText 属性；要实现格式设置，可利用 Font 对象。程序代码如下：

```
Public Class Form1
Inherits System. Windows. Forms. Form
Dim s As String    //为剪切、复制和粘贴事件过程共享而使用的模块级变量

    Sub Form1 _ Load(…) Handles MyBase. Load   //文本内容初始化
        TextBox1. Text= "建立一个类似记事本的应用程序,该程序主要提供两类操作:…"
    End Sub


    Sub Button1 _ Click(…) Handles Button1. Click
        s= TextBox1. SelectedText    //将要剪切的内容存放到 s 变量中
        TextBox1. SelectedText= ""    //将选中的内容清除,实现了剪切
    End Sub


    Sub Button2 _ Click(…) Handles Button2. Click
        s= TextBox1. SelectedText    //将要复制的内容存放到 s 变量中
    End Sub


    Sub Button2 _ Click(…) Handles Button3 _ Click
        TextBox1. SelectedText = s    // 将 s 变量中的内容赋给光标所在的
SelectedText,实现粘贴
    End Sub


    Sub Button4 _ Click(…) Handles Button4. Click
```

```
    TextBox1.Font= New Font("隶书",16)      //仅对字体为隶书、字号为16磅进行格
                                              式化
  End Sub

  Sub Button5_Click(…) Handles Button5.Click
      End
  End Sub

End Class
```

4. 单选按钮、复选框和框架

单选按钮(radio button)与复选框(check box)的区别是：单选按钮任何时候最大只能选择一项，一般利用框架(groupbox)将同类成组；复选框列出了可供用户选择的多个选项，用户可根据需要选定其中的一项或多项。

1) 主要属性

主要属性有 Text 和 Checked(单选按钮、复选框选中与否)。

2) 主要事件

主要事件为 Click 和 CheckedChanged。

5. 列表框和组合框

列表框(ListBox)通过显示多个选项供用户选择，达到与用户对话的目的。列表框最主要的特点是只能选择，而不能直接修改其中的内容，如图 7.20 所示。

组合框(ComboBox)是组合了文本框和列表框的特性而形成的一种控件。当用户在组合框中选定某项后，其内容自动装入文本框。组合框有 3 种样式，通过 DropDownStyle 属性决定：①下拉式组合框：DropDownStyle 为 DropDown，通过下拉箭头展开显示，可以在文本框中进行输入；②简单组合框：DropDownStyle 为 Simple，列表框不能被收起和拉下，其余性质同下拉式组合框；③下拉式列表框：DropDownStyle 为 DropDownList，显示与下拉式组合框类似，但无文本框故不能输入。

图 7.20　列表框

1) 主要属性

列表框和组合框的主要属性如表 7.5 所示。

表 7.5　列表框和组合框的主要属性

属性	类型	意　　义
Items	集合	存储在当前列表框或组合框中的选项
SelectedIndex	整型	程序运行时被选定的项的序号，第一项值为 0
Count	整型	程序中引用，值为列表框或组合框中项目的数量
Sorted	逻辑	列表框或组合框的选项是否按字符编码值排序
Text	字符	最后一次被选定的选项的文本内容

2) 主要事件

列表框和组合框的主要事件有 Click、DoubleClick、SelectedIndexChanged（SelectedIndex 属性更改后发生的事件）。

3) 常用方法

列表框和组合框的常用方法如表 7.6 所示。

表 7.6　列表框和组合框常用方法

方法形式	作　　用
Items. Add(选项)	把一个选项加入列表框或组合框
Items. Remove(选项)	从列表框或组合框中删除指定的选项
Items. RemoveAt(Index)	删除 Index 指定列表框或组合框中的位置
Items. Clear	清除列表框或组合框的所有项目

例 7.3　选择左边列表框的内容，添加到右边的列表框，并删除原列表框该项内容。可通过">"添加选中的一项；也可通过">>"添加所有项。运行效果如图 7.21 所示，程序如图 7.22 所示。

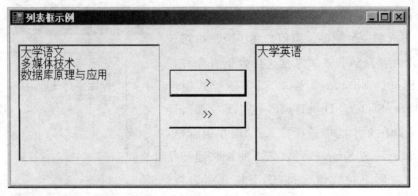

图 7.21　例 7.3 运行界面

6. 滚动条和进度条

滚动条(scrollBar)通常附在窗体上协助观察数据或确定位置，也可用来作数据的输

```
Public Class Form1

    Private Sub Form16_Load(sender As System.Object, e As System.EventArgs) Handles MyBase.Load
        ListBox1.Sorted = True
        ListBox1.Items.Add("大学英语")
        ListBox1.Items.Add("多媒体技术")
        ListBox1.Items.Add("数据库原理与应用")
        ListBox1.Items.Add("大学语文")

    End Sub

    Private Sub Button1_Click(sender As System.Object, e As System.EventArgs) Handles Button1.Click
        ListBox2.Items.Add(ListBox1.Text)               ' 添加已选择的课
        ListBox1.Items.RemoveAt(ListBox1.SelectedIndex) ' 删除已选择的课

    End Sub

    Private Sub Button2_Click(sender As System.Object, e As System.EventArgs) Handles Button2.Click
        Dim i As Integer
        For i = 0 To ListBox1.Items.Count - 1
            ListBox2.Items.Add(ListBox1.Items(i))
        Next
        ListBox1.Items.Clear()                          ' 全部删除
    End Sub
End Class
```

图 7.22　例 7.3 程序代码

入工具。进度条(progressbar)通常用来指示事务处理的进度。滚动条有水平滚动条和垂直滚动条两种,进度条没有水平垂直之分,如图 7.23 所示。

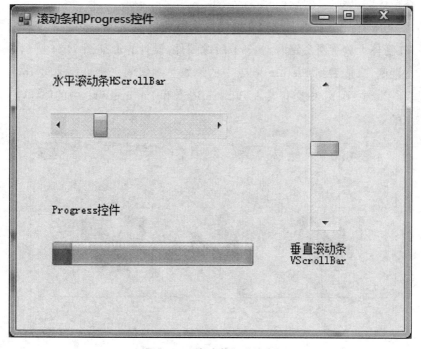

图 7.23　滚动条和进度条

1) 主要属性

Value:滑块当前位置所代表的值,默认值为 0。

Minimum 和 Maximum:滑块处于最小位置、最大位置时所代表的值。

SmallChange 和 LargeChange：SmallChange 属性代表用户单击滚动条两端的箭头时，Value 属性增加或减少的值；LargeChange 属性表示滑块与两端箭头之间的区域。

2）主要事件

滚动条的事件主要有 Scroll 和 ValueChanged。当滚动条内滑块的位置发生改变，Value 属性值随之改变，Scroll 和 ValueChanged 事件发生。

7. 定时器

定时器（Timer）以一定的时间间隔产生 Tick 事件，从而执行相应的事件过程，常用于动画制作。定时器是非用户界面控件。

1）主要属性

Enabled：当 Enabled 属性为 False 时，定时器不产生 Tick 事件。程序设计时，利用该属性可以灵活地启用或停用 Timer 控件。默认值为 False。

Interval：Interval 属性决定两个 Tick 事件之间的时间间隔，其值以 ms(0.001s)为单位，即 1 000 为 1 秒。

2）主要事件

定时器控件的重要事件只有一个 Tick 事件。

例 7.4　用一个定时器控制蝴蝶在窗体内飞舞，用一个定时器显示当前日期和时间。

分析：在窗体上放置两个定时器、3 个图像控件，设计界面如图 7.24 所示。实际上，在程序运行期间，只能看到 PictureBox1 中的蝴蝶。蝴蝶的飞舞可以通过 Interval 进行时间间隔，在 PictureBox1 中交替装入 PictureBox2 和 PictureBox3 中的图像会产生视觉上蝴蝶在飞的效果。

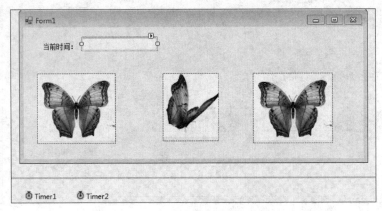

图 7.24　例 7.4 的设计界面

程序代码如下：

```
Sub Form1 _ Load(…) Handles MyBase. Load
    Timer1. Interval= 100      //控制蝴蝶翅膀扇动频率的快慢
```

```
    Timer1. Enabled= True
    Timer1. Interval= 1000        //控制当前时间刷新的速度,1秒刷新1次
    Timer2. Enabled= True
End Sub


Sub Timer2 _ Tick(…) Handles Timer2. Tick
    TextBox1. Text= Now
End Sub


Sub Timer1 _ Tick(…) Handles Timer1. Tick
    Static PickBmp As Integer       //定义交替控制图像的变量
    If PickBmp= 0 Then
        PictureBox1. Image= PictureBox2. Image    //显示蝴蝶图像1
        PickBmp= 1
    Else
        PictureBox1. Image= PictureBox3. Image     //显示蝴蝶图像2
        PictureBmp= 0
    End If
End Sub
```

8. 日期控件

日期控件(DateTimePicker)运行用户从日期或时间列表中选择单个日期或时间。默认情况下,该控件界面与下拉式组合框相似,单击下拉箭头,可弹出一个日历供用户选择。

1) 主要属性

Format:选择或设置显示日期和时间格式。

ShowUpDown:控件显示的样式,默认 False。

Value:返回选择的日期或时间。

2) 主要事件

ShowUpDown:当选择了日期或时间,在文本框中显示该选择,并激发 Show Up Down 事件。

例 7.5 利用日期控件显示选择的日期。

运行界面效果,如图 7.25 所示。

图 7.25 例 7.5 运行界面

程序代码如下：

```
Sub DateTimePicker1 _TextChanged(…) Handles DateTimerPicker1.TextChanged
    DateTimePicker1.ShowUpDown= False
    MsgBox(DateTimePicker1.Value)
End Sub
```

9. RichTextBox 控件

RichTextBox 控件在运行用户输入和编辑文本的同时，提供了比普通的 TextBox 控件更高级的格式特征，包括：①文本的长度没有 64k 字符的限制；②可对选中的文本进行格式化，而 TextBox 只能对整个文本格式化；③可方便地利用 LoadFile 和 SaveFile 方法直接读和写文件，避开了传统文件的操作方法；④文件格式可为 RTF（默认）或 TXT 文件。

1）主要属性

TextBox 控件的属性在此控件中都有效，除此外还增加了很多格式化属性，如 SelectionFont 和 SelectionColor 等，用于对选中的文本进行字体、颜色的设置。

2）主要方法

LoadFile 和 SaveFile 方法，用于对文本框与磁盘文件的读和写。在默认情况下，读写文件的扩展名为 rtf，在读写过程中保留原文本的格式；在保存文件时如选择 RichTextBoxStreamType.PlainText 参数，则保存的文件格式为 txt。

例 7.6 利用 RichTextBox 控件进行格式设置和文件读写。

运行界面如图 7.26 所示。

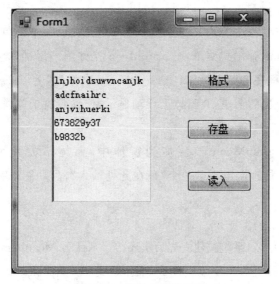

图 7.26 例 7.6 运行界面

程序代码如下：

```
Sub Button1_Click(…) Handles Button1.Click
//格式设置
  RichTextBox1.SelectionFont= New Font("黑体",19)
  RichTextBox1.SelectionColor= Color.Red
End Sub


Sub Button2_Click(…) Handles Button2.Click //将 RichTextBox1 的内容以 rtf 格式
保存到 c 盘
  RichTextBox1_SaveFile("c:\ttt.rtf")
End Sub


Sub Button3_Click(…) Handles Button3.Click    //从 c 盘读入文件
  RichTextBox1.Text= ""
  RichTextBox1.LoadFile("c:\ttt.rtf")
End Sub
```

7.2.4 菜单和对话框

在应用程序设计中,菜单、对话框是重要的组成部分,为用户提供了更加灵活的界面。菜单和通用对话由于是非界面控件,因而它们以图标的方式出现在窗体的专用面板上。

1. 菜单设计

菜单是大多数应用程序的基本要素,VB. NET 提供了两个菜单控件:MainMenu(主菜单)和 ContextMenu(弹出式菜单)。MainMenu 控件用于添加作为窗体顶级菜单的菜单项,控制整个应用程序的所有操作;ContextMenu 也称为"上下文菜单",是用户在某个对象上单击右键所弹出的菜单,在窗体上浮动显示,位置取决于关联对象的位置。

1) 菜单建立

从工具箱中把 MainMenu 控件拖到窗体中,窗体下专用面板中出现了一个 MainMenu1 图标,窗体顶端出现了一个"请在此处输入"框,如图 7.27(a)所示,用户就可在此添加菜单项。

2) 主要属性

Name:菜单或菜单名,系统按建立先后次序给予默认名 MenuItem1、MenuItem2……

Text:菜单显示的文本。字母前有 &,表示热键;"-"显示菜单项分隔线。

ShortCut:快捷键。

Checked:文本前会出现"√"。

3) 菜单项事件

菜单项的主要事件是 Click 事件。

4) 弹出式菜单

设计方法与主菜单相似,属性相同,设计界面如图 7.27(b)所示。弹出式菜单运行时要单击右键才能弹出该菜单,一般情况下不显示。建立弹出式菜单与对象之间的关联是关键。例如,要使程序运行后用鼠标右击 TextBox1 文本框对象能显示弹出菜单,关联方法是:选定 TextBox1 文本框,将其 ContextMenu 属性设置为 ContextMenu1 即可。

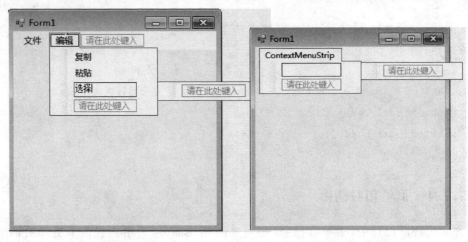

(a)菜单设计　　　　　　　　　　　(b)弹出式菜单建立

图　7.27

2. 输入和显示对话框架

输入和显示对话框不是控件,是由系统定义的函数,用于数据的输入和显示。

1) InputBox 函数

函数形式为:InputBox(提示[,标题][,默认值][,x 坐标位置][,y 坐标位置])

函数返回的数据类型为字符串,如要显示如图 7.28 所示的对话框,其函数调用为:

```
Inputbox("输入摄氏温度","计算温度",20)
```

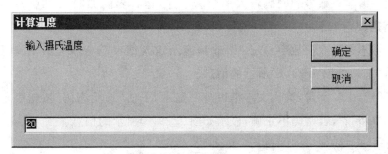

图 7.28　InputBox 对话框

2) MsgBox 函数

MsgBox 函数的作用是打开一个信息框,等待用户选择一个按钮。MsgBox 函数返回所选按钮的整数值,其数值的意义,如表 7.7 所示。

表 7.7　MsgBox "按钮"设置值及意义

分组	枚举值	按钮值	描述
按钮	OKOnly	0	只显示"确定"按钮
	OKCancel	1	显示"确定""取消"按钮
	AboutRetryIgnore	2	显示"终止""重试""忽略"按钮
	YesNoCancel	3	显示"是""否""取消"按钮
	YesNo	4	显示"是""否"按钮
	RetryCancel	5	显示"重试""取消"按钮
图标	Critical	16	关键信息图标
	Question	32	询问信息图标
	Exclamation	48	警告信息图标
	Information	64	信息图标

MsgBox 函数若不需返回值,则可作为一句独立的语句,用法为:MsgBox 提示[,按钮][,标题]。

MsgBox 函数有返回值的用法为:变量[%]＝MsgBox(提示[,按钮][,标题])。MsgBox 函数的返回值是一个整数,其值表示用户所选的按钮,如表 7.8 所示,枚举值可以用 MsgBoxResult 枚举来引用。

表 7.8   MsgBox 函数返回值及意义

枚举值	内部常数	返回值	被单击的按钮
Ok	vbOK	1	确定
Cancel	vbCancel	2	取消
Abort	vbAbort	3	终止
Retry	vbRetry	4	重试
Ignore	vbIgnore	5	忽略
Yes	vbYes	6	是
No	vbNo	7	否

例 7.7   编写一账号和密码输入的检验程序,运行界面如图 7.29(a)所示。对输入的账号和密码规定如下。

(1) 账号不超过 6 位数字,以按 Tab 键表示输入结束。当输入不正确,如账号为非数字字符等,显示如图 7.29(b)所示的信息。

(2) 密码为 4 位字符,输入文本框以"＊"显示,单击"检验密码"按钮表示输入结束。假定密码为"Gong",若密码不正确,显示如图 7.29(c)所示的信息。

(a)例 7.9 运行界面　　　　(b)账号错误提示　　　　(c)密码错误提示

图　7.29

程序代码如下:

```
Sub Form1 _ Load(…) Handles MyBase. Load
    TextBox1. Text= ""
    TextBox2. Text= ""
    TextBox1. MaxLength= 6
    TextBox2. MaxLength= 4
TextBox2. PasswordChar= "＊"
End Sub


S ub TextBox1 _ LostFocus (…) Handles TextBox1. LostFocus    //按 Tab 键焦点离开
TextBox1
    If Not IsNumeric(TextBox1. Text) Then
        MsgBox("账号必须为数字",,"警告")    //连续两个","缺省按钮数目,仅有"确定"按钮
        TextBox1. Text= ""
```

```
      TextBox1.Focus()
   End If
End Sub


Sub Button1_Click(…) Handles Button1.Click
   DimI as Integer
   If TextBox2.Text<> "Gong" Then
     i= MsgBox("密码错误",MsgBoxStyle.RetryCancel,"警告")
     If i= MsgBoxResult.Cancel Then
       Close()
     Else
       TextBox2.Text= ""
       TextBox2.Focus()
     End If
   End If
End Sub
```

3) 通用对话框

当今大部分应用程序都使用了诸如打开文件、保存文件、颜色、字体、打印、打印预览等标准的通用对话框。为了方便程序设计人员设计对话框，.NET 提供了一组通用对话框控件，如图 7.30 所示，常用的控件及其意义如表 7.9 所示。

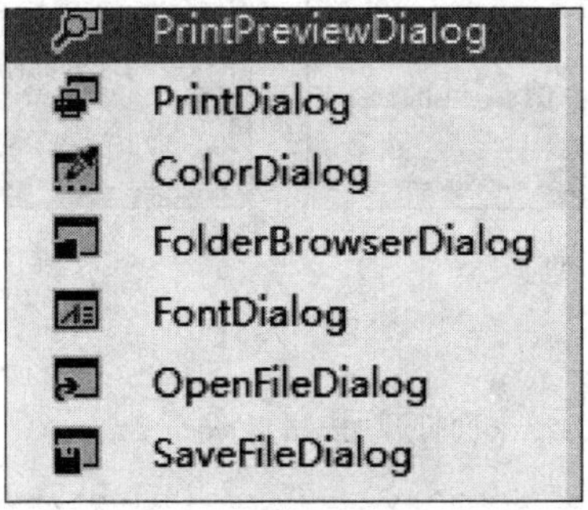

图 7.30　通用对话框控件

表 7.9　主要的通用对话框控件和相关属性

控件	返回属性	主要属性	作用
OpenFileDialog	FileName(文件名和路径)	Filter(扩展名过滤器)	打开
SaveFileDialog	FileName(文件名和路径)	DefaultExt(设置默认扩展名)	另存为
ColorDialog	Color		颜色
FontDialog	Font	ShowColor(字体是否有颜色选项) Color(有颜色时用户选择的颜色)	字体

通用对话框控件的使用与普通控件一样,用户只需把所需的控件类图标拖到窗体上,VB. NET 就会自动生成了一个相应的实例。在程序运行时,通用对话框控件不会显示在窗体上,当需要弹出对话框时,就应用 ShowDialog 方法。例如,假定有一个对话框控件 OpenFileDialog1,执行语句:OpenFileDialog1. ShowDialog,就会弹出"打开文件"对话框。实质上,ShowDialog 方法是一个函数,有返回值。若选择了对话框中的"打开"(或"保存""确定"等)按钮,则返回值为 DialogResult. OK;而如果选择了"取消"按钮,则返回值为 DialogResult. Cancel。

例 7.8 利用命令按钮、通用对话框、菜单和 RichTextBox 控件,实现如同字处理软件功能的程序,设计界面和运行界面,分别如图 7.31(a)和图 7.31(b)所示。当某菜单项和命令按钮控件所处理的功能相同时(如"打开"功能),VB. NET 中可以在同一个事件中作用于两个对象,如下 Button1~Button4 事件所示。

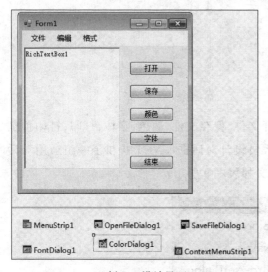
(a)例 7.8 设计界面

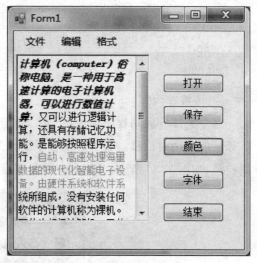
(b)例 7.8 运行界面

图　7.31

```
∥打开文件事件:Button. Click("打开"按钮),MenuItem. Click("打开"菜单项)
Sub Button1 _Click(ByVal Sender As System. Object,ByVal e As System.EventArgs)_
Handles Button1. Click,MenuItem2. Click
    Open File Dialog1. Filter= "(*.txt)|*.txt|(*.rtf)|*.rtf|All File(*.*)|*.*"
    Open File Dialog1. Filter Index= 1
    Open File Dialog1. Show Dialog()     ∥显示打开对话框
    Rich Text Box1. Load File(Open File Dialog1. File Name,Rich Text Box Stream
Type. Plain Text)∥TXT 格式的磁盘文件内容读入 Rich Text Box1
    End Sub


∥另存为事件:Button2. Click("另存为"按钮),MenuItem3. Click("另存为"菜单项)
```

```
Sub Button2_Click(…) Handles Button2_Click,MenuItem3.Click
    SaveFileDialog1.DefaultExt= "Rtr"    //设置默认扩展名
    SaveFileDialog1.ShowDialog()      //打开另存为对话框
    RichTextBox1.SaveFile(SaveFileDialog1.FileName,RichTextBox Stream
Type.PlainText)//RichTextBox1的内容以TXT格式写入磁盘文件
    End Sub


//颜色事件:Button3.Click("颜色"按钮),MenuItem12.Click("颜色"菜单项)
Sub Button3_Click(…) Handles Button3.Click,MenuItem12.Click
    ColorDialog1.ShowDialog()     //打开颜色对话框
    RichTextBox1.SelectionColor= ColorDialog1.Color   //设置文件框选中内容的颜色
    End Sub


//字体事件:Button4.Click("字体"按钮),MenuItem11.Click("字体"菜单项)
Button4_Click(…) Handles Button4.Click,MenuItem11.Click
    FontDialog1.ShowColor= True
    FontDialog1.ShowDialog()    //打开字体对话框
    RichTextBox1.SelectionFont= FontDialog1.Font   //设置文本框选中内容的字体
    End Sub


Sub MenuItem6_Click(…) Handles MenuItem7.Click,MenuItem13.Click
    s= TextBox1.SelectedText    //复制
    End Sub


Private Sub MenuItem8_Click(…) Handles MenuItem8.Click
    s= TextBox1.SelectedText    //剪切
    TextBox1.SelectedText= ""
    End Sub


Private Sub MenuItem9_Click(…) Handles MenuItem9_Click,MenuItem14.Click
    TextBox1.SelectedText= s   //粘贴
    End Sub


Sub Button5_Click(…) Handles Button5.Click
    End
    End Sub
```

7.3 VB. NET 基本语法

7.3.1 VB. NET 数据类型和表达式

1. 数据类型

VB. NET 提供了系统定义的标准数据类型,还可以由用户根据需要自定义类型。不同的数据类型所占的存储空间、处理方式是各不相同的。表 7.10 列出标准数据类型,"∗"表示该数据类型最常使用。

表 7.10 VB. NET 的标准数据类型

数据类型（关键字）	等价的 .NET 类	类型符	值类型字母	占字节数	范围
Byte	System. Byte			1	$0 \sim 2^8 - 1 (0 \sim 255)$
∗Boolean	System. Boolean			2	True 或 False
Short	System. Int16		S	2	$-2^{15} \sim 2^{15} - 1 (-32768 \sim 32767)$
∗Integer	System. Int32	%	I	4	$-2^{31} \sim 2^{31} - 1$
Long	System. Int64	&	L	8	$-2^{63} \sim 2^{63} - 1$
∗Single	System. . Single	!	F	4	$-3.4 \times 10^{38} \sim 3.4 \times 10^{38}$
Double	System. . Double	#	R	8	$-1.7 \times 10^{308} \sim 1.7 \times 10^{308}$
Decimal	System. . Decimal	@	D	16	$-2^{96} - 1 \sim 2^{96} - 1$, 精度达 28 位
∗Date	System. . DateTime			8	0001 年 1 月 1 日至 9999 年 12 月 31 日
∗Char	System. . Char		C	2	$0 \sim 65535$(无符号)
∗String	System. . String	$		见右	占用 10 个字节＋2×字符串长度 可存放 0 到约 20 亿个 Unicode 字符
Object	System. Object	无		4	任何数据类型都可以存储在 Object 类型的变量中

2. 变量

1) 变量命名规则

变量名由字母开头后跟字母数字串,中间可有下划线组成。在 VB. NET 中,不区分变量名中英文字母的大小写,即 XYZ、xyz,xYz 等都认为指的是一个相同的变量名。

为了便于阅读,VB 系统给出的属性名、方法、事件和关键字等,单词的首字母用大写字母,其余用小写字母表示。

2) 变量声明

形式:

```
Dim 变量名[As 类型][= 初始值]
```

As 类型:方括号部分表示该部分可以缺省,则所创建的变量默认为 Object 对象类型。初始值:可选,使用该子句,表示给声明的变量赋初值。

3) 变量的作用域

变量声明所处的位置不同,可被访问的范围不同,变量可被访问的范围称为变量的作用域。在 VB.NET 中变量分为以下 4 个级别。

(1) 块级变量。在控制结构块中声明的变量,只能在本块内有效。

(2) 过程级变量。在一个过程内用 Dim 或 Static 语句声明的变量,只能在本过程中使用。用 Dim 声明的过程级变量在过程结束后被释放,在下次调用时被重新初始化,即其值不保留。而用 Static 声明的过程级变量在过程结束后不被释放,仍保留其值。

(3) 模块级变量:在模块内(窗体模块、标准模块或类模块)的任何过程外用 Dim、Private 语句声明的变量,可被本模块的任何过程访问。

(4) 全局变量:在标准模块用 Public 语句声明的变量,可被应用程序多模块的任何过程访问;而在窗体模块用 Public 语句声明的变量不能被其他模块访问。

例如,在下面一个标准模块文件中不同级的变量声明:

```
Public Pa As integer        //全局变量
Private Mb As string * 10   //窗体/模块级变量


Sub F1()
Dim Fa As integer           //过程级变量
…
End Sub


Sub F2()
    Dim Fb As Single        //过程级变量
    For i= 1 to 10
    Dim k%                  //块变量
…
Next i
End Sub
```

3. 常量

常量是在程序运行中不变的量,在 VB.NET 中有三种常量:直接常量、用户声明的符号常量、系统提供的常量。

1) 直接常量

常量的数值直接反映了其类型,根据不同的数据类型有不同的表示,例如:123(整型常数),12.34(小数形式实型常数),0.1234E2(指数形式实型常数),"123"(字符串常数),True、False(逻辑常量),♯12/27/2007♯(日期型常数)。

2)用户声明的符号常量

形式为:

Const 符号常量名[As 类型]= 表达式

例如:

Const PI= 3.14159　　//声明了常量 PI,代表 3.14159,单精度型

注意:为便于与变量区分,用户声明的符号常量习惯上全部用大写字母表示。

3)系统提供的常量

VB. NET 提供许多内部常量,一般以小写字母"vb"开头,后面跟有意义的符号;还有大量的枚举常量,在代码编写时键入"枚举名称 ."后,VB. NET 会自动列出其枚举常量。

4. 名称空间和常用函数

在 VB. NET 中,一方面从 VB 6.0 保留和更新了大量的函数;另一方面通过 . NET 基础类库提供了大量类成员(函数)。

1)名称空间

. NET 基础类库由众多的已经定义的类(包括结构)和它们的成员组成,通过名称空间把类库划分为不同的组,供用户访问类库来开发各种应用程序。

为了便于用户开发应用程序,使用系统提供的资源,微软将功能相近的类划分到相同的名称空间。有了名称空间,可以方便地组织应用程序要使用的各个类。

(1) VB. NET 函数库的名称空间和模块。Microsoft. Visual Basic 名称空间包含构成 VB. NET 运行时库的类和模块,提供了丰富的函数。常用的模块有 Conversion(转换函数)、DateAndTime(日期和时间函数)、String(字符串函数)、VbMath(随机函数)等。读者可以在提供帮助的"Visual Basic 运行时库成员"索引中看到这些模块和类的有关帮助信息。

(2)NET 基础类库中的名称空间和类。System 是 . NET 基础类库的根名称空间,根据功能分成若干子名称空间。表 7.11 列出常用的 . NET 名称空间及其部分类。

表 7.11　常用的 . NET 名称空间及其部分类

类别	名称空间	名称空间中的部分类和结构		说　明
基本数据类型	System	Array Convert Exception Math	Console DateTime String	含有大多数基本的和经常使用的数据类型、事件和事件处理程序、接口、属性和异常处理等

续表

类别	名称空间	名称空间中的部分类和结构	说　明
图形用户界面	System. Drawing	Bitmap　　Brush Color	丰富的二维图形功能和对 GDI＋的访问
	System. Windows. Forms	Button　　ChechBox Form　　Label Menu　　MenuItem ReadioButton　TextBox	基于 Windows 的应用程序的丰富用户界面的功能
数据	System. Date	DataColumn　DataRow DataTable　DataSet	提供了 ADO. NET 的各种对象
	System. Data. OleDb	OleDbCommand OleDbConnection OleDbDataAdapter OleDbDataReader	

引用名称空间有如下三种方法。

（1）项目引用。当新建一个项目时，VB. NET 根据所建项目的类型，自动导入部分名称空间的引用，如图 7.32 所示。用户也可指向"引用"项，利用快显菜单添加所需的引用。

图 7.32　项目引用例

（2）直接引用。类似于文件系统中的绝对路径表示，给出名称空间的全名，就可访问其中的任一个类及其各项内容。如要使用开平方根函数 sqrt，可使用名称空间中的 Math 类：

```
Label1. Text= system. Math. sqrt(100)
//在 Label1 显示 √100 的结果
```

（3）Imports 语句。类似于文件系统中的相对路径表示，先用 Import 语句指定要使

用的名称空间,在以后的代码中只要使用该名称空间的类或成员,可减少键入的内容。Imports 语句的格式如下:

```
Imports   名称空间
```

Imports 语句必须放置在模块文件所有语句的前面,但可放在 Option 语句的下面,如图 7.33 所示。上例语句可改为:

```
Imports System. Math
```

这样在事件过程中就可以如下语句表示:

```
Label1. Text= sqrt(100)
```

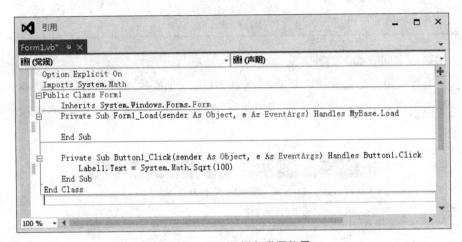

图 7.33　Import 语句书写位置

2) 常用函数

(1) 数学函数。VB. NET 中的数学函数已迁移到 Math 类。调用形式为:Math. 函数(参数)。当用户在输入 Math. 时,系统列出提供的数学函数,如图 7.34 所示。也可以在模块的开头加 Imports 语句:Imports System. Math,之后在使用时可省略 Math。

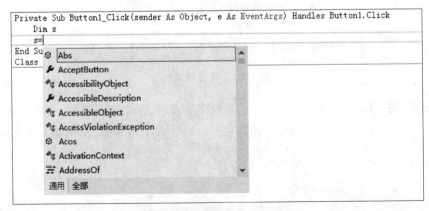

图 7.34　自动列出的数学函数

（2）转换函数。如表 7.12 所示。

表 7.12 常用的转换函数

函数名	功 能	实 例	结果
Asc(C)	字符转换成 ASCⅡ码值	Asc("A")	65
Chr(N)	ASCII 码值转换成字符	Chr(65)	"A"
Hex(N)	十进制转换成十六进制	Hex(100)	64
LCase(C)	大写字母转为小写字母	Lcase("ABC")	"abc"
Int(N)	取小于或等于 N 的最大整数	Int(−3.5) Int(3.5)	−4 3
Oct(N)	十进制转换成八进制	Oct(100)	"144"
Str(N)	数值转换为字符串	Str(123.45)	"123.45"
UCase(C)	小写字母转为大写字母	Ucase("abc")	"ABC"
Val(C)	数字字符串转换为数值	Val("123AB")	123

（3）字符串常数。如表 7.13 所示。

表 7.13 常用的字符串常数

函数名	说 明	实 例	结果
InStr(C1,C2)	在 C1 中找 C2，找不到为 0	InStr("EFABCDEFG","EF")	1
Left(C,N)	取出字符串左边 N 个字符	Left("ABCDEEFG",3)	"ABC"
Len(C)	字符串长度	Len("AB 高等教育")	6
Mid(C,N1[,N2])	取字符子串，在 C 中从 N1 位开始向右取 N2 个字符，默认 N2 到结束	Mid("ABCDEFG",2,3)	"BCD"
Replace(C,C1,C2)	在 C 字符串中将 C2 替代 C1	Replace("ABCDABCD","CD","123")	"AB123AB123"
Space(N)	产生 N 个空格的字符串	Space(3)	"□□□"
Trim(C)	去掉字符串两边的空格	Trim("□□□ABCD□□□")	"ABCD"

（4）日期函数。常用的日期函数有 Today、TimeOfDay、Now 等，分别返回当前系统日期、时间、日期和时间。

5. 运算符

VB.NET 运算符有 20 种，与大多数语言中的运算符相似，它们用来描述算术、字符、关系和逻辑运算，如表 7.14 所示。运算符根据运算规则有不同的运算优先级，以 1～10 表示高到低的不同级别。

7.3.2 控制结构

VB.NET 是一种面向对象的程序设计语言，具有结构化程序设计的三种结构，即顺序结构、选择结构、循环结构。

表 7.14　VB. NET 运算符

运算符	含义	分类	优先级
ˆ	幂	算术运算	1
* 、/	乘、除		2
\	整除		3
Mod	取余数		4
+、−	加、减		5
&、+	字符连接	字符串运算	6
=、<>、<、>、<=、>=	比较运算	关系运算	7
Is、Like	引用、模糊比较		
Not	逻辑非	逻辑运算	8
And	逻辑乘		9
or	逻辑加		10

1. 顺序结构

顺序结构就是各语句按出现的先后次序执行。一般的程序设计语言中,顺序结构的语言主要是赋值语句、输入输出语句等。在 VB. NET 中也有赋值语句;而输入输出可以通过文本框控件、标签控件、InputBox 函数和 MsgBox 函数等来实现。

赋值语句形式:变量名＝表达式

复合赋值语句的形式为:变量名 复合赋值运算符 表达式

在 VB. NET 中增加了复合赋值运算符,不仅可以简化程序代码,还可以提高对程序编译的效率。复合赋值运算符有:＋＝、−＝、＊＝、\＝、/＝、ˆ＝、&＝。

例如:TextBox1. text & ＝ "AAA" 等价于 TextBox1. text ＝ TextBox1. text& "AAA"。

2. 选择结构

选择结构又称多分支结构,就是给定若干个条件,依次判断选择执行其中的一个分支。可通过 If 语句和 Select Case 语句来实现。

1) If 语句

根据条件选择执行的语句块,若省略"["中的内容构成单分支语句;若有 Else 子句构成双分支语句,若有 Else If 子句则可构成多分支语句,形式如下:

```
If 表达式 1 Then
语句块 1
[ElseIf 表达式 2 Then
语句块 2
…
Else
```

```
    语句块 n+ 1]
    End If
```

在单分支和双分支结构中若语句块仅一句语句,If 语句可在一行书写,并不需 End If 配对,否则必须按上述形式在多行书写,最后以 End If 结束。

例如:求 x、y 中的大数,两种书写形式为:

第一种书写形式:单行的 If 语句。

```
If x> y Then max= x Else max= y
```

第二种书写形式:多行的 If 语句。

```
If x> y Then
    max= x
Else
    max= y
End If
```

2) Select Case 语句

Select Case 语句(又称情况语句)是多分支结构的另一种表达形式,如图 7.35 所示。语句形式如下:

```
Select Case 变量或表达式
Case 表达式列表 1
    语句块 1
Case 表达式列表 2
    语句块 2
...
[Case Else
    语句块 n+ 1]
End Select
```

其中:变量或表达式:可以是数值型或字符串表达式。

表达式列表 i:与"变量或表达式"的类型必须相同,可以是下面 4 种形式之一:表达式;一组用逗号分隔的枚举值;表达式 1 To 表达式 2(包含表达式 1 到表达式 2 之间的值);Is 关系运算符表达式。第一种形式与某个值比较,后三种形式与设定值的范围比较,4 种形式可以在数据类型相同的情况下混合使用。

例 7.9　已知变量 ch 中存放了一个字符,判断该字符是字母字符、数字字符还是其他字符,并显示相应信息。

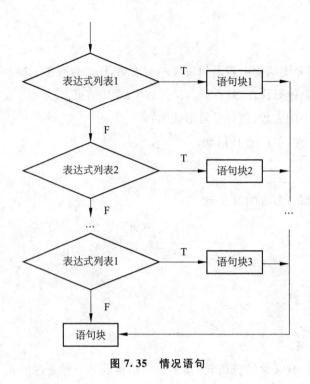

图 7.35 情况语句

程序代码如下：

```
Select Case ch
    Case "a" To "z", "A" To "Z"
        MsgBox(ch +  "是字母字符")
    Case "0" To "9"
        MsgBox(ch +  "是数字字符")
    Case Else
        MsgBox(ch +  "是其他字符")
End Select
```

3. 循环结构

循环是指根据指定的条件多次重复执行一组语句，被重复执行的一组语句称为循环体。VB. NET 中提供了两种类型的循环语句：一种是计数型循环语句；另一种是条件型循环语句。

1）For 循环语句

For 循环语句是计数型循环语句，用于控制循环次数预知的循环结构。语法形式如下：

```
For 循环控制变量= 初值 To 终值[Step 步长]
语句块
[Exit For]
```

语句块

```
Next 循环变量
```

2）Do…Loop 循环语句

Do…Loop 循环用于控制循环次数未知的循环结构,此种语句有两种语法形式:

语法形式 1:

```
Do[{While|Until} 条件]
    语句块
    [Exit Do]
    语句块
Loop
```

语法形式 2:

```
Do
    语句块
    [Exit Do]
    语句块
Loop [{While|Until} 条件]
```

语法形式 1 为先判断后执行,有可能一次也不执行;语法形式 2 为先执行后判断,至少执行一次。While 用于指明条件为 True 时就执行循环体中的语句;Until 正好相反。当循环体中又包含了另一个循环语句时,构成了循环的嵌套。

VB.NET 中提供的控制辅助语句有:GoTo、Exit(Exit For、Exit Do、Exit Sub、Exit Function)、End(End If、End Select、End Sub、End Function、End Structure)等。

7.3.3　数组

数组是一组相同类型的变量的集合。数组在内存中连续存放,用不同的下标表示该数组中的各个元素。使用数组的目的是缩短和简化编程。

1. 数组的声明及初始化

（1）声明一维数组形式如下:

```
Dim 数组名(下标上界)[As 类型]
```

（2）声明多维数组形式如下:

```
Dim 数组名(下标 1 上界 [,下标 2 上界…])[As 类型]
```

（3）数组的初始化形式如下:

```
Dim 数组名() As 类型= {常数 1,…,常数 n}   //一维数组初始化
```

Dim 数组名(,) As 类型 = {{第一行各常数},…,{第 m 行各常数}}　　//多维数组初始化

2. 重定义数组大小

在 VB. NET 中,所有已声明的数组大小是可以动态改变的,也就是可以重新定义数组的大小,这通过 ReDim 语句来实现,形式如下:

ReDim [Preserve]数组名(下标 1 上界[,下标 2 上界…])

在 VB. NET 中,数组的下界为 0,可用 UBound() 函数获得数组的上界;ReDim 语句有 Preserve 关键字,表示重新定义数组大小时保留原数组中的内容,否则不保留。

例 7.10　数组排序。利用数组初始化,对数组进行排序,并显示排序的结果。

程序如下:

```
Sub Button1 _ Click(…) Handles Button1.Click
  Dim iA() As Integer= {8,6,9,3,2,7}    //数组声明和初始化
  Dim iMin% ,n% ,i% ,j% ,t%
  n= UBound(iA)     //获得数组的下标上界
  For i= 0 To n- 1    //进行 n- 1 轮比较
    iMin= i          //对第 i 轮比较,初始假定第 i 个元素最小
    For j= i+ 1 To n    //选最小元素的下标
      If iA(j)<iA(iMin) Then iMin= j
    Next j
  t= iA(i)            //选出的最小元素与第 i 个元素交换
  iA(i)= iA(iMin)
  iA(iMin)= t
  Next i
  Label1.Text= ""    //显示排序的结果
  For i= 0 To n
    Label1. Text&= iA(i)&""
  Next i
End Sub
```

7.3.4　过程

过程是程序的基本单元,是经常使用的相同代码或完成某一特定功能的一段代码的集合。在程序设计中使用过程使得程序的结构清晰,有利于大项目的分工合作,也有利于程序的调试和维护。

VB. NET 的应用程序中过程分为三类:事件驱动过程、系统定义好的标准函数过程和用户自定义过程。自定义过程又可以分为三种:分别是子过程(Sub)、函数过程

（Function）、属性过程（Property）。本书仅介绍前两种，其余可参考相关书籍。

1. Sub 子过程

1）子过程的定义
子过程的定义如下：

```
Sub 子过程名([形参列表声明])
```

过程级变量或常数定义 ⎫
语句块 　　　　　　　　⎬ 过程体
End Sub 　　　　　　　 ⎭

2）子过程的调用
子过程的调用是一句独立的调用语句，有两种形式：

子过程调用形式 1：

```
Call 子过程名([实参列表])
```

子过程调用形式 2：

```
子过程名([实参列表])
```

2. 函数过程

函数过程与子过程功能基本相同，主要区别是函数过程名有返回值，因此有类型。

1）自定义函数过程
自定义函数过程形式为：

```
Function 函数过程名([形参列表声明])[As 类型]
```

过程级变量或常数定义　　　　⎫
语句块　　　　　　　　　　　⎬ 函数过程体
Return 表达式或函数名= 表达式⎭

```
End Function
```

2）函数过程的调用
函数过程的调用如同标准函数的调用，形式为：

```
函数过程名([实参列表])
```

说明：子过程与函数过程的主要区别为：①把某功能定义为函数过程还是子过程，没有严格的规定。一般若过程有一个返回值时，函数过程直观；当有多个返回值或无返回值时，习惯用子过程，返回值作为形参。②函数过程必须有返回值，函数名有类型。子过程没有值，子过程名没有类型，不能在子过程体内对子过程名赋值。

3) 参数传递

在调用一个过程时,必须把实际参数(以下简称实参)传送到过程中的形式参数(以下简称形参),完成形参与实参的结合,然后执行被调用的过程。

VB.NET 中,实参与形参的结合有两种方法,即传地址(ByRef)和传值(ByVal),传地址又称为引用。默认采用传值方式。

传值方式传递参数时,形参和实参分配不同的存储空间,系统将实参的值传递给对应的形参,实参与形参断开了联系,如果在过程中改变形参的值,不会影响到实参,如图 7.36 所示。

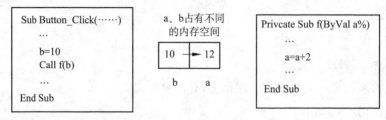

图 7.36 传值示意图

传地址方式传递参数时,形参和实参共享存储空间。当形参的值发生改变时,实参的值也会相应改变,如图 7.37 所示。

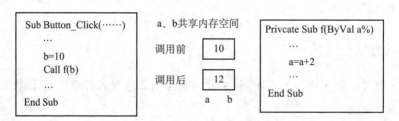

图 7.37 传地址示意图

一般用传值方式比较安全,当形参要将处理结果返回时,就必须使用传地址方式。

例 7.11 分别用子过程、函数过程编写程序,统计字符串中汉字的个数,并分别调用,比较两者异同。运行结果如图 7.38 所示。

图 7.38 例 7.13 运行结果

分析:

在 VB.NET 中,字符以 Unicode 码存放,每个西文字母和汉字字符占有两个字节。区别是汉字的机内码最高位为 1,若利用 Asc 函数求其码值为小于 0 的数(数据以补码表示),而西文字符的最高位为 0,Asc 函数求其码值为大于 0 的数。过程和函数过程的主要区别是函数过程名有返回值,子过程名无返回值,其他功能相同。因此完成该功能的程序如下:

```
Function CountFc% (ByVal s $ )      //函数过程定义
    Dim i% ,t% ,k% ,c$
    For i= 1 To Len(s)
        c= Mid(s,i,1)                    //取一个字符
        If Asc(c)<0 Then k= k+ 1'汉字数加 1
    Next i
    CountFc= k
End Function


Sub CountSC(ByVal s $ ,ByRef Count% )      //子过程定义
    Dim i% ,t% ,k% ,c $
    For i= 1 To Len(s)
        c= Mid(s,i,1)                    //取一个字符
        If Asc(c)<0 Then k= k+ 1'汉字数加 1
    Next i
    Count= k
End Sub


Sub Button1 _ Click(…) Handles Button1.Click    //单击一次,调用一次
    Dim c1% ,c2%
    c1= CountFc(TextBox1.Text)           //调用 CountFC 函数过程
    //在 TextBox2 中显示输入的每个字符串中统计的结果
    TextBox2.Text &= TextBox1.Text &"有" & c1& c2 & "个汉字" & vbCrLf
    Call CountSC(TextBox1.Text,c2)       //调用 CountSC 子过程
//在 TextBox3 中显示输入的每个字符串中统计的结果
    TextBox3.Text &= TextBox1.Text &"有" & c2 & "个汉字" & vbCrLf
End Sub
```

7.4 程序调试

7.4.1 错误类型

为了易于找出程序中的错误,可以将错误分为三类:语法错误、运行时错误和逻辑错误。

1. 语法错误

当用户在代码窗口编辑代码时,VB.NET 会对程序直接进行语法检查,发现程序中存在输入错误,例如,关键字输入错误、变量类型不匹配、变量或函数未定义等。VB.NET 开发环境提供了强大的智能感知功能,在输入程序代码时会自动检测,并在错误的代码下面加上波浪线,同时在任务窗口上也会显示警告信息。当鼠标指向波浪线时,系统会显示出错的原因,如图 7.39 所示。

```
Private Sub Form15_Load(sender As System.Object, e As System.EventArgs) Handles MyBase.Load
    Label1.Text = ""
    For i = 0 To n
        Label1.Text& = iA(i) & ""
    Next    未声明"Label1"。它可能因其保护级别而不可访问。
End Sub
```

图 7.39 编辑程序时自动检测语法错误

2. 运行时错误

运行时错误指 VB.NET 在编译通过后,运行代码时发生的错误。这类错误往往是由于指令代码执行了非法操作引起的。例如,类型不匹配、数组下标越界、试图打开一个不存在的文件等。当程序中出现这种错误时,程序会自动中断,并给出有关的错误信息。

例如:对图 7.40 所示的代码,当程序运行到 Label1.Image 赋值语句时,显示如图 7.41所示错误信息"其他信息 c:\cut.bmp",表示该图形文件在指定的文件夹中不存在。用户应单击"中断"按钮,中断正在进行的调试,返回设计模式,修改代码。

```
    Private Sub Label1_Click(sender As Object, e As EventAr
        Label1.Text = ""
        Label1.Image = Image.FromFile("c:\cut.bmp")
    End Sub
End Class
```

图 7.40 代码窗口

3. 逻辑错误

程序运行后,得不到期望的结果,这说明程序存在逻辑错误。例如,运算符使用不正

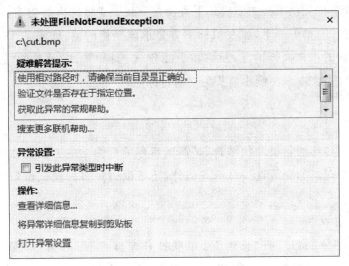

图 7.41 运行错误提示对话框

确、语句的次序不对、循环语句的起始和终值不正确等。通常逻辑错误不会产生错误提示信息,故较难排除。这就需要仔细地阅读分析程序,在可疑的代码处通过插入断点和逐语句跟踪,检查相关变量的值,分析错误原因。

7.4.2 调试和排错

为了更正程序中发生的不同错误,VB. NET 提供了多种调试语句,通过设置断点、插入观察变量、逐行执行和过程跟踪等手段,可在调试窗口中显示所关注的信息。

1. 插入断点

可在中断模式或设计模式下设置或删除断点:应用程序处于空闲时,也可在运行时设置或删除断点。在代码窗口选择怀疑存在问题的地方按下 F9 键,设为断点,如图 7.42所示。在程序运行到断点语句处(该语句还没有执行)时停下来,进入中断模式,可以查看所关心的变量、属性、表达式的值。

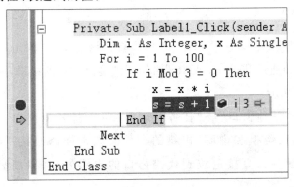

图 7.42 插入断点和逐语句跟踪

在 VB. NET 中提供了在中断模式下直接查看某个变量的值的功能。只要把鼠标指向所关心的变量处,稍停一下,就在鼠标下方显示该变量的值,如图 7.42 所示。若要继续跟踪断点以后的语句执行情况,只需按 F11 键或选择"调试"菜单的"逐语句"命令即可。在图 7.42 中,文本框左侧小箭头为当前行标记。

2. 逐语句跟踪

将设置断点和逐语句跟踪相结合,是调试程序的最简洁的方法。在中断模式下,除了用鼠标指向要观察的变量直接显示其值外,还可以通过多种调试窗口观察、分析变量的数据变化。

1)"即时"窗口

单击"调试"→"窗口"→"即时"菜单项打开窗口。"即时窗口"是在调试窗口中使用最方便、最常用的窗口。可以直接在该窗口使用"?"显示变量的当前值,如图 7.43 所示。

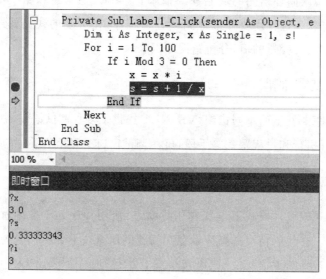

图 7.43 "即时"窗口

2)"输出"窗口

单击"视图"→"其他窗口"→"输出"菜单项打开该窗口。"输出"窗口主要输出程序运行时产生的信息和通过"Debug. Write"语句调试输出变量的结果,如图 7.44 所示。

3)"任务列表"窗口

单击"视图"→"其他窗口"→"任务列表"菜单项打开该窗口。"任务列表"窗口列出应用程序的错误类型和说明、出错的文件。如果要修改某一错误,只要在任务列表中双击它,系统就会直接定位到代码窗口的出错处,并以高亮度醒目显示错误的内容。

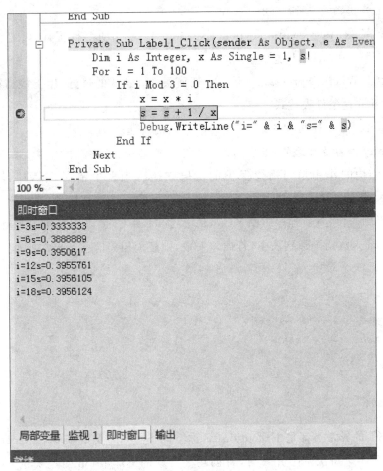

图 7.44　"输出"窗口

7.4.3　结构化异常处理

1. 结构化异常处理形式

结构化异常处理的形式如下：

```
Try
  …        //可能引发异常的代码
Catch [选择筛选器]
  …        //处理该类异常
[Finally
  …     ]  //善后处理
End Try
```

其中：

1)Catch 筛选器有三个子句

(1) Catch ex As ExceptionType。ExceptionType 指明要捕捉异常的类型,标识符 ex 用来存取代码中异常的信息。

(2) Catch When Expression。是基于任何条件表达式的过滤,用于检测特定的错误号。Expression 是条件表达式。

(3) Catch。是上述两种的结合,同时用于异常处理。

2) Finally 语句是可选的,若有则不管异常发生与否,始终要执行该 Finally 块

该控制结构的作用是当需要保护的代码在执行中发生错误时,VB. NET 将检查 Catch 内的每个 Catch 子块,若找到条件与错误匹配的 Catch 语句,则执行该语句块内的处理代码,否则产生错误,程序中断。Catch 块与 Select Case 语句在功能上相似。

例 7.12 插入数据记录到表中,若插入失败,则显示相关信息。异常处理代码如下:

```
Try
    mycmd.ExecuteNonQuery()
    Catch ex As Exception
        MsgBox(ex.Message)
End Try
```

2. 常见异常类

VB. NET 的异常类都是 Exception(名称空间 System)类的实例,Exception 是所有异常类的基础类。每次发生异常时,将创建一个新的 Exception 对象实例 ex,查看其属性可以确定代码位置、类型以及异常的起因,异常的常用属性,如表 7.15 所示,通过这些属性有助于程序查错。

表 7.15 异常的常用属性

属性	描　　述
HelpLink	属性包含一个 URL,指导用户进一步查询该异常的有关信息
Message	告知用户错误的性质以及处理该错误的方法
Source	引起异常的对象或应用名

除 Exception 类外,Exception 还提供了很多异常子类,表 7.16 列出了常见异常类及其说明。

表 7.16 常见异常类

异常类	说　　明
Exception	所有异常类的基础类
ArgumentException	变量异常的基础类
ArithmeticException	在算法、强制类型转换或转换操作上发生错误
IndexOutOfRangeException	数组下标越界

续表

异常类	说　　明
Data.DataException	使用 ADO.NET 组件时产生错误
FormatException	参数的格式不符合调用方法的参数规定
IO.IOException	发生 I/O 错误

例 7.13　如下异常处理程序段依次检查数组下标越界、算术表达式计算问题、最后检查普通异常。

有关程序段如下：

```
Dim a() As Integer= {0,1,2}
Try
  a(2)= 100/a(0)
Catch ex As IndexOutOfRangeException     //数组下标越界异常
  MsgBox(ex.Message)
Catch ex As ArithmeticException          //算术表达式计算异常
  MsgBox(ex.Message)
Catch ex As Exception                    //普通异常,所有没有考虑到的其他异常
  MsgBox(ex.Message)
End Try
```

上述程序运行之后对应的报错信息如图 7.45 所示。

图 7.45　显示错误信息

本章详细介绍了 VB.NET 基本概念、VB.NET 可视化界面设计、VB.NET 基本语法和程序调试,各部分的内容如下。

1. VB. NET 基本概念

第一,概述 VB. NET;第二,介绍 VB. NET 集成开发环境,包括:窗体窗口、代码窗口、属性窗口、解决方案资源管理器窗口和工具箱窗口;第三,列举一个简单的应用程序。

2. VB. NET 可视化界面设计

第一,介绍控件的基本概念,包括:对象和类,对象的属性、事件和方法,以及对象通用属性;第二,说明窗体的主要属性、常用方法和主要事件,以及多重窗体;第三,介绍常用的基本控件,包括:标签、文本框、命令按钮、单选按钮、复选框和框架、列表框和组合框、滚动条和进度条、定时器、日期控件以及 RichTextBox 控件;第四,说明菜单设计、输入和显示对话框架创建。

3. VB. NET 基本语法

第一,介绍 VB. NET 数据类型和表达式,包括:数据类型、变量、常量、名称空间和常用函数、运算符;第二,介绍控制结构,包括:顺序结构、选择结构和循环结构;第三,介绍数组,包括:数组的声明及初始化、重新定义数组大小;第四,说明 Sub 子过程和函数过程。

4. 程序调试

第一,介绍错误类型,包括:语法错误、运行时错误和逻辑错误;第二,说明调试和排错,包括:插入断点和逐语句跟踪;第三,说明结构化异常处理,包括:结构化异常处理形式和常见异常类。

习 题

1. . NET 框架两个基本的框架基础是什么?

2. 建立一个 VB. NET 应用程序需要哪些步骤?

3. 简述对象和类的关系。对象的三要素是什么?

4. 如何获取某控件对象具有的属性、方法和可识别的事件?

5. VB. NET 控件中的 Name 和 Text 属性有何区别,在程序代码中是否都可以改变?

6. VB. NET 控件中的属性除了在属性窗口设置外还可以通过代码设置,两者的特点是什么?

7. 当进入 VB. NET 集成开发环境,要进行界面设计时,看不到工具箱窗口,应如何操作将其显示?

8. 简述建立一个应用程序的过程。

9. 在 VB. NET 中如何调用数学函数? 如何方便地查看系统提供的数学函数?

10. 在 VB. NET 中,变量根据所定义的位置和所用的关键字声明,分有几种级别的变量? 在过程级变量中,在每次过程调用后要保持该变量的值,应声明为何种变量?

11. VB.NET 提供的结构化程序设计的三种基本结构是什么？

12. 简述 If 语句与 Select Case 语句的异同。

13. 如何确定数组的上界？

14. 简述函数过程与子过程的异同。

15. 简述地址传递和值传递的区别。

第8章 ADO.NET 数据库访问技术

ADO.NET(ActiveX Data Objects)是 Microsoft 开发的面向对象的数据访问库,目前已经得到了广泛的应用。ADO.NET 是 ADO 的后续技术,但并不是 ADO 的简单升级,而是有非常大的改进。本章将介绍利用 ADO.NET 访问 SQL Server 数据库的方法。

8.1 ADO.NET 简介

ADO.NET 是微软新一代.NET 数据库的主要访问模型,是目前数据库程序设计师用来开发数据库应用程序的主要接口。

8.1.1 ADO.NET 的作用

ADO.NET 是在.NET Framework(这里采用.NET Framework 4.5 版本)上访问数据库的一组类库,它利用.NET Data Provider(数据提供程序)进行数据库的连接与访问。通过 ADO.NET,数据库程序设计人员能够很轻易地使用各种对象,来访问符合自己需求的数据库内容。换句话说,ADO.NET 定义了一个数据库访问的标准接口,让提供数据库管理系统的各个厂商可以根据此标准开发对应的.NET Data Provider,这样编写数据库应用程序的人员不必了解各类数据库底层运作的细节,只要掌握了 ADO.NET 所提供的对象模型,便可以轻易地访问所有支持.NET Data Provider 的数据库。

1. ADO.NET 是应用程序和数据源之间沟通的桥梁

通过 ADO.NET 所提供的对象,再配合 SQL 语句,就可以访问数据库内的数据;而且,凡是能通过 ODBC 或 OLEDB 接口访问的数据库(如 SQL Server、dBASE、FoxPro、Excel、Access 和 Oracle 等),也可以通过 ADO.NET 来访问。

2. ADO.NET 可提高数据库的扩展性

ADO.NET 可以将数据库内的数据以 XML 格式传送到客户端(Client)的 DataSet

对象中,此时客户端可以和数据库服务器离线,当客户端程序对数据进行新建、修改、删除等操作后,再和数据库服务器联机,将数据送回数据库服务器完成更新的操作。如此一来,就可以避免在客户端和数据库服务器联机时,虽然客户端不对数据库服务器做任何操作,却一直占用数据库服务器的情况。此种模型使得数据处理由相互连接的双层架构向多层式架构发展,因而提高了数据库的扩展性。

3. 使用 ADO．NET 处理的数据可以通过 HTTP 来传输

ADO．NET 模型中特别针对分布式数据库访问提出了多项改进,为了适应互联网上的数据交换,ADO．NET 不论是在内部运作还是与外部数据交换的格式,都采用 XML 格式,因此能很轻易地直接通过 HTTP 来传输数据,而不必担心防火墙的问题。而且,对于异质性(不同类型)数据库的集成,也提供了最直接的支持。

8.1.2　ADO．NET 体系结构

ADO．NET 主要希望在处理数据的同时不要一直和数据库联机,而发生一直占用系统资源的现象。为此,ADO．NET 将访问数据和数据处理两部分分开,以达到离线访问数据库的目的,使得数据库能够运行其他工作。因此,可将 ADO．NET 模型分成 .NET Data Provider 和 DataSet(数据集,数据处理的核心)两大主要部分,其中包含的主要对象及其关系如图 8.1 所示。

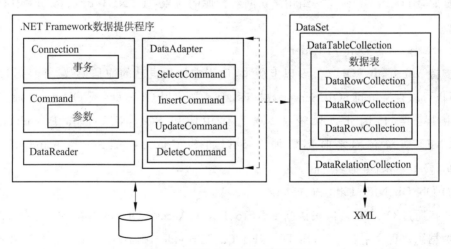

图 8.1　ADO．NET 对象结构模型

1. .NET Data Provider

.NET Data Provider 是指访问数据库的一组类库,主要目的是统一对于各类型数据源的访问方式而设计的一套高效能的类数据库。.NET Data Provider 中包含的 4 个对象及其功能说明,如表 8.1 所示。

表 8.1　.NET Data Provider 中包含的 4 个对象及其功能说明

对象名称	功 能 说 明
Connection	提供和数据源的连接功能
Command	提供运行访问数据库命令、传送数据或修改数据的功能,例如,运行 SQL 命令和存储过程等
DataAdapter	是 DataSet 对象和数据源间的桥梁。DataAdapter 使用 4 个 Command 对象来运行查询、新建、修改、删除的 SQL 命令,把数据加载到 DataSet,或者把 DataSet 内的数据送回数据源
DataReader	通过 Command 对象运行 SQL 查询命令取得数据流,以便进行高速、只读的数据浏览

通过 Connection 对象可与指定的数据库进行连接;Command 对象用来运行相关的 SQL 命令(SELECT、INSERT、UPDATE 或 DELETE),以读取或修改数据库中的数据。通过 DataAdapter 对象所提供的 4 个 Command 对象可以进行离线式的数据访问,这 4 个 Command 对象分别为 SelectCommand、InsertCommand、UpdateCommand 和 DeleteCommand,其中 Select-Command 用来将数据库中的数据读出并放到 DataSet 对象中,以便进行离线式的数据访问;其他 3 个命令对象(InsertCommand、UpdateCommand 和 DeleteCommand)用来修改 DataSet 中的数据,并写入数据库中;通过 DataAdapter 对象的 Fill 方法可以将数据读到 DataSet 中;通过 Update 方法则可以将 DataSet 对象的数据更新到指定的数据库中。

在使用程序访问数据库之前,要先确定使用哪个 Data Provider(数据提供程序)来访问数据库,Data Provider 是一组用来访问数据库的对象,在 .NET Framework 中有如下几组。

1) SQL. NET Data Provider

支持 Microsoft SQL 7.0 及以上版本,由于它使用自己的通信协议,并且做过最优化,所以可以直接访问 SQL Server 数据库,而不必使用 OLE DB 或 ODBC(开放式数据库连接层)接口,因此效果较佳。若程序中使用 SQL. NET Data Provider,则该 ADO. NET 对象名称之前都要加上 Sql,如 SqlConnection、SqlCommand 等,使用 System. Data. OleDb 命名空间。

2) Ole Db. NET Data Provider

支持通过 Ole Db 接口来访问 FoxPro、Excel、Access、Oracle 以及 SQL Server 等各类型数据源。程序中若使用 Ole Db. NET Data Provider,则 ADO. NET 对象名称之前要加上 Ole Db,如 Ole DbConnection、Ole DbCommand 等,使用 System. Data. Ole Db 命名空间。

3) Odbc. NET Data Provider

支持通过 Odbc 接口来访问 FoxPro、Excel、Access、Oracle 以及 SQL Server 等各类型数据源。程序中若使用 Odbc. NET Data Provider,则 ADO. NET 对象名称之前要加上 Odbc,如 OdbcConnection、OdbcCommand 等,使用 System. Data. Odbc 命名

空间。

4）Oracle. NET Data Provider

支持通过 Oracle 接口来访问 Oracle 数据源。程序中若使用 Oracle. NET Data Provider，则 ADO. NET 对象名称之前要加上 Oracle，如 OracleConnection、OracleCommand 等，使用 System. Data. OracleClient 命名空间。

5）EntityClient 提供程序

提供对实体数据模型（EDM）应用程序的数据访问，使用 System. Data. EntityClient 命名空间。

6）用于 SQLServer Compact 4. 0 的 . NET Framework 数据提供程序

提供 SQL Server Compact 4. 0 的数据访问，使用 System. Data. SqlServerCe 命名空间。

从以上介绍可以看出，要访问 SQL Server 数据库，可以使用多种数据提供程序。但使用不同的数据提供程序时，访问 SQL Server 数据库的方式有所不同，本章将主要介绍使用 SQL. NET Data Provider 访问 SQL Server 数据库的方法。

2. DataSet

DataSet 是 ADO. NET 离线数据访问模型中的核心对象，主要是在内存中暂存并处理各种从数据源中所取回的数据。DataSet 其实就是一个存放在内存中的数据暂存区，这些数据必须通过 DataAdapter 对象与数据库做数据交换。在 DataSet 内部允许同时存放一个或多个不同的数据表对象（DataTable），这些数据表是由数据列和数据域所组成的，并包含有主索引键、外部索引键、数据表间的关系信息以及数据格式的条件限制。DataSet 的作用像内存中的数据库管理系统，因此在离线时，DataSet 也能独自完成数据的新建、修改、删除、查询等操作，而不必一直局限在和数据库联机时才能做数据维护的工作。DataSet 可以用于访问多个不同的数据源、XML 数据或者作为应用程序暂存系统状态的暂存区。

数据库通过 Connection 对象连接后，便可以通过 Command 对象将 SQL 语句（如 INSERT、UPDATE、DELETE 或 SELECT）交由数据库引擎（如 SQL Server）去运行，并通过 DataAdapter 对象将数据查询的结果存放到离线的 DataSet 对象中进行离线数据修改，对降低数据库联机负担具有极大的帮助。至于数据查询部分，还通过 Command 对象设置 SELECT 查询语法，通过 Connection 对象设置数据库连接，运行数据查询后利用 DataReader 对象以只读的方式进行逐笔往下的数据浏览。

8.1.3 ADO. NET 数据库访问流程

ADO. NET 数据库访问的一般流程如下所述。

(1)建立 Connection 对象,创建一个数据库连接。

(2)在建立连接的基础上使用 Command 对象对数据库发送查询、新增、修改和删除等命令。

(3)创建 DataAdapter 对象,从数据库中取得数据。

(4)创建 DataSet 对象,将 DataAdapter 对象中的数据填充到 DataSet 对象(数据集)中。

(5)如果需要,可以重复操作流程(4),一个 DataSet 对象可以容纳多个数据集合。

(6)关闭数据库。

(7)在 DataSet 上进行所需要的操作。例如,数据集的数据要输出到 Windows 窗体或者网页上,要设定数据显示控件的数据源为数据集。

8.2 ADO. NET 的数据访问对象

ADO. NET 的数据访问对象有 Connection、Command、DataReader 和 DataAdapter 等。每种 . NET Data Provider 都有自己的数据访问对象,它们使用方式相似,本节主要介绍 SQL. NET Data Provider 的各种数据访问对象的使用方法。

8.2.1 SqlConnection 对象

当与数据库交互时,首先应该创建连接,该连接告诉其余代码它将与哪个数据库打交道,这种连接管理所有与特定数据库协议有关联的低级逻辑。SQL. NET Data Provider 使用 SqlConnection 对象来标识与一个数据库的物理连接。

1. SqlConnection 对象的属性和方法

SqlConnection 对象的常用属性,如表 8.2 所示。

表 8.2 SqlConnection 对象的常用属性及其说明

属　性	说　明
ConnectionString	获取或设置用于打开数据库的字符串
ConnectionTimeout	获取在尝试建立连接时终止尝试并生成错误之前所等待的时间
Database	获取当前数据库或连接打开后要使用的数据库的名称
DataSource	获取数据源的服务器名或文件名
State	获取连接的当前状态。其取值及其说明如表 14.3 所示

表 8.3 State 枚举成员值

成员名称	说　明
Broken	与数据源的连接中断。只有在连接打开之后才可能发生这种情况。可以关闭处于这种状态的连接,然后重新打开
Closed	连接处于关闭状态

续表

成员名称	说 明
Connecting	连接对象正在与数据源连接(该值是为此产品的未来版本保留的)
Executing	连接对象正在执行命令(该值是为此产品的未来版本保留的)
Fetching	连接对象正在检索数据(该值是为此产品的未来版本保留的)
Open	连接处于打开状态

SqlConnection 对象的常用方法如表 8.4 所示。当 SqlConnection 对象超出范围时不会自动被关闭,因此在不需要 SqlConnection 对象时必须调用 Close 方法显示关闭该连接。

表 8.4 SqlConnection 对象的常用方法

方法名称	说 明
Open	使用 ConnectionString 所指定的属性设置打开数据库连接
Close	关闭与数据库的连接。这是关闭任何打开连接的首选方法
CreateCommand	创建并返回一个与 SqlConnection 关联的 SqlCommand 对象
ChangeDatabase	为打开的 SqlConnection 更改当前数据库

2. 建立连接字符串

建立连接的核心是建立连接字符串属性。建立连接的方法主要有如下所述两种。

1) 直接建立连接字符串

直接建立连接字符串的方式是先创建一个 SqlConnection 对象,将其建立连接字符串属性设置为如下值。

```
Data Source= Localhost;Initial Catalog= university; Integrated Security= True
```

其中,Data Source 指出服务器名称;Initial Catalog 指出数据库名称,连接第 5 章创建的 university;Integrated Security 表示使用 Windows 验证的方式连接数据库服务器。这种方式的好处是不需要在连接字符串中编写用户名和密码。

例 8.1 设计一个窗体 Form1,说明直接建立连接字符串的连接过程。

分析:使用 Visual Studio. NET 创建一个项目 Proj,设计一个窗体 Form1,其中有一个命令按钮"button1"和一个标签"Label1",其设计界面如图 8.2(a)所示,运行本窗体,单击"连接 SQL 数据库"命令按钮,其结果如图 8.2(b)所示,说明连接成功。

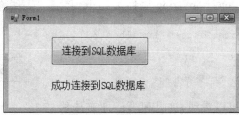

(a)设计界面   (b) 运行界面

图 8.2 例 8.1 图

该窗体的设计代码如下。

```
Private Sub Button1_Click(sender As System.Object, e As System.EventArgs) Handles
Button1.Click
        Dim mystr As String
        mystr = " Data Source = Localhost; Initial Catalog = university; Integrated
        Security= True"
        myconn.ConnectionString= mystr
        myconn.Open()
        If (myconn.State= ConnectionState.Open) Then
            Label1.Text= "成功连接到 SQL Server 数据库"
        Else
            Label1.Text= "连接到 SQL Server 数据库失败"
        End If
        myconn.Close()
End Sub
```

2) 通过属性窗口建立连接字符串

先在窗体上放置一个 SqlConnection 控件 SqlConnection1，在属性窗口中单击 SqlConnection 控件 ConnectionString 属性右侧的按钮，选择"新建连接"选项，在出现的"添加连接"对话框中输入登录名为 localhost，选中"使用 Windows 身份验证"单选按钮，在"选择或输入数据库名称"下拉列表中选择 university 数据库，如图 8.3 所示。

单击"测试连接"按钮确定连接是否成功。在测试成功后单击"高级 (V)…"按钮，查看 sqlConnection 对象的 ConnectionString 属性为如下值：

```
Data Source = Localhost; Initial
Catalog = university; Integrated
Security= True
```

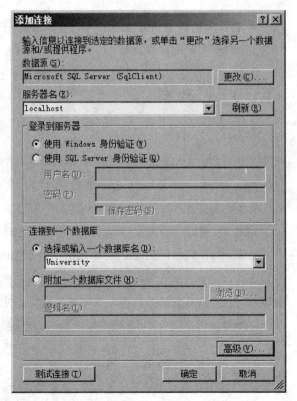

图 8.3 "添加连接"对话框

可以看到，这里和第一种方法建立的连接字符串是相同的，只不过这里是通过操作实现的。然后在窗体中就可以使用 sqlConnection1 对象了。

SqlConnection 等控件通常位于工具箱的"数据"区。若其中没有,可以将鼠标指针移到工具箱的"数据"区,右击,在出现的快捷菜单中选择"选择项"命令,出现"选择工具箱项"对话框,在其中勾选 SqlConnection 等复选框,如图 8.4 所示,单击"确定"按钮,这些控件便出现在工具箱的"数据"区了。

图 8.4　"选择工具箱项"对话框

8.2.2　SqlCommand 对象

建立了数据连接后,就可以执行数据访问操作了。一般对数据库的操作被概括为 CRUD(Create、Read、Update 和 Delete)。ADO. NET 中定义了 SqlCommand 对象去执行这些操作。

1. SqlCommand 对象的属性和方法

OldbCommand 对象有自己的属性,其属性包含对数据库执行命令所需要的全部信息。SqlCommand 类的常用属性如表 8.5 所示。

表 8.5　SqlCommand 对象的常用属性及其说明

属　性	说　明
CommandText	获取或设置要对数据源执行的 SQL 语句或存储过程
CommandTimeout	获取或设置在终止执行命令的尝试并生成错误之前的等待时间
CommandType	获取或设置一个值,该值指示如何解释 CommandText 属性

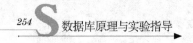

续表

属　性	说　明
Connection	数据命令对象所使用的连接对象
Parameters	参数集合（SqlParameterCollection）

其中，CommandText 属性存储的字符串数据依赖于 CommandType 属性的类型。例如，当 CommandType 属性设置为 StoredProcedure 时，表示 CommandType 属性的值为存储过程的名称；如果 CommandType 设置为 Text，CommandText 则应为 SQL 语句。如果不显示设置 CommandType 的值，则 CommandType 默认为 Text。

SqlCommand 对象的常用方法如表 8.6 所示，通过这些方法可以实现数据库的访问操作，尤其注意三个 Execute 方法的差别。

表 8.6　SqlCommand 对象的常用方法及其说明

方法	说　明
CreateParameter	创建 SqlParameter 对象的新实例
ExecuteNonQuery	针对 SqlConnection 执行 SQL 语句，并返回受影响的行数
ExecuteReader	将 CommandText 发送到 SqlConnection，并生成一个 SqlDataReader
ExecuteScalar	执行查询，并返回查询所返回的结果集中第一行的第一列，而忽略其他列和行

2. SqlCommand 对象的创建和使用

1）SqlCommand 对象的创建

SqlCommand 对象的主要构造函数有三种：SqlCommand()、SqlCommand(cmdText) 和 SqlCommand(cmdText,connection)。

其中 cmdText 参数指定查询的文本；connection 参数指定一个 SqlConnection 对象，它表示到 SQL Server 数据库的连接。例如，以下语句可创建一个 SqlCommand 对象 myconn。

```
SqlConnection myconn= new SqlConnection()
string mystr = " Data Source = Localhost; Initial Catalog = university;
Integrated Security= True"
myconn.ConnectionString= mystr
myconn.Open()
SqlCommand mycmd= new SqlCommand("SELECT * FROM student",myconn)
```

2）通过 SqlCommand 对象返回单个值

在 SqlCommand 对象的方法中，ExecuteScalar 方法执行返回单个值的 SQL 语句。例如，如果想获取 Student 表中学生的总人数，则可以使用这个方法执行 SQL 查询语句 SELECT Count(＊)FROM student。

例 8.2　设计一个窗体 Form3，通过 SqlCommand 对象求例 5.7 创建的 sc 表中班号为 13201 的学生的平均分。

分析：在项目 Proj 中设计一个窗体 Form3，有一个命令按钮 button1 和一个标签 Label1，如图 8.5(a)所示，运行本窗体，单击"计算 13201 班级的平均分"命令按钮，运行后的结果，如图 8.5(b)所示。

(a)设计界面　　　　　　　　　(b)运行界面

图 8.5　例 8.2 图

在该窗体上设计如下事件过程。

```
Private Sub Button1 _ Click (sender As System. Object, e As System. EventArgs)
Handles Button1. Click
        mysql= "SELECT AVG(score) FROM sc WHERE secnum= '13201'"
        mycmd= New SqlClient. SqlCommand(mysql, myconn)
        myconn. Open()
        Label1. Text= mycmd. ExecuteScalar(). ToString()
        myconn. Close()
    End Sub
```

上述代码采用直接建立连接字符串的方法建立连接，并通过 ExecuteScalar 方法执行 SQL 语句，将返回结果输出到标签 label1 中。

3) 通过 SqlCommand 对象执行修改操作

在 SqlCommand 的方法中，ExecuteNonQuery 方法执行不返回结果的 SQL 语句。该方法主要用来更新数据，通常用来执行 UPDATE 和 DELETE 语句，返回值为该命令所影响的行数；对于所有其他类型的语句，返回值为-1。

例如，以下代码用于将 sc 表中所有不为空的分数均增加 5 分。

```
strconn= "Data Source= Localhost;Initial Catalog= university; Integrated Security= True"
mysql= "UPDATE sc SET score= score+ 5 WHERE score IS NOT NULL"
mycmd= New SqlClient. SqlCommand(mysql, myconn)
```

```
myconn.Open()
  Try
    mycmd.ExecuteNonQuery()    '执行 SQL 语句
  Catch ex As Exception
    MsgBox(ex.Message)            '显示异常信息
  End Try
myconn.Close()
```

4）在数据命令中指定参数

SQL. NETData Provider 支持执行命令中包含参数的情况，也就是说，可以使用包含参数的数据命令或存储过程执行数据筛选操作和数据更新等操作，其主要流程如下。

（1）创建 Connection 对象，并设置相应的属性值。

（2）打开 Connection 对象。

（3）创建 Command 对象并设置相应的属性值，其中 SQL 语句含有参数。

（4）创建参数对象，将建立好的参数对象添加到 Command 对象的 Parameters 集合中。

（5）给参数对象赋值。

（6）执行数据命令。

（7）关闭相关对象。

当数据命令文本中包含参数时，这些参数都必须有一个@前缀，它们的值可以在运行时指定。数据命令对象 SqlCommand 的 Parameters 属性能够取得与 SqlCommand 相关联的参数集合（也就是 SqlParameterCollection），从而通过调用其 Add 方法即可将 SQL 语句中的参数添加到参数集合中，每个参数是一个 Parameters 对象，其常用属性如表 8.7 所示。

表 8.7 Parameters 对象的常用属性及其说明

属　性	说　　明
ParameterName	用于指定参数的名称
SqlDbType	用于指定参数的数据类型，例如，整型、字符型等
Value	设置输入参数的值
Size	设置数据的最大长度（以字节为单位）
Scale	设置小数位数
Direction	指定参数的方向，可以是下列值之一： ParameterDirection.Input——输入参数 ParameterDirection.Output——输出参数 ParameterDirection.InputOutput——输入参数或者输出参数 ParameterDirection.ReturnValue——返回值类型

例 8.3 设计一个窗体 Form4，通过 SqlCommand 对象求出指定学号学生的平均分。

分析：在项目 Proj 中设计一个窗体 Form4，有一个文本框 textBox1、两个标签(label1和 label2)和一个命令按钮 button1，如图 8.6(a)所示。运行本窗体，输入学号 s001，单击"求平均分"命令按钮，运行结果如图 8.6(b)所示。

(a)设计界面　　　　　　　　　　　(b)运行界面

图 8.6　例 8.3 图

采用直接建立连接字符串的方法建立连接，并通过 ExecuteScalar 方法执行 SQL 命令，通过参数替换返回指定学号的学生的平均分，在该窗体上设计如下事件过程。

```
Private Sub Button1 _ Click(sender As System.Object, e As System.EventArgs)
Handles Button1.Click
        mysql= "SELECT AVG(score) FROM sc WHERE snum= '" & TextBox1.Text & "' "
        mycmd= New SqlClient.SqlCommand(mysql, myconn)
        myconn.Open()
        Label2.Text= "平均分为" + mycmd.ExecuteScalar().ToString()
        myconn.Close()
    End Sub
```

5) 执行存储过程

可以通过数据命令对象 SqlCommand 执行 SQL Server 的存储过程。在存储过程中参数设置的方法与在 SqlCommand 对象中的参数设置方法相同。存储过程可以拥有输入参数、输出参数和返回值，输入参数用来接收传递给存储过程的数据值，输出参数用来将数据值返回给调用程序等。对于执行存储过程的 SqlCommand 对象，需要将其CommandType 属性设置为 StoredProcedure，将 CommandText 属性设置为要执行的存储过程名。

例 8.4　设计一个窗体 Form5，通过执行第 6 章中建立的存储过程 pr1 _ sc _ out，求出指定学号的学生平均分。

分析：在项目 Proj 中设计一个窗体 Form5，界面同例 8.3。

在该窗体上设计如下事件过程。

```
Private Sub Button1 _ Click (sender As System. Object, e As System. EventArgs)
Handles Button1. Click
        Dim mycmd As New SqlClient. SqlCommand ("pr1 _ sc _ out", myconn)
        Dim mypara As New SqlClient. SqlParameter ("@ _ snum", SqlDbType. Char, 4)
        Dim _ avg As New SqlClient. SqlParameter ("@ _ avg", SqlDbType. Int, 4)
        mycmd. CommandType= CommandType. StoredProcedure
        mypara. Value= TextBox1. Text
        mycmd. Parameters. Add (mypara)
        mycmd. Parameters. Add (_ avg)
        _ avg. Direction= ParameterDirection. Output
        myconn. Open ()
        mycmd. ExecuteScalar ()
        Label2. Text= "平均分为" + _ avg. Value. ToString ()
        myconn. Close ()
    End Sub
```

上述代码中调用存储过程 pr1 _ sc _ out,有 2 个参数,第一个参数 mypara 为输入参数,第二个参数_ avg 为输出参数。通过 ExecuteScalar()方法执行后,将输出参数的值输出到标签 label2 中。

8.2.3　SqlDataReader 对象

当执行返回结果集的命令时,需要一个方法从结果集中提取数据。处理结果集的方法有两个:第一,使用 SqlDataReader 对象(数据阅读器),从数据库中得到的是只读、只能向前的数据流;第二,同时使用 SqlDataAdapter 对象和 ADO. NET DataSet,使用 SqlDataReader 对象可以提高应用程序的性能,减少系统开销,因为同一时间只有一条行记录在内存中。

1. SqlDataReader 对象的属性和方法

SqlDataReader 对象的常用属性如表 8.8 所示,其常用方法如表 8.9 所示。

表 8.8　SqlDataReader 对象的常用属性及其说明

属　性	说　　明
FieldCount	获取当前行中的列数
IsClosed	获取一个布尔值,指出 SqlDataReader 对象是否关闭
RecordAffected	获取执行 SQL 语句时修改的行数

表 8.9　**SqlDataReader 对象的常用方法及其说明**

方　法	说　明
Read	将 SqlDataReader 对象前进到下一行并读取,返回布尔值指示是否有多行
Close	关闭 SqlDataReader 对象
IsDBNull	返回布尔值,表示列是否包含 NULL 值
NextResult	将 SqlDataReader 对象移到下一个结果集,返回布尔值指示该结果集是否有多行
GetBoolean	返回指定列的值,类型为布尔值
GetString	返回指定类的值,类型为字符串
GetByte	返回指定列的值,类型为字节
GetInt32	返回指定列的值,类型为整型值
GetDouble	返回指定列的值,类型为双精度值
GetDataTime	返回指定列的值,类型为日期时间值
GetOrdinal	返回指定列的序号或数字位置(从 0 开始编号)
GetValue	返回指定列的以本机格式表示的值

2. SqlDataReader 对象的创建和使用

1) SqlDataReader 对象的创建

SqlDataReader 对象不能使用 new 来创建,在 ADO. NET 中不能显式地使用 Sql-DataReader 对象的构造函数创建 SqlDataReader 对象。事实上,SqlDataReader 对象没有提供共有的构造函数,通常调用 Command 类的 ExecuteReader 方法,这个方法将返回一个 SqlDataReader 对象。

例如,以下代码可创建一个 SqlDataReader 对象 myreader。

```
SqlCommand cmd= new SqlCommand(CommandText,ConnectionObject)
SqlDataReader myreader= cmd.ExecuteReader()
```

2) 遍历 SqlDataReader 对象的记录

SqlDataReader 对象最常见的用法就是检索 SQL 查询或存储过程返回的记录。另外,SqlDataReader 是一个连接的、只向前的、只读的结果集。也就是说,当使用 SqlDataReader 对象时,必须保持连接处于打开状态;可以从头到尾遍历记录集,而且也只能以这样的次序遍历。这就意味着不能在某条记录处停下来向回移动。记录是只读的,因此,SqlDataReader 对象不提供任何修改数据库记录的方法。

SqlDataReader 对象使用底层的连接,连接是它专有的。当 SqlDataReader 对象打开时,不能使用对应的连接对象执行其他任何任务,例如,执行另外的语句等。SqlDataReader 对象的记录不再需要时,应该立刻关闭它。

当 ExecuteReader 方法返回 SqlDataReader 对象时,当前光标的位置是第一条记录的前面,必须调用 SqlDataReader 对象的 Read 方法把光标移动到第一条记录,然后,第一条记录将变成当前记录。如果 SqlDataReader 对象中包含的记录不止一条,Read 方法就返回一个 Boolean 值 True;想要移动到下一条记录,需要再次调用 Read 方法;重复上述过程,直到最后一条记录，Read 方法将返回到 False。经常使用 While 来遍历记录，语法如下：

```
while (myreader.Read())
{ // 读取数据}
```

只要 Read 方法返回的值为 True，就可以访问当前记录中包含的字段。

每一个 SqlDataReader 对象都定义了一个 Item 属性，此属性返回一个代码字段属性的对象，语法结构为：myreader[字段名]。Item 属性是 SqlDataReader 对象的索引，Item 属性总是基于 0 开始编号，语法结构为：myreader[字段索引]。

可以把包含字段名的字符串传入 Item 属性，也可以把指定字段索引的 32 位整数传递给 Item。例如，如果 SqlDataReader 对象 myreader 对应的 SQL 命令如下：

```
SELECT snum, score FROM score
```

使用如下任意一种方法，都可以得到两个被返回字段的值。

方法 1：

```
myreader["snum"],myreader["score"]
```

方法 2：

```
myreader[0],myreader[1]
```

例 8.5 设计一个窗体 Form6，通过 SqlDataReader 对象输出所有课程信息。

分析：在项目 Proj 中设计一个窗体 Form6，有一个列表框 listBox1 和一个命令按钮 button1，如图 8.7(a) 所示。运行本窗体，单击"输出所有课程信息"命令按钮，运行界面如图 8.7(b) 所示。

(a)例 8.5 设计界面

(b)例 8.5 运行界面

图　8.7

在该窗体上设计如下事件过程。

```
Private Sub Button1 _ Click(sender As System.Object, e As System.EventArgs)
Handles Button1.Click
    myconn.Open()
    mysql= "SELECT * FROM course"
```

```
mycmd= New SqlClient. SqlCommand(mysql, myconn)
myreader= mycmd. ExecuteReader()
ListBox1. Items. Clear()
ListBox1. Items. Add("课程号　课程名　学分　课程说明　开课系别　教材")
ListBox1. Items. Add("= = = = = = = = = = = = = = = = = = = = = = = = = = = = = = =
= = = = = = = = = = = = ")
    While (myreader. Read())
ListBox1. Items. Add(String. Format("{0} {1} {2} {3} {4} {5}", myreader
(0). ToString(). Trim(),
        myreader (1). ToString (). Trim (), myreader (2). ToString (). Trim (),
        myreader(3). ToString(). Trim (), myreader(4). ToString (), myreader (5).
        ToString()))
    End While
    myconn. Close()
    myreader. Close()
    End Sub
```

8. 2. 4　SqlDataAdapter 对象

SqlDataAdapter 对象可以执行 SQL 命令以及调用存储过程、传递参数,最重要的是取得数据结果集,在数据库和 DataSet 对象之间来回传输数据。

1. SqlDataAdapter 对象的属性和方法

SqlDataAdapter 对象的常用属性如表 8. 10 所示,其常用方法如表 8. 11 所示。

表 8. 10　**SqlDataAdapter 对象的常用属性及其说明**

属　　性	说　　明
SelectCommand	获取或设置 SQL 语句或存储过程,用于选择数据源中的记录
InsertCommand	获取或设置 SQL 语句或存储过程,用于将新记录插入数据源中
UpdateCommand	获取或设置 SQL 语句或存储过程,用于更新数据源中的记录
DeleteCommand	获取或设置 SQL 语句或存储过程,用于从数据集中删除记录
AcceptChangesDuringFill	获取或设置一个值,该值指示在任何 Fill 操作过程中是否接受对行所做的修改
AcceptChangesDuringUpdate	获取或设置在 Update 期间是否调用 AcceptChanges
FillLoadOption	获取或设置 LoadOption,后者确定适配器如何从 SqlDataReader 中填充 DataTable
MissingMappingAction	确定传入数据没有匹配的表或列时需要执行的操作
MissingSchemeAction	确定现有 DataSet 架构与传入数据不匹配时需要执行的操作
TableMappings	获取一个集合,它提供源表和 DataTable 之间的主映射

表 8.11　SqlDataAdapter 对象常用的方法及其说明

方　法	说　明
Fill	用来自动执行 SqlDataAdapter 对象的 SelectCommand 属性中对应的 SQL 语句,以检索数据库中的数据,然后更新数据集中的 DataTable 对象。如果 DataTable 对象不存在,则创建它
FillSchema	将 DataTable 添加到 DataSet 中,并配置架构以匹配数据源中的架构
GetFillParameters	获取当执行 SQL SELECT 语句时由用户设置的参数
Update	用来自动执行 UpdateCommand、InsertCommand 或 DeleteCommand 属性相对应的 SQL 语句,以使数据集中的数据更新数据库

使用 SqlDataAdapter 对象的主要目的是取得 DataSet 对象。另外它还有一个功能就是数据写回更新的自动化。因为 DataSet 对象为离线存取,因此,数据的添加、删除、修改都在 DataSet 中进行。当需要数据批次写回数据库时,SqlDataAdapter 对象提供了一个 Update 方法,它会自动将 DataSet 中不同内容取出,然后自动判断添加的数据,并使用 InsertCommand 所指定的 INSERT 语句、修改记录使用的 UpdateCommand 所指定的 UPDATE 语句以及删去记录使用的 DeleteCommand 指定的 DELETE 语句来更新数据库的内容。在写回数据来源时,DataTable 与实际数据的数据表及列对应,可以通过 TableMappings 对象来定义对应关系。

2. SqlDataAdapter 对象的创建

创建 SqlDataAdapter 对象的方式有两种:一种是用程序代码之间创建 SqlDataAdapter 对象;另一种是通过工具箱的 SqlDataAdapter 控件创建 SqlDataAdapter 对象。

1) 用程序代码创建 SqlDataAdapter 对象

SqlDataAdapter 对象有以下构造函数。

```
SqlDataAdapter()
SqlDataAdapter(selectCommandText)
SqlDataAdapter(selectCommandText,selectConnection)
SqlDataAdapter(selectCommandText,selectConnectString)
```

其中,selectCommandText 是一个字符串,包含一个 SELECT 语句或存储过程;selectConnection 是当前连接的 SqlConnection 对象;selectConnectionString 是连接字符串。

采用上述第三个构成函数创建 SqlDataAdapter 对象的过程是先建立 SqlConnection 连接对象,接着建立 SqlDataAdapter 对象,建立该对象的同时可以传递命令字符串(mysql)、连接对象(myconn)、两个参数,如以下程序所示。

```
myconn.Open()
string mysql= "SELECT * FROM course"
SqlDataAdapter myadapter= new SqlDataAdaper(mysql,myconn)
```

```
myconn.Close()
```

以上代码创建了 SqlDataAdapter 对象 myadapter。

2）通过设计工具创建 SqlDataAdapter 对象

通过设计工具创建 SqlDataAdapter 对象的步骤如下。

（1）从工具箱的"数据"区中选择 SqlDataAdapter 并拖放到窗体中，出现"数据适配器配置向导"对话框，这里选择前面已建立的 lcb_pc.School.dbo 的数据连接，如图 8.8 所示，单击"下一步"按钮。如果没有建立任何连接或现有的连接不合适，可以单击"新建连接"按钮后建立自己的记录。

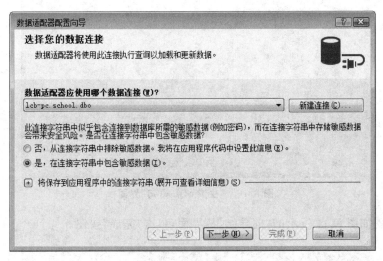

图 8.8　选择数据连接

（2）出现如图 8.9 所示的"选择命令类型"界面，选中"使用 SQL 语句"单选按钮（默认），然后单击"下一步"按钮。

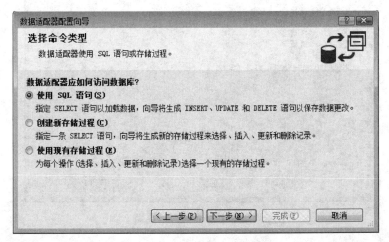

图 8.9　"选择命令类型"界面

（3）进入"生成 SQL 语句"界面，在文本框中输入 SQL 查询语句，也可以单击"查询生成器"按钮生成查询命令。这里直接输入"SELECT ＊ FROM student"语句，如图 8.10 所示，单击"下一步"按钮。

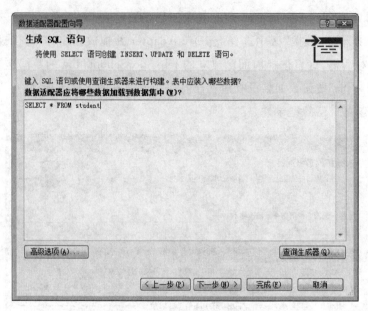

图 8.10　"生成 SQL 语句"界面

（4）出现如图 8.11 所示的"向导结果"界面，单击"完成"按钮。

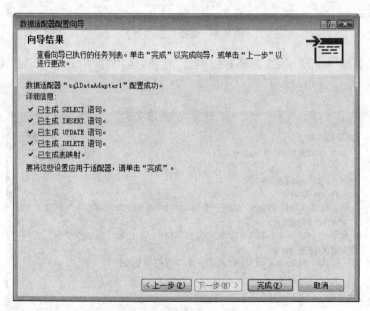

图 8.11　"向导结果"界面

这样就创建了一个 SqlDataAdapter 对象，并同时在窗体创建了一个 SqlConnection 对象。

3. SqlDataAdapter 对象的 Fill 方法

Fill 方法用于向 DataSet 对象填充从数据源中读取的数据。调用 Fill 方法的语法格式有多种,常见的格式为:SqlDataAdapter 对象名 . Fill(DataSet 对象名,"数据表名")。其中,第一个参数是数据集对象名,表示要填充的数据集对象;第二个参数是一个字符串,是本地缓冲区中建立的临时表的名称。例如,SqlDataAdapter1. Fill(mydataset1,"student"),用 student 表数据填充数据集 mydataset1。

使用 Fill 方法要注意以下几点。

(1) 如果要调用 Fill()之前连接已关闭,则先将其打开以检索数据,数据检索完成后再将连接关闭。如果调用 Fill()之前连接已打开,连接仍然会保持打开状态。

(2) 如果 SqlDataAdapter 在填充 DataTable 时遇到重复列,它们将以 columnname1、columnname2、columnname3……这种形式命名后面的列。

(3) 如果传入的数据包含未命名的列,它们将以 column1、column2……的形式命名后存入 DataTable。

(4) 向 DataSet 添加多个结果集时,每个结果集都放在一个单独的表中。

(5) 可以在同一个 DataTable 中多次使用 Fill()方法。如果存在主键,则传入的行会与已有的匹配行合并;如果不存在主键,则传入的行会追加到 DataTable 中。

4. SqlDataAdapter 对象的 Update 方法

Update 方法用于利用 DataSet 对象中的数据按照 InsertCommand 属性、DeleteCommand 属性和 UpdateCommand 属性所指定的更新数据源,即调用 3 个属性中所定义的 SQL 语句更新数据源。Update 方法常见的调用格式为:SqlDataAdapter 名称 . Update(DataSet 对象名,[数据表名]),其中,第一个参数是数据集对象名称,表示要将哪个数据集对象中的数据更新到数据源;第二个参数是一个字符串,表示临时表的名称,是可选项。

由于 SqlDataAdapter 对象介于 DataSet 对象和数据源之间,Update 方法只能将 DataSet 中的修改回存到数据源中,有关修改 DataSet 对象中数据的方法将在下一节介绍。

当用户修改 DataSet 对象中的数据时,系统提供了 SqlCommandBuilder 类用于将用户对 DataSet 对象数据的操作,自动产生相对应的 InsertCommand、DeleteCommand 和 UpdateCommand 属性,该类的构造函数为:SqlCommandBuilder(adapter),其中,adapter 参数指定一个已生成的 SqlDataAdapter 对象。

例如:

```
SqlCommandBuilder mycmdbuilder= new SqlCommandBuilder(myadp)
```

```
myadp.Update(myds,"student")
```

可创建一个 SqlCommandBuilder 对象 mycmdbuilder，用于产生 myadp 对象的 InsertCommand、DeleteCommand 和 UpdateCommand 属性，然后调用 Update 方法执行这些修改命令以更新数据源。

8.3 DataSet 对象

DataSet 是核心的 ADO.NET 数据库访问对象，主要是用来支持 ADO.NET 的不连贯连接及分布数据处理。DataSet 是数据库在内存中的驻留形式，可以保证和数据源无关的一致的关系模型，实现同时对多个不同数据源的操作。

8.3.1 DataSet 对象概述

ADO.NET 包含多个对象，每个对象在访问数据库时具有自己独有的功能，如图 8.12所示，首先通过 Connection 对象建立与实际数据库的连接，然后 Command 对象发送数据库的操作命令。一种方式是使用 DataReader 对象（含有命令执行提取的数据库数据）与 C#窗体控件进行数据绑定，即在窗体中显示 DataReader 对象中的数据集，这在上一节介绍过；另一种方式是通过 DataAdapter 对象将命令执行提取的数据库数据填充到 DataSet 对象中，再通过 DataSet 对象与 C#窗体控件进行数据绑定，这是本节要介绍的内容，这种方式功能更强。

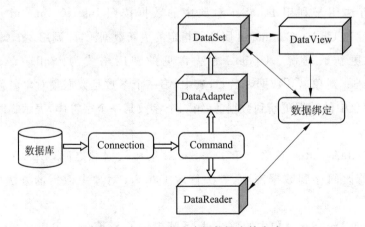

图 8.12 ADO.NET 访问数据库的方式

DataSet 对象可以分为类型化数据集和非类型化数据集。

类型化数据集继承自 DataSet 基类，包含结构描述信息，是结构描述文件所生成类的实例，C#对类型化数据集提供了较多的可视化工具支持，使得访问类型化数据集中的数据表和字段内容更加方便、快捷且不容易出错。类型化数据集提供了编译阶段的类型检查功能。

非类型化数据集没有对应的内建结构描述,本身所包括的表、字段等数据对象以集合的方式来呈现。对于动态建立的且不需要使用结构描述信息的对象,则应该使用非类型化数据集。可以使用 DataSet 的 WriteXmlSchema 方法将非类型化数据集的结构导出到结构描述文件中。

创建 DataSet 对象的方法有多种,既可以使用设计工具,也可以使用程序代码。使用程序代码创建 DataSet 对象的语法格式如下。

```
DataSet 对象名= new DataSet()
```

或

```
DataSet 对象名= new DataSet(dataSetName)
```

其中,dataSetName 为一个字符串,指出 DataSet 对象的名称。

8.3.2　DataSet 对象的属性和方法

DataSet 对象的常用属性及其说明如表 8.12 所示。一个 DataSet 对象包含一个 Tables 属性(即表集合)和一个 Relations 属性(即表之间关系的集合)。

表 8.12　DataSet 对象的常用属性及其说明

属　　　性	说　　　明
CaseSensitive	获取或设置一个值,该值指示 DataTable 对象中的字符串比较是否区分大小写
DataSetName	获取或设置当前 DataSet 对象的名称
Relations	获取用于将表连接起来并允许从父表浏览到子表的关系的集合
Tables	获取包含在 DataSet 对象中的表的集合

DataSet 对象的 Tables 属性的基本架构如图 8.13 所示,理解这种复杂的架构对于使用 DataSet 对象是十分重要的。实际上,DataSet 对象如图内存中的数据库(由多个表构成),可以包含多个 DataSet 对象;一个 DataTable 对象如同数据库中的一个表,它可以包含多个行和多个列;一个列对应一个 DataColumn 对象,一个行对应一个 DataRow 对象;而每个对象都有自己的属性和方法。

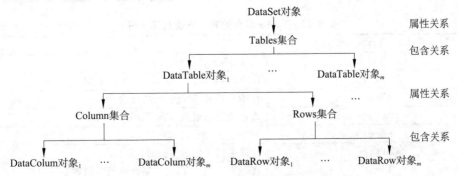

图 8.13　DataSet 对象的 Tables 属性的基本架构

DataSet 对象的常用方法及其说明如表 8.13 所示。

表 8.13　DataSet 对象的常用方法及其说明

方法	说　明
AcceptChanges	提交自加载此 DataSet 或上次调用 AcceptChanges 以来对其进行的所有更改
Clear	通过移除所有表中的所有行来清除任何数据的 DataSet
CreateDataReader	为每个 DataTable 返回带有一个结果集的 DataTableReader,顺序与 Tables 中表的显示顺序相同
GetChanges	获取 DataSet 的副本,该副本包含自上次加载或自调用 AcceptChanges 以来对该数据集进行的所有更改
HasChanges	获取一个值,该值指示 DataSet 是否有更改,包括新增行、已删除的行或已修改的行
Merge	将指定的 DataSet、DataTable 或 DataRow 对象的数组合并到当前的 DataSet 或 DataTable 中
Reset	将 DataSet 重置为其初始状态

8.3.3　Tables 集合和 DataTable 对象

DataSet 对象的 Tables 属性由表组成,每个表是一个 DataTable 对象。实际上,每一个 DataTable 对象代表了数据库中的一个表,每个 DataTable 数据表都由相应的行和列组成。可以通过索引引用 Tables 集合中的一个表,例如,Tables[i]表示第 i 个表,其索引值从 0 开始编号。

1. Tables 集合的属性和方法

作为 DataSet 对象的一个属性,Tables 是一个表集合,其常用属性及其说明如表 8.14所示,常用方法及其说明如表 8.15 所示。

表 8.14　Tables 的常用属性及其说明

Tables 集合的属性	说　明
Count	Tables 集合中表的个数
Item(项)	检索 Tables 集合中指定索引处的表

表 8.15　Tables 集合的常用方法及其说明

Tables 集合的方法	说　明
Add	向 Tables 集合中添加一个表
AddRange	向 Tables 集合中添加一个表的数组
Clear	移除 Tables 集合中的所有表
Contains	确定指定的表是否在 Tables 集合中
Equals	判断是否等于当前对象
GetType	获取当前实例的 Type
Insert	将一个表插入 Tables 集合中指定的索引处

续表

Tables 集合的方法	说　明
IndexOf	检索指定的表在 Tables 集合处的索引
Remove	从 Tables 集合中移除指定的表
RemoveAt	移除 Tables 集合中指定索引处的表

2. DataTable 对象的属性和方法

DataSet 对象的属性 Tables 集合是由一个或多个 DataTable 对象组成的，DataTable 对象的常用属性及其说明如表 8.16 所示。而一个 DataTable 对象包含一个 Column 属性（即列集合）和一个 Rows 属性（即行集合）。DataTable 对象的常用方法及其说明如表 8.17所示。

表 8.16　DataTable 对象的常用属性及其说明

属性	说　明
CaseSensitive	指示表中的字符串比较是否区分大小写
ChildRelations	获取此 DataTable 的子关系的集合
Columns	获取属于该表的列的集合
Constraints	获取由该表维护的约束的集合
DataSet	获取此表所属的 DataSet
DefaultView	返回可用于排序、筛选和搜索 DataTable 的 DataView
ExtendedProperties	获取自定义用户信息的集合
ParentRelations	获取该 DataTable 的父关系的集合
PrimaryKey	获取或设置充当数据表主键的列的数组
Rows	获取属于该表的行的集合
TableName	获取或设置 DataTable 的名称

表 8.17　DataTable 对象的常用方法及其说明

方法	说　明
AcceptChanges	提交自上次调用 AcceptChanges 以来对该表进行的所有更改
Clear	清除所有数据的 DataTable
Compute	计算用来传递筛选条件的当前行上的给定表达式
CreateDataReader	返回与此 DataTable 中的数据相对应的 DataTableReader
ImportRow	将 DataRow 复制到 DataTable 中，保留任何属性设置以及初始值和当前值
Merge	将指定的 DataTable 与当前的 DataTable 合并
NewRow	创建与该表具有相同架构的新 DataRow
Select	获取 DataRow 对象的数组

建立包含在数据集中的表的方法主要有以下两种。

1) 利用数据适配器的 Fill 方法自动建立 DataSet 中的 DataTable 对象

先通过 SqlDataAdapter 对象从数据源中提取记录，然后调用其 Fill 方法将所提的记录存入 DataSet 中对应的表内,如果 DataSet 中不存在对应的表,Fill 方法会先建立表再将记录填入其中。例如,以下语句可向 DataSet 对象 myds 中添加 student 表及其包含的数据记录。

```
DataSet myds= new DataSet()
SqlDataAdapter myda= new SqlDataAdapter("SELECT * FROM student",myconn)
myda.Fill(myds,"student")
myconn.Close()
```

2) 将建立的 DataTable 对象添加到 DataSet 中

先建立 DataTable 对象,然后调用 DataSet 的 Tables 属性的 Add 方法将 DataTable 对象添加到 DataSet 中。例如,以下语句可向 DataSet 对象 myds 中添加一个表,并返回表的名称 student。

```
DataSet myds= new DataSet()
DataTable mydt= new DataTable("student")
myds.Tables.Add(mydt)
textBox1.Text= myds.Tables("student").TableName   //文本框中显示"student"
```

8.3.4　Column 集合和 DataColumn 对象

DataTable 对象的 Column 属性是由列组成的,每个列是一个 DataColumn 对象。DataColumn 对象描述了数据表列的结构,要向数据表添加一个列,必须先建立一个 DataColumn 对象,设置其各项属性,然后将它添加到 DataTable 的列集合 DataColumns 中。

1. Columns 集合的属性和方法

Columns 集合的常用属性及其说明如表 8.18 所示,其常用方法及其说明如表 8.19 所示。

表 8.18　Columns 集合的常用属性及其说明

Columns 集合的属性	说　　明
Count	Columns 集合中列的个数
Item(项)	检索 Columns 集合中指定索引处的列

表 8.19　Columns 集合的常用方法及其说明

Columns 集合的方法	说　　明
Add	向 Columns 集合中添加一个列
AddRange	向 Columns 集合中添加一个列的数组
Clear	移除 Columns 集合中的所有列

续表

Columns 集合的方法	说　明
Contains	确定指定的列是否在 Columns 集合中
Equqls	判断是否等于当前对象
GetType	获取当前实例的 Type
Insert	将一个列插入 Columns 集合中指定的索引处
IndexOf	检索指定的列在 Columns 集合中的索引
Remove	从 Columns 集合中移除指定的列
RemoveAt	移除 Columns 集合中指定索引处的列

2. DataColumn 对象的属性

DataColumn 对象的常用属性及其说明如表 8.20 所示,其方法很少使用。

表 8.20　DataColumn 对象的常用属性及其说明

属性	说　明
AllowDBNull	获取或设置一个值,该值指示对于属于该表的行,此列中是否允许空值
Caption	获取或设置列的标题
ColumnName	获取或设置 DataColumnCollection 中的列的名称
DataType	获取或设置存储在列中的数据的类型
DefaultValue	在创建新行时获取或设置列的默认值
Expression	获取或设置表达式,用于筛选行、计算列中的值或创建聚合列
MaxLength	获取或设置文本列的最大长度
Table	获取列所属的 DataTable 对象
Unique	获取或设置一个值,该值指示列的每一行中的值是否必须是唯一的

例如,以下语句可以建立一个 DataSet 对象 myds,并向其中添加一个 DataTable 对象 mydt,向 mydt 中添加 3 个列,列名分别为 ID、cName 和 cBook,数据类型均为 String。

```
DataTable mydt= new DataTable()
DataColumn mycoll= mydt.Column.Add("ID",Type.GetType("System.String"))
mydt.Column.Add("cName",Type.GetType("System.String"))
mydt.Column.Add("cBook",Type.GetType("System.String"))
```

8.3.5　Rows 集合和 DataRow 对象

DataTable 对象的 Rows 属性是由行组成的,每个行是一个 DataRow 对象。DataRow 对象用来表示 DataTable 中单独的一条记录。每一条记录都包含多个字段,DataRow 对象用 Item 属性表示这些字段,Item 属性后加索引值或字段名可以表示一个字段的内容。

1. Rows 集合的属性和方法

Rows 集合的常用属性如表 8.21 所示,其常用方法及其说明如表 8.22 所示。

表 8.21 **Rows 集合的常用属性及其说明**

Rows 集合的属性	说　　明
Count	Rows 集合中行的个数
Item	检索 Rows 集合中指定索引处的行

表 8.22 **Rows 集合的常用方法及其说明**

Rows 集合的方法	说　　明
Add	向 Rows 集合中添加一个行
AddRange	向 Rows 集合中添加一个行的数组
Clear	移除 Rows 集合中的所有行
Contains	确定指定的行是否在 Rows 集合中
Equqls	判断是否等于当前对象
GetType	获取当前实例的 Type
Insert	将一个行插入 Rows 集合中指定的索引处
IndexOf	检索指定的行在 Rows 集合中的索引
Remove	从 Rows 集合中移除指定的行
RemoveAt	移除 Rows 集合中指定索引处的行

2. DataRow 对象的属性和方法

DataRow 对象的常用属性及其说明如表 8.23 所示,其常用方法及说明如表 8.24 所示。

表 8.23 **DataRow 对象的常用属性及其说明**

属性	说　　明
Item(项)	获取或设置存储在指定列中的数据
ItemArray	通过一个数组来获取或设置此行的所有值
Table	获取该行的 DataTable 对象

表 8.24 **DataRow 对象的常用方法及其说明**

方法	说　　明
AcceptChanges	提交自上次调用 AcceptChanges 以来对该行进行的所有更改
Delete	删除 DataRow 对象
EndEdit	终止发生在该行的编辑
IsNull	获取一个值,该值指示指定的列是否包含空值

例 8.6 设计一个课程窗体,向 course 表中插入一条学生记录。

分析:在项目 Proj 中设计一个窗体 Form7,有一个分组框 groupBox1 和一个命令按钮 Button1,分组框中有 6 个标签(label1~label6)和 6 个文本框(textBox1~textBox6),如图 8.14(a)所示。运行本窗体,输入一门课程记录,单击"插入"命令按钮,则可将该课程记录存储到 course 表中,其运行结果如图 8.14(b)所示。

(a)例14.7设计界面   (b)例14.7运行界面

图 8.14

在该窗体上设计如下事件过程。

```
Private Sub Button1 _ Click(sender As System.Object, e As System.EventArgs)
Handles Button1.Click
    If (TextBox1.Text<> ""And TextBox2.Text<> ""And TextBox3.Text<> "And
 TextBox4.Text<> "And TextBox5.Text<> "And TextBox6.Text<> ") Then
        mysql= "insert into course(cnum,cname,credit,descr,dept,textbook) values ('"
        mysql &= TextBox1.Text &"','"& TextBox2.Text &"','" & TextBox3.Text &"','"
        mysql &= TextBox4.Text & "','" & TextBox5.Text & "','"
        mysql &= TextBox6.Text & "')"
        mycmd= New SqlClient.SqlCommand(mysql, myconn)
        myconn.Open()
    Try
        mycmd.ExecuteNonQuery()
        MsgBox("新增课程成功!")
        Catch ex As Exception
            MsgBox(ex.Message)
        End Try
        myconn.Close()
    ElseIf (TextBox1.Text = ""Or TextBox2.Text = "" Or TextBox3.Text = "" Or
 TextBox4.Text= "" Or TextBox5.Text= ""Or TextBox6.Text= "") Then
            MsgBox("请将新增课程信息填写完整!")
    End If
End Sub
```

8.4 数据绑定方式

数据绑定就是把数据连接到窗体的过程。通过数据绑定,可以通过窗体界面操作数据库中的数据。C♯的大部分控件都有数据绑定功能,例如,label、textBox、dataGridView等控件。当控件进行数据绑定操作后,该控件即会显示所查询的数据记录。只有采用数据绑定,才能通过应用程序界面实施数据表中的数据操作。

窗体控件的数据绑定一般可以分为三种方式,即单一绑定、整体绑定和复合绑定。

8.4.1 单一绑定

单一绑定,是指将单一的数据元素绑定到控件的某个属性。例如,将 textBox 控件的 Text 属性与 student 数据表中的姓名列进行绑定。单一绑定是利用控件的 DataBindings 集合属性实现的,其一般形式为:

控件名称.DataBindings.Add("控件的属性名称",数据源,"数据成员")

"控件的属性名称"参数为字符串形式,指定绑定到指定控件的哪一个属性,DataBindings 集合属性允许让控件的多个属性与某个数据源进行绑定,经常使用的绑定属性及说明如表 8.25 所示。"数据源"参数指定一个被绑定的数据源,可以是 DataSet、DataTable、DataView、BindingSource 等多种形式。"数据成员"参数为字符串形式,指定数据源的子集合,如果数据源是 DataSet 对象,那么数据成员就是"DataTable.字段名称";如果数据源是 DataTable,那么数据成员就是"字段名称";如果数据源是 BindingSource,那么数据成员就是"字段名称"。

表 8.25 单一绑定经常使用的绑定属性

控件类型	经常使用的绑定属性
textBox	Text、Tag
comboBox	SelectedItem、SelectedValue、Text、Tag
listBox	SelectedIndex、SelectedItem、SelectedValue、Tag
checkBox	Checked、Text、Tag
radiobutton	Text、Tag
label	Text、Tag
button	Text、Tag

控件的属性名称、数据源和数据成员这三个参数构成了一个 Binding 对象。也可以先创建 Binding 对象,再使用 Add 方法将其添加到某个控件的 DataBindings 集合属性中。Binding 对象的构造函数为:

Binding("控件的属性名称",数据源,"数据成员")

例如,以下语句可以建立一个 myds 数据集(其中含有 student 表对应的 DataTable 对象),并将 student.学号列与一个 textBox1 控件的 Text 属性实现绑定。

```
DataSet myds= new DataSet()
...
Binding mybinding= new Binding("Text",myds,"course.cnum")
textBox1.DataBindings.Add(mybinding)
```

//或 textBox1.DataBindings.Add("Text",myds,"course.cnum")

例 8.7 设计一个窗体 Form8，用于显示 course 表中的第一个记录。

分析：在项目 Proj 中设计一个窗体 Form8，其设计界面如图 8.15(a)所示，有一个分组框 groupBox1 和一个命令按钮 Button1，分组框中有 6 个标签(label1～label6)和 6 个文本框(textBox1～textBox6)。运行本窗体，其运行结果如图 8.15(b)所示。

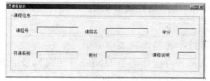

(a)例 8.7 设计界面   (b)例 8.7 运行界面

图 8.15

在该窗体上设计如下事件过程，创建 6 个 Binding 对象，然后将它们分别添加到 6 个文本框的 DataBindings 集合属性中。

```
Private Sub Form8 _ Load (sender As System.Object, e As System.EventArgs)
Handles MyBase.Load
        mysql= "SELECT * FROM course"
        myadapter= New SqlClient.SqlDataAdapter(mysql, myconn)
        mydataset.Clear()
        myadapter.Fill(mydataset, "course")
        myconn.Open()
        TextBox1.DataBindings.Add("Text", mydataset, "course.cnum")
        TextBox2.DataBindings.Add("Text", mydataset, "course.cname")
        TextBox3.DataBindings.Add("Text", mydataset, "course.credits")
        TextBox4.DataBindings.Add("Text", mydataset, "course.descr")
        TextBox5.DataBindings.Add("Text", mydataset, "course.dept")
        TextBox6.DataBindings.Add("Text", mydataset, "course.textbook")
        myconn.Close()
End Sub
```

8.4.2 整体绑定

在例 8.7 的这种绑定方式中，每个文本框与一个数据成员进行绑定，这种单一绑定方式不便于数据源的整体操作。为此，可应用 BindingSource 对象，用于封装窗体的数据源，实现对数据源的整体导航操作，即整体绑定。其常用的构造函数如下：

```
BindingSource();
BindingSource(dataSource,dataMember)。
```

其中,dataSource 指出 BindingSource 的数据源,dataMember 指出要绑定到数据源中的特定列或列表名称。BindingSource 对象的常用属性及其说明如表 8.26 所示,其常用方法及说明如表 8.27 所示。通过一个 BindingSource 对象将一个窗体的数据源看成一个整体,可以对数据源进行行记录定位(使用 Move 方法),从而在窗体中显示不同的记录。

表 8.26　BindingSource 对象的常用属性及其说明

属性	说　明
AllowEdit	获取一个值,该值指示是否可以编辑基础列表中的项
AllowNew	获取或设置一个值,该值指示是否可以使用 AddNew 方法向列表中添加项
AllowRemove	获取一个值,它指示是否可从基础列表中移除项
Count	获取基础列表中的总项数
Current	获取列表中的当前项
DataMember	获取或设置连接器当前绑定到的数据源中的特定列表
DataSource	获取或设置连接器绑定到的数据源
Filter	获取或设置用于筛选查看哪些行的表达式
IsSorted	获取一个值,该值指示是否可以对基础列表中的项排序
Item	获取或设置指定索引处的列表元素
Position	获取或设置基础列表中当前项的索引
Sort	获取或设置用于排序的列名称以及用于查看数据源中行的排序顺序

表 8.27　BindingSource 对象的常用方法及其说明

方法	说　明
Add	将现有项添加到内部列表中
AddNew	向基础列表添加新项
CancelEdit	取消当前编辑操作
Clear	从列表中移除所有元素
EndEdit	将挂起的更改应用于基础数据源
Find	在数据源中查找指定的项
IndexOf	搜索指定的对象,并返回整个列表中第一个匹配项的索引
Insert	将一项插入列表中指定的索引处
MoveFirst	移至列表中的第一项
MoveLast	移至列表中的最后一项
MoveNext	移至列表中的下一项
MovePrevious	移至列表中的上一项
Remove	从列表中移除指定的项
RemoveAt	移除此列表中指定索引处的项
RemoveCurrent	从列表中移除当前项

单一绑定就是将各个控件的某属性与某个数据源的各属性分别绑定,各个控件单独绑定,不便于整体操作,如 textBox1 中显示数据源第 2 个记录的学号,而 textBox2 中显示数据源第 5 个记录的姓名。使用 BindingSource 对象实现整体绑定,先将某个数据源作为一个整体构成一个 BindingSource 对象,再将该 BindingSource 对象的各属性与各控

件的某属性绑定,所有这些控件对数据源实施整体操作,如 textBox1 和 textBox2 中显示的只能是同一记录的学号和姓名。

例8.8 设计一个窗体 Form9,采用 BindingSource 对象实现对 course 表中记录进行浏览操作。

分析:在项目 Proj 中设计一个窗体 Form9,有一个分组框 groupBox1,其中有 6 个标签和 6 个文本框,另外有 4 个导航命令按钮(从左到右分别为 button1~button4),如图 8.16(a)所示。运行本窗体,通过单击"命令"按钮进行记录导航,其运行结果如图 8.16(b)所示。

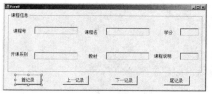
(a)例 8.8 设计界面

(b)例 8.8 运行界面

图 8.16

在该窗体上设计如下事件过程,创建一个 BindingSource 对象,其数据源为 student 表;创建 6 个 Binding 对象,分别对应 BindingSource 对象中数据源的不同列,然后将它们分别添加到 6 个文本框的 DataBindings 集合属性中。

```
Private Sub Form7 _ Load (sender As System.Object, e As System.EventArgs)
Handles MyBase.Load
        mysql= "SELECT * FROM course"
        myadapter= New SqlClient.SqlDataAdapter(mysql, myconn)
        mydataset.Clear()
        myadapter.Fill(mydataset, "course")
        mybs= New BindingSource(mydataset, "course")
        myconn.Open()
        TextBox1.DataBindings.Add("Text", mybs, "cnum")
        TextBox2.DataBindings.Add("Text", mybs, "cname")
        TextBox3.DataBindings.Add("Text", mybs, "credits")
        TextBox4.DataBindings.Add("Text", mybs, "descr")
        TextBox5.DataBindings.Add("Text", mybs, "dept")
        TextBox6.DataBindings.Add("Text", mybs, "textbook")
        myconn.Close()
    End Sub
```

```
    P rivate Sub Button1 _ Click (sender As System.Object, e As System.EventArgs)
Handles Button1.Click '首记录
        If mybs.Position<> 0 Then
            mybs.MoveFirst()
        End If
    End Sub


    P rivate Sub Button2 _ Click (sender As System.Object, e As System.EventArgs)
Handles Button2.Click '上一记录
        If mybs.Position<> 0 Then
            mybs.MovePrevious()
        End If
    End Sub


    P rivate Sub Button3 _ Click (sender As System.Object, e As System.EventArgs)
Handles Button3.Click '下一记录
        If mybs.Position<> mybs.Count -1 Then
            mybs.MoveNext()
        End If
    End Sub


    P rivate Sub Button4 _ Click (sender As System.Object, e As System.EventArgs)
Handles Button4.Click  '尾记录
        If mybs.Position<> mybs.Count + 1 Then
            mybs.MoveLast()
        End If
    End Sub
```

8.4.3 复合绑定

所谓复合绑定,是指控件和一个以上的数据元素进行绑定,通常是指把控件和数据集中的多条数据记录或者多个字段值、数组中的多个数组元素进行绑定。

comboBox、listBox 和 checklistBox 等多个控件都支持复合绑定。在实现复合绑定时,需要正确设置关键属性 DataSource 和 DataMember(或 DisplayMember)等,其基本语法格式为:

控件对象名称.DataSource= 数据源
控件对象名称.DisplayMember= 数据成员

例 8.9 设计一个窗体 Form10,包含一个课程号组合框,提供 course 表中的所有课程号。

分析:在项目 Proj 中设计一个窗体 Form10,有一个组合框 comboBox1 和两个标签 (label1 和 label2),如图 8.17(a)所示。其运行结果如图 8.17(b)所示。

(a)例 8.9 设计界面　　　　　(b)例 8.9 运行界面

图　8.17

在该窗体上设计如下事件过程,通过复合绑定设置 comboBox1 控件的数据源 (DataSource 属性设置为 mydataset,DisplayMember 属性设置为"course. cnum")。

```
Private Sub Form8 _ Load (sender As System. Object, e As System. EventArgs)
Handles MyBase. Load
    mysql= "SELECT * FROM course"
    myadapter= New SqlClient. SqlDataAdapter(mysql, myconn)
    mydataset. Clear()
    myadapter. Fill(mydataset, "course")
    myconn. Open()
    ComboBox1. DataSource= mydataset
    ComboBox1. DisplayMember= "course. cnum"
    myconn. Close()
End Sub

Private Sub ComboBox1 _ SelectedIndexChanged (sender As System. Object, e As
    System. EventArgs) Handles ComboBox1. SelectedIndexChanged
    Label2. Text= "你选择了" + ComboBox1. Text. Trim()
End Sub
```

8.5　DataView 对象

DataView 对象能够创建 DataTable 中所存储数据的不同视图,可用于对 DataSet 中的数据进行排序、过滤和查询等操作。

8.5.1 DataView 对象的构造

DataView 对象类似于数据库中的视图功能,提供了 DataTable 列(Column)排序、过滤记录(Row)及记录搜索功能,一个常见用法是为控件提供数据绑定。DataView 对象的构造函数为:

```
DataView()
DataView(table)
DataView(table,RowFilter,Sort,RowState)
```

其中,table 参数指出要添加到 DataView 的 DataTable 对象;RowFilter 参数指出要应用于 DataView 的 RowFilter;Sort 参数指出要应用于 DataView 的 Sort;RowState 参数指出要应用于 DataView 的 DataViewRowState。

要为给定的 DataTable 创建一个新的 DataView 对象,可以把 DataTable 的一个对象 mydt 传给 DataView 构造函数,如 DataView mydv=newDataView(mydt)。

在第一次创建 DataView 对象时,DataView 默认为 mydt 中的所有行。用属性可以在 DataView 中得到数据行的一个子集合,也可以给这些数据排序。

DataTable 对象提供的 DefaultView 属性可以返回默认的 DataView 对象,如 DataView mydv=new DataView();mydv=myds.Tables("student").DefaultView。

上述代码从 myds 数据集中取得 student 表的默认内容,再利用相关控件(如 DataGridView)显示内容,指定数据来源为 mydv。

8.5.2 DataView 对象的属性和方法

DataView 对象的常用属性及其说明如表 8.28 所示,其常用的方法及其说明如表 8.29所示。

表 8.28 DataView 对象的常用属性及其说明

属性	说 明
AllowDelete	设置或获取一个值,该值指示是否允许删除
AllowEdit	设置或获取一个值,该值指示是否允许编辑
AllowNew	设置或获取一个值,该值指示是否可以使用 AddNew 方法添加新行
ApplyDefaultSort	设置或获取一个值,该值指示是否使用默认排序
Count	在应用 RowFilter 和 RowStateFilter 之后,获取 DataView 中记录的数量
Item	从指定的表中获取一行数据
RowFilter	获取或设置用于筛选在 DataView 中查看哪些行的表达式
RowStateFilter	获取或设置用于 DataView 中的行状态筛选器
Sort	获取或设置 DataView 的一个或多个排序列以及排序顺序
Table	获取或设置源 DataTable

表 8.29　DataView 的常用方法及其说明

方法	说　明
AddNew	将新行添加到 DataView 中
Delete	删除指定索引位置的行
Find	按指定的排序关键字值在 DataView 中查找行
FindRows	返回 DataRowView 对象的数组,这些对象的列与指定的排序关键字匹配
ToTable	根据现有 DataView 中的行创建并返回一个新的 DataTable

8.5.3　DataView 对象的过滤条件设置

DataView 取得一个表后,利用 Sort 属性可以指定依据某些列(Column)排序。Sort 属性允许复合键的排序,列之间使用逗号隔开即可。排序的方式又分为升序(Asc)和降序(Desc),在列之后接 Asc 或 Desc 关键字即可实现设置。

获取数据的子集合可以用 DataView 类的 RowFilter 属性或 RowStateFilter 属性来实现。

RowFilter 属性用于提供过滤表达式。RowFilter 表达式可以非常复杂,也可以包含涉及多个列中的数据和常数的算术计算与比较。与模糊查询一样,RowFilter 属性也有 Like 子句及 % 字符。

例 8.10　设计一个窗体 Form11,建立一个 DataView 对象 mydv,对应 university 数据库中的 sc 表,按课程号降序排序,并过滤掉所有分数低于 80 的记录。

分析:在项目 Proj 中设计一个窗体 Form11,有一个命令按钮 Button1 和一个列表框 ListBox1,如图 8.18(a)所示。运行本窗体,单击"输出"命令按钮,其运行结果如图 8.18(b)所示。

(a)例 8.10 设计界面

(b)例 8.10 运行界面

图　8.18

在该窗体上设计如下事件过程。

```
Private Sub Button1 _ Click(sender As System.Object, e As System.EventArgs)
Handles Button1.Click
```

```
    mysql= "SELECT * FROM sc"
    myadapter= New SqlClient.SqlDataAdapter(mysql, myconn)
    mydataset.Clear()
    myadapter.Fill(mydataset, "sc")
    myconn.Open()
    mydv= New DataView(mydataset.Tables("sc"))
    mydv.Sort= "snum DESC"
    mydv.RowFilter= "score> 80"
    mydt= mydv.ToTable   '由 mydv 创建一个新的 DataTable
    ListBox1.Items.Add("学号   班号 分数")
    For Each dr As DataRow In mydt.Rows
        mysql= ""
        For Each dc As DataColumn In mydt.Columns
            mysql + = ""+ dr(dc).ToString
        Next
        ListBox1.Items.Add(mysql)
    Next
    myconn.Close()
End Sub
```

8.6 DataGridView 对象

DataGridView 控件是标准 DataGrid 控件的升级版,用于在窗体中显示表格数据。

8.6.1 创建 DataGridView 对象

通常使用设计工具创建 DataGridView 对象,下面通过一个实例进行说明。

例 8.11 设计一个窗体 Form12,建立 course 表对应的一个 DataGridView 对象。

分析:其操作步骤如下。

(1)在项目 Proj 中添加一个空窗体 Form12,从工具箱中将 DataGridView 控件拖放到窗体上,此时在 DataGridView 控件右侧出现如图 8.19(a)所示的"DataGridView 任务"菜单。

(2)单击"选择数据源"下拉列表框,出现下拉列表,若已经建立好数据源,可从中选择一个。这里没有任何数据源。

(3)单击"添加项目数据源"选择,出现"数据源配置向导"对话框,选中"数据库"项,单击"下一步"按钮。

（4）出现"选择数据库模型"界面，选中"数据集"项，单击"下一步"按钮。

（5）出现"选择您的数据连接"界面，这里已建有 University 数据库的连接，选中它，并勾选"是，在连接字符串中包含敏感数据"复选框，单击"下一步"按钮。

（6）出现"将连接字符串保存到应用程序配置文件中"界面，保持默认连接名 UniversityConnectionString 不变，单击"下一步"按钮。

（7）出现"选择数据库对象"界面，勾选 course 表，如图 8.19（b）所示，DataSet 名称默认为 UniversityDataSet，单击"完成"按钮。此时在窗体上创建了 DataGridView 控件 dataGridView1。

（8）选中并右击 dataGridView1 控件，在出现的快捷菜单中选择"编辑列"命令，出现如图 8.19（c）所示的"编辑列"对话框，将每个列的 AutoSizeMode 属性设置为 AllCells，还可以改变每个列的样式（如 Width 属性等），单击"确定"按钮返回。

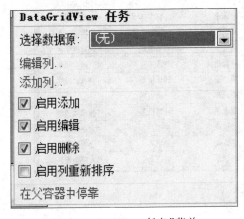

（a）"DataGridView 任务"菜单

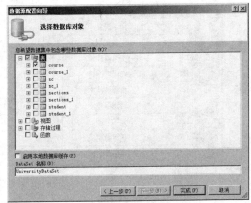

（b）选择数据库对象

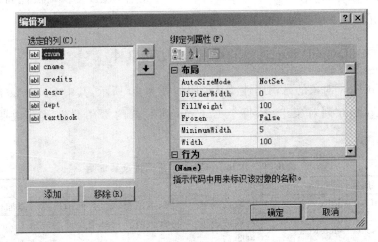

（c）编辑列

图　8.19

(d)运行结果

(e)按课号递减排列

图 8.19 （续）

(9)运行本窗体,其结果如图 8.19(d)所示。单击各标题,会自动按该列进行递增和递减排序,如图 8.19(e)所示,按课号递减排序。

8.6.2 DataGridView 对象的属性、方法和事件

DataGridView 对象的常用属性及其说明如表 8.30 所示,其中 Columns 属性是一个列集合,由 Column 列对象组成,每个 Column 列对象的常用属性及其说明如表 8.31 所示。

表 8.30　DataGridView 常用属性及其说明

属　性	说　明
AllowUserAddRows	获取或设置一个值,该值指示是否向用户显示添加行的选项
AllowUserToDeleteRows	获取或设置一个值,该值指示是否允许用户从 DataGridView 中删除行
AlternatingRowsDefaultCellStyle	设置应用于奇数行的默认单元格样式
ColumnCount	获取或设置 DataGridView 中显示的列数

续表

属　性	说　明
ColumnHeadersHeight	获取或设置列标题行的高度(以像素为单位)
Columns	获取一个包含控件中所有列的集合
ColumnHeadersDefaultCellStyle	获取或设置应用于 DataGridView 中列标题的字体等样式
DataBindings	为该控件获取数据绑定
DataMember	获取或设置数据源中 DataGridView 显示其数据的列表或表的名称
DataSource	获取或设置 DataGridView 所显示数据的数据源
DefaultCellStyle	获取或设置应用于 DataGridView 中的单元格的默认单元格字体等样式
FirstDisplayedScrollingColumnIndex	获取或设置某一列的索引,该列是显示在 DataGridView 上的第一列
GridColor	获取和设置网格线的颜色,网格线用于对 DataGridView 的单元格进行分隔
ReadOnly	获取一个值,该值指示是否可以编辑 DataGridView 控件的单元格
Rows	获取一个集合,该集合包括 DataGridView 控件中的所有行。例如,Row(2)表示第 2 行,Row(2).Cell(0)表示第 2 行的第 1 列,Row(2).Cell(0).Value 表示第 2 行的第 1 个列值
RowCount	获取或设置 DataGridView 中显示的行数
RowHeadersWidth	获取或设置包含行标题的列的宽度(以像素为单位)
ScrollBars	获取或设置要在 DataGridView 控件中显示的滚动条的类型
SelectedCells	获取用户选定的单元格的集合
SelectedColumns	获取用户选定的列的集合
SelectedRows	获取用户选定的行的集合
SelectionMode	获取或设置一个值,该值指示如何选择 DataGridView 的单元格
SortedColumn	获取 DataGridView 内容的当前排序所依据的列
SortOrder	获取一个值,该值指示是按升序或降序对 DataGridView 控件中的项进行排序,还是不排序

表 8.31　Column 对象的常用属性及其说明

属　性	说　明
HeaderText	获取或设置列标题文本
Width	获取或设置当前列宽度
DefaultCellStyle	获取或设置列的默认单元格样式
AutoSizeMode	获取或设置模式,通过该模式列可以自动调整其宽度

DataGridView 对象的常用方法及其说明如表 8.32 所示,其常用事件及其说明如表 8.33所示。

表 8.32　DataGridView 常用方法及其说明

方　法	说　明
Sort	对 DataGridView 控件的内容进行排序
CommitEdit	将当前单元格中的更改提交到数据缓存,但不结束编辑模式

表 8.33　DataGridView 常用事件及其说明

事　件	说　明
Click	在单击控件时发生
DoubleClick	在双击控件时发生
CellContentClick	在单元格中的内容被单击时发生
CellClick	在单元格的任何部分被单击时发生
CellContentDoubleClick	在用户双击单元格的内容时发生
ColumnAdded	在向控件添加一列时发生
ColumnRemoved	在从控件中移除列时发生
RowsAdded	在向 DataGridView 中添加新行之后发生
Sorted	在 DataGridView 控件完成排序操作时发生
UserDeleteRow	在用户完成从 DataGridView 控件中删除行时发生

在前面使用设计工具创建 DataGridView 对象时,一并设计了 dataGridview1 对象的属性,也可以通过程序代码设置其属性等。

1. 基本数据绑定

例如,在一个窗体上拖放一个 dataGridView1 对象后,不设计其任何属性,可以使用以下程序代码实现基本数据绑定。

```
mysql= "SELECT * FROM course"
myadapter= New SqlClient.SqlDataAdapter(mysql, myconn)
mydataset.Clear()
myadapter.Fill(mydataset, "course")
DataGridView1.DataSource= mydataset.Tables("course")
```

上述代码通过其 DataSource 属性设置将 dataGridView1 对象绑定到 course 表。

2. 设计显示样式

可以通过 GridColor 属性设置 dataGridView1 对象网格线的颜色,例如,设置 GridColor 颜色为蓝色,语句为:dataGridView1.GridColor＝Color.Blue。

可以通过 BorderStyle 属性设置 dataGridView1 对象网格的边框格式,其枚举值为 FixedSingle、Fixed3D 和 none。可以通过 CellBorderStyle 属性设置 dataGridView1 对象网格单元的边框格式等。

例 8.12　设计一个窗体 Form13,用一个 DataGridView 控件显示 course 表中所有记录,当用户单击某记录时显示学号。

分析:在项目 Proj 中设计一个窗体 Form13,其中有一个 DataGridView 控件 dataGridView1 和一个标签 label1,如图 8.20(a)所示。运行本窗体,在 dataGridView1

控件上单击某记录，在标签中即显示相应信息，其运行结果如图 8. 20(b)所示。

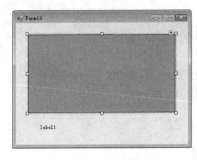

(a)例 8. 12 设计界面　　　　　　　(b)例 8. 12 运行界面

图　8. 20

在该窗体上设计如下事件过程，通过属性设置 dataGridView1 控件的基本绑定数据和各列标题的样式，并设计 CellClick 单元格单击事件过程是用户单击学生记录显示学号。

```
Private Sub Form13 _ Load (sender As System. Object, e As System. EventArgs)
Handles MyBase. Load
    myconn. Open ()
    mysql= "SELECT * FROM course"
    myadapter= New SqlClient. SqlDataAdapter (mysql, myconn)
    mydataset. Clear ()
    myadapter. Fill (mydataset, "course")
    DataGridView1. DataSource= mydataset. Tables ("course")
    DataGridView1. Alternating Rows Default CellStyle. Fore Color= Color. Red    '奇数行置红色
    DataGridView1. GridColor= Color. RoyalBlue                  '设置分隔线颜色
    DataGridView1. ScrollBars= ScrollBars. Vertical
    DataGridView1. CellBorderStyle= DataGridView CellBorderStyle. Single
    DataGridView1. Columns (0). AutoSizeMode= DataGridView AutoSize ColumnMode. AllCells
    DataGridView1. Columns (1). AutoSizeMode= DataGridView AutoSize ColumnMode. AllCells
    DataGridView1. Columns (2). AutoSizeMode= DataGridView AutoSize ColumnMode. AllCells
    DataGridView1. Columns (3). AutoSizeMode= DataGridView AutoSize ColumnMode. AllCells
    DataGridView1. Columns (4). AutoSizeMode= DataGridView AutoSize ColumnMode. AllCells
    DataGridView1. Columns (5). AutoSizeMode= DataGridView AutoSize ColumnMode. AllCells
    DataGridView1. Columns (0). HeaderText= "课程号"
    DataGridView1. Columns (1). HeaderText= "课程名"
    DataGridView1. Columns (2). HeaderText= "学分"
    DataGridView1. Columns (3). HeaderText= "课程说明"
    DataGridView1. Columns (4). HeaderText= "开课系别"
    DataGridView1. Columns (2). HeaderText= "教材"
```

```
myconn.Close()
    Label1.Text= ""
End Sub


Private Sub DataGridView1_CellClick(sender As Object, e As System.Windows.
Forms.DataGridViewCellEventArgs) Handles DataGridView1.CellClick
    Label1.Text= ""
    Try
        If (e.RowIndex<DataGridView1.RowCount - 1) Then
            Label1.Text= "选择的课程号为:" + DataGridView1.Rows(e.RowIndex).Cells
(0).Value
        End If
    Catch ex As Exception
        Label1.Text= "需选中一个课程记录"
    End Try
End Sub
```

8.6.3 DataGridView 与 DataView 对象结合使用

DataGridView 对象用于窗体上显示记录数据,而 DataView 对象可以方便地对源数据记录进行排序等操作,两者结合使用可以设计复杂的应用程序。本小节将通过一个例子说明两者的结合使用技巧。

例 8.13 设计一个窗体 Form14,用于实现对 course 表中记录的通用查找和排序操作。

分析:在项目 Proj 中设计一个窗体 Form14,其设计界面如图 8.21(a)所示。运行本

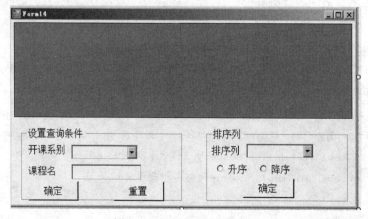

(a)例 8.13 设计界面

图 8.21

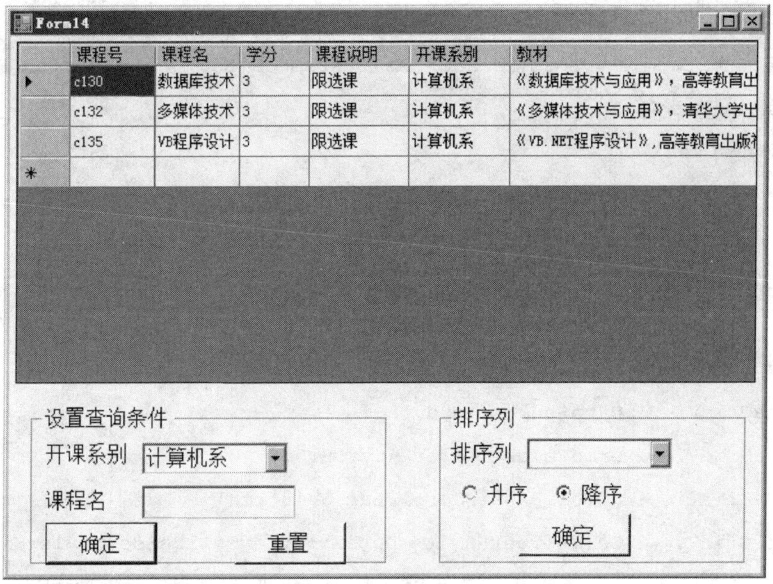

(b)例8.13运行界面1

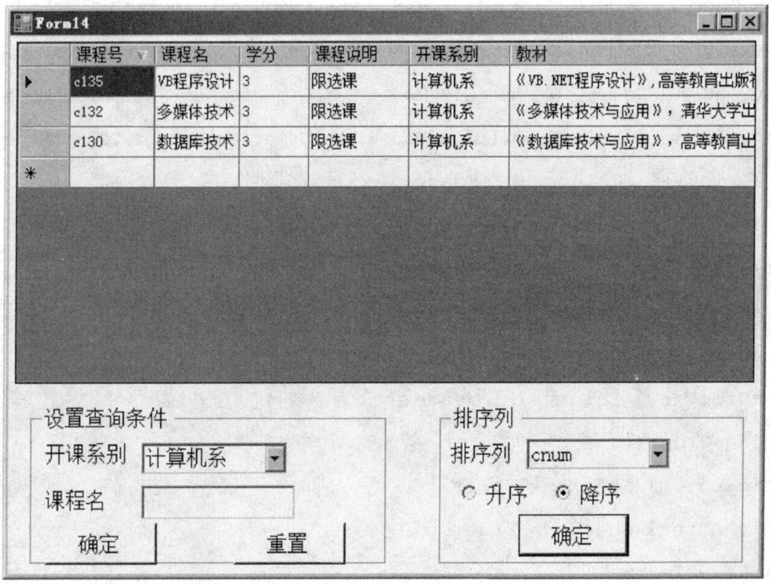

(c)例8.13运行界面2

图8.21　(续)

窗体,在"开课系别"下拉列表中选择"计算机系",单击"设置查询条件"选项组中的"确定"按钮,其运行结果如图8.21(b)所示(在DataGridView1中只显示"计算机系"的课程记录),在"排序列"下拉列表中选择"cnum"选项,并选中"降序"单选按钮,再单击"排序"选项组中的"确定"按钮,其运行结果如图8.21(c)所示(在DataGridView1中对"计算机系"的课程记录按"cnum"降序排序)。

在该窗体上设计如下事件过程。

```
Private Sub Form12 _ Load(sender As System.Object, e As System.EventArgs)
Handles MyBase.Load
        myconn.Open()
        mysql= "SELECT * FROM course"
        myadapter= New SqlClient.SqlDataAdapter(mysql, myconn)
        mydataset.Clear()
        myadapter.Fill(mydataset, "course")
        mydv= New DataView(mydataset.Tables("course"))
        DataGridView1.DataSource= mydv
        DataGridView1.GridColor= Color.RoyalBlue
        DataGridView1.ScrollBars= ScrollBars.Vertical
        DataGridView1.CellBorderStyle= DataGridViewCellBorderStyle.Single
        DataGridView1.Columns(0).AutoSizeMode= DataGridViewAutoSizeColumnMode.AllCells
        DataGridView1.Columns(1).AutoSizeMode= DataGridViewAutoSizeColumnMode.AllCells
        DataGridView1.Columns(2).AutoSizeMode= DataGridViewAutoSizeColumnMode.AllCells
        DataGridView1.Columns(3).AutoSizeMode= DataGridViewAutoSizeColumnMode.AllCells
        DataGridView1.Columns(4).AutoSizeMode= DataGridViewAutoSizeColumnMode.AllCells
        DataGridView1.Columns(5).AutoSizeMode= DataGridViewAutoSizeColumnMode.AllCells
        DataGridView1.Columns(0).HeaderText= "课程号"
        DataGridView1.Columns(1).HeaderText= "课程名"
        DataGridView1.Columns(2).HeaderText= "学分"
        DataGridView1.Columns(3).HeaderText= "课程说明"
        DataGridView1.Columns(4).HeaderText= "开课系别"
        DataGridView1.Columns(5).HeaderText= "教材"
        myconn.Close()
        RadioButton1.Checked= False
        RadioButton2.Checked= True
        TextBox2.Text= ""
        ComboBox1.Text= ""
        ComboBox2.Text= ""
    End Sub


    Private Sub Button1 _ Click(sender As System.Object, e As System.EventArgs)
Handles Button1.Click
        mysql= ""
        If ComboBox1.Text<> "" Then
```

```
        mysql= "dept= " + ComboBox1.Text + ""
      End If
      If TextBox2.Text<> "" Then
      mysql= mysql + " and cname= " + TextBox2.Text + ""
      End If
      mydv.RowFilter= mysql
    End Sub


    Private Sub Button2 _ Click(sender As System.Object, e As System.EventArgs)
Handles Button2.Click
      TextBox2.Text= ""
      ComboBox1.Text= ""
    End Sub


    Private Sub Button4 _ Click(sender As System.Object, e As System.EventArgs)
Handles Button4.Click
      mysql= ""
      If (ComboBox2.Text<> "") Then
        If (RadioButton1.Checked) Then
          mysql= ComboBox2.Text.Trim() + " ASC"
        ElseIf (RadioButton2.Checked) Then
       mysql= ComboBox2.Text.Trim() + " DESC"
        End If
        mydv.Sort= mysql
      End If
    End Sub
```

8.6.4　通过 DataGridView 对象更新数据源

DataGridView 对象中的数据可以修改,但只是内存中的数据发生了更改,对应的数据源数据并没有改动。为了更新数据源,需对相应的 SqlDataAdapter 对象执行 UPDATE 方法。

例 8.14　设计一个窗体 Form15,用于实现对 course 表中记录的修改操作。

分析:在项目 Proj 中设计一个窗体 Form15,其设计界面如图 8.22(a)所示,有一个 DataGridView 控件 DataGridView1 和一个命令按钮(button1)。运行本窗体,将课程号为 C116 的课程名称改为大学英语口语,单击"更改确定"按钮,对应的 course 表记录也发生了更新,其运行结果如图 8.22(b)所示。

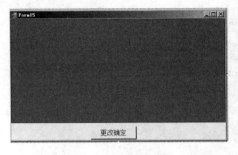

(a)设计界面   (b)运行界面

图 8.22　例 8.14 图

在该窗体上设计如下事件过程。

```
Private Sub Form15 _ Load (sender As System.Object, e As System.EventArgs)
Handles MyBase.Load
    myconn.Open()
    mysql= "SELECT * FROM course"
    myadapter= New SqlClient.SqlDataAdapter(mysql, myconn)
    mydataset.Clear()
    myadapter.Fill(mydataset, "course")
    DataGridView1.DataSource= mydataset.Tables("course")
    DataGridView1.AlternatingRowsDefaultCellStyle.ForeColor= Color.Red    '奇数
行置红色
    DataGridView1.GridColor= Color.RoyalBlue                '设置分隔线颜色
    DataGridView1.ScrollBars= ScrollBars.Vertical
    DataGridView1.CellBorderStyle= DataGridViewCellBorderStyle.Single
    DataGridView1.Columns(0).AutoSizeMode= DataGridViewAutoSizeColumnMode.AllCells
    DataGridView1.Columns(1).AutoSizeMode= DataGridViewAutoSizeColumnMode.AllCells
    DataGridView1.Columns(2).AutoSizeMode= DataGridViewAutoSizeColumnMode.AllCells
    DataGridView1.Columns(3).AutoSizeMode= DataGridViewAutoSizeColumnMode.AllCells
    DataGridView1.Columns(4).AutoSizeMode= DataGridViewAutoSizeColumnMode.AllCells
    DataGridView1.Columns(5).AutoSizeMode= DataGridViewAutoSizeColumnMode.AllCells
    DataGridView1.Columns(0).HeaderText= "课程号"
    DataGridView1.Columns(1).HeaderText= "课程名"
    DataGridView1.Columns(2).HeaderText= "学分"
    DataGridView1.Columns(3).HeaderText= "课程说明"
    DataGridView1.Columns(4).HeaderText= "开课系别"
    DataGridView1.Columns(2).HeaderText= "教材"
    myconn.Close()
```

```
End Sub


Private Sub Button1 _ Click(sender As System.Object, e As System.EventArgs)
Handles Button1.Click
        sqlbuilder= New SqlClient.SqlCommandBuilder(myadapter)
        myadapter.Update(mydataset, "course")
    End Sub
```

本 章 小 结

本章详细介绍了 ADO.NET 基本概念、ADO.NET 的数据访问对象、DataSet 对象、数据绑定方式、DataView 对象和 DataGridView 对象,各部分的内容如下。

1. ADO.NET 简介

第一,概述了 ADO.NET 的作用;第二,介绍了 ADO.NET 体系结构,包括.NET Data Provider 和 DataSet;第三,阐述了 ADO.NET 数据库访问流程。

2. ADO.NET 的数据访问对象

第一,介绍了 SqlConnection 对象的属性和方法,以及建立 SqlConnection 连接字符串;第二,介绍了 SqlCommand 对象的属性和方法,以及 SqlCommand 的创建和使用;第三,介绍了 SqlDataReader 对象的属性和方法,以及 SqlDataReader 对象的创建和使用;第四,介绍了 SqlDataAdapter 对象的属性和方法,以及 SqlDataAdapter 对象的创建,SqlDataAdapter 对象的 Fill 方法和 Update 方法。

3. DataSet 对象

第一,概述了 DataSet 对象;第二,介绍了 DataSet 对象的属性和方法;第三,介绍 Tables 集合的属性和方法,以及 DataTable 对象的属性和方法;第四,介绍了 Column 集合的属性和方法,以及 DataColumn 对象的属性;第五,介绍了 Rows 集合的属性和方法,以及 DataRow 对象的属性和方法。

4. 数据绑定方式

详细介绍了单一绑定、整体绑定和复合绑定。

5. DataView 对象

详细介绍了 DataView 对象的构造、属性和方法、过滤条件设置。

6. DataGridView 对象

第一,创建 DataGridView 对象;第二,介绍了 DataGridView 对象的属性、方法和事件;第三,介绍 DataGridView 和 DataView 对象结合使用的方法;第四,介绍了通过 DataGridView 对象更新数据源。

习 题

1. 简述 . NET Framework 数据提供程序的作用,它包含哪些核心对象?

2. 建立连接字符串 ConnectionString 的方法有哪些?

3. 简述 SqlCommand 对象的作用及其主要的属性。

4. 简述 SqlDataReader 对象的特点和作用。

5. 简述 SqlDataAdapter 对象的特点和作用。

6. 简述什么是 DataSet 对象,如何使用 DataSet 对象?

7. 简述 DataSet 对象的 Tables 集合属性的用途。

8. 什么是数据绑定? 数据绑定的类型有哪些?

9. 简述 DataView 对象的主要属性和方法。

10. 简述 DataGridView 控件的作用。

第9章 数据库应用系统开发案例

本章将按照前文 2.2 一节阐述的数据库应用系统的一般开发过程,如图 9.1 所示,介绍数据库应用系统的开发过程。

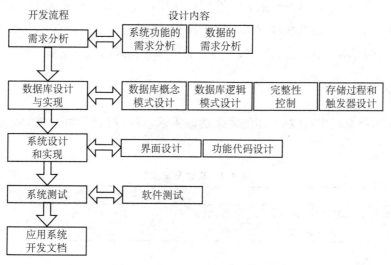

图 9.1　数据库应用系统的开发过程

9.1　需求分析

9.1.1　系统功能的需求分析

"网上购物系统"是一个综合的、完整的、小型的数据库系统,该系统分别为管理员与客户提供相应的功能。系统管理的主要功能包括用户信息和商品信息管理;客户操作的主要功能包括商品信息浏览、我的订单浏览和个人资料维护;统计查询的主要功能包括商品库存查询、商品销售查询和订单信息查询。具体功能结构如图 9.2 所示。功能需求完成后,要形成项目需求分析报告,为下一阶段的界面和功能设计提供开发文档的设计依据。

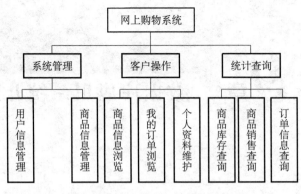

图 9.2 网上购物系统功能结构

9.1.2 数据的需求分析

数据库应用系统的设计中,前台主要完成功能需求。要实现功能需求,需要建立在后台数据库的基础上,所以在进行功能需求分析时,还需要进行数据库中数据的需求分析,并形成数据需求分析报告,为后续阶段数据库概念模式的设计提供文档。

1. 实体的抽象

在网上购物系统中,针对上述的主要功能需求,可以抽象出如表 9.1 所示的实体及其属性。

表 9.1 实体及其属性

实体	属 性	主 键
客户	用户 ID,密码,类型,姓名,地址,电话,E-mail,账户余额	用户 ID
商品	商品 ID,商品名称,类型,价格,库存,销量,描述,图片	商品 ID

2. 联系的抽象

上述实体存在下述多对多($m:n$)联系:一个客户可以购买多个商品;一个商品可由多个客户购买。

3. 完整性控制需求

除了实体的抽象外,在需求分析阶段还应对每个实体相关属性的取值进行完整性需求定义,比如,用户类型只能取"管理员"或"客户"这两个值之一。这些完整性控制的需求因具体应用而不同,所以需要在做需求分析时给予详细说明。

在数据库设计过程中,要进行充分的数据需求分析,真正了解实际系统的应用需求,抽象出各种实体及实体之间联系,以及各种完整性控制需求,这些信息形成需求分析阶段文档,为下一阶段概念模式设计做好准备。

9.2 数据库设计与实现

9.2.1 数据库概念模型设计

概念模型的主要任务是根据需求分析的描述设计出 E-R 图。一般情况下,可以直接设计出系统的 E-R 图,但是如果系统复杂,存在很多实体和实体之间的联系描述,为了保证正确性,一般先设计出局部的 E-R 图,然后再综合为全局 E-R 图,当然在合成全局 E-R 图的过程中一定要消除重名冲突和结构冲突,以及数据冗余。

在网上购物系统中,涉及的实体为:用户和商品,订单表示用户和商品之间的联系。据此该项系统的 E-R 图描述如图 9.3 所示。

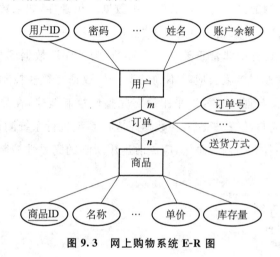

图 9.3 网上购物系统 E-R 图

9.2.2 数据库逻辑模型设计

1. E-R 图到关系模式的转换

逻辑模式设计是将概念模式设计阶段完成的概念模型转换成能被数据库管理系统所支持的数据模型,在本例中,就是将概念模式设计过程中的 E-R 图转换为关系模式。从 E-R 图转换为关系模式,必须遵守本书 2.2.3 节介绍的转换规则,具体的转换结果如下,其中标有下划线的属性或属性集表示的是实体关系或联系关系的主键。

用户(<u>用户 ID</u>,用户密码,用户类型,用户姓名,用户地址,用户电话,用户 E-mail,账户余额)。

商品(<u>商品 ID</u>,商品名称,商品类型,商品价格,库存量,销售量,商品描述,商品图片)。

订单(<u>订单号</u>,用户 ID,商品 ID,订货数量,订货时间,送货方式,付款状态,订单状态)。

2. 关系模式的规范化处理

在概念模式转换为关系模式后,由于关系模式内各属性之间还有可能存在不正常的函数依赖关系,从而导致数据冗余和数据的不一致性,所以在逻辑模式设计的最后阶段要进行规范化处理。

参照本书 2.3 节,对关系模式进行规范化。分析上述各个关系模式,由于各个非主属性之间不存在部分函数依赖和传递函数依赖,并且每个关系模式里的决定因素都是主键,故上述的关系都属于 BC 范式。

9.2.3 完整性控制

数据库完整性控制的目的是保证数据库中数据的正确性,如果数据库创建后没有实施任何完整性控制,这样的数据库只是一堆"数据垃圾"。

完整性是数据库设计中非常重要的一个环节,为了保证数据库中数据的正确性,可以采取不同的完整性控制措施去应对不同情况下的数据完整性控制。在创建数据库之初,进行数据表的定义与创建时可以采用静态完整性控制策略,在数据库应用系统运行时,可以采用动态的完整性控制策略,在数据库应用系统进行系统测试或维护阶段,可以采用规则进行完整性补充控制。总之,应灵活运用所学的完整性控制方法去解决实际项目中的需求。

1. 静态完整性控制

1) 用户表的创建

关系模式:

users(uid,upwd,utype,uname,uaddr,utel,uemail,uaccount)

完整性要求:

(1) 主键为"uid"。

(2) 用户类型 utype 只能是"管理员"或"客户"。

(3) 用户电话 utel 必须为数字字符。

(4) 用户 uemail 必须为含有字母"@"的字符串。

(5) 账户余额 uaccount≥0。

实现代码:

```
CREATE TABLEusers(
    uid varchar(20) NOT NULL PRIMARY KEY,
    upassword varchar(6) NOT NULL,
    utype varchar(10) NOT NULL CHECK (utype= '管理员'OR utype= '客户'),
```

```
        uname varchar(20) NOT NULL,
        uaddr varchar(50) NOT NULL,
        utel varchar(20) NOT NULL CHECK (isnumeric(utel)= 1),
        uemail varchar(30) NOT NULL CHECK (uemail like '% @ % '),
        uaccount float NOT NULL CHECK (uaccount> = 0))
```

2）商品表的创建

关系模式：

product(<u>pid</u>,pname,ptype,price,stock,sale,profile,picture)

完整性要求：

（1）主键为"pid"，首字符为'p'，后跟 9 位数字字符。

（2）商品类型 ptype 只能取外套上衣、休闲零食、日用百货或手机数码。

（3）商品价格 price≥0。

（4）库存量 stock≥0。

（5）销售量 sale≥0。

实现代码：

```
CREATE TABLE product(
        pid char(10) NOT NULL PRIMARY KEY CHECK (pid like 'p[0-9][0-9][0-9][0-9][0-9]
[0-9][0-9][0-9][0-9]'),
        pname varchar(30) NOT NULL,
        ptype varchar(20) NOT NULL CHECK (ptype= '外套上衣' or ptype= '休闲零食' or
ptype= '日用百货' or ptype= '手机数码'),
        price float NOT NULL CHECK (price> = 0),
        stock int NOT NULL CHECK (stock> = 0),
        sale int NOT NULL CHECK(sale> = 0),
        profile text NULL,
        picture varchar(100) NULL)
```

3）订单表的创建

关系模式：

orders(<u>oid</u>,uid,pid,pamount,datetime,deliver,payment,status)

完整性要求：

（1）主键为 oid，首字符为'd'，后跟 9 位数字字符。

（2）外键为 uid 和 pid。

（3）订货数量 pamount≥0。

（4）送货方式 deliver 只能取平邮或快递两种值。

（5）付款状态 payment 只能取未付款、已付款或退款三种值。

（6）订单状态 status 只能取未发货、已发货、已收货或取消订单四种值。

实现代码：

```
CREATE TABLE orders(
oid char(10) NOT NULL PRIMARY KEY CHECK (oid like 'd[0-9][0-9][0-9][0-9][0-9]
[0-9][0-9][0-9][0-9]'),
    uid varchar(20) NOT NULL FOREIGN KEY(uid) REFERENCES users(uid),
    pid char(10) NOT NULL FOREIGN KEY(pid) REFERENCES product (pid),
    pamount int NOT NULL CHECK (pamount> = 0),
    otime date NOT NULL,
    deliver varchar(4) NOT NULL CHECK (deliver= '平邮' OR deliver= '快递'),
    payment varchar(6) NOT NULL CHECK (payment = '未付款' OR payment = '已付款' OR
payment= '退款'),
    status varchar(8) NOT NULL CHECK (status= '未发货' OR status= '已发货' OR status
= '已收货' OR status= '取消订单'))
```

创建上述 3 个关系模式后，在 SQL Server 中建立了如图 9.4 所示的关系图。关系图清晰地表达了数据库中各个关系或数据表之间的主键、外键联系，为后期的数据查询提供直观的多表关联操作依据。

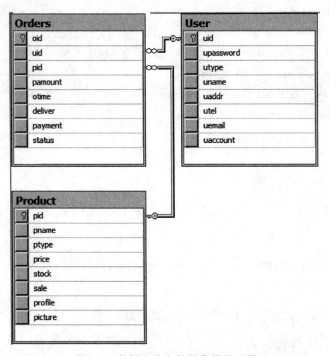

图 9.4　数据库中各数据表的关系图

2. 动态完整性控制

在设计完成数据库静态完整性控制的基础上，如有需要，比如在创建订单时，如何保证订货数量属性值的有效性，可以在应用程序运行的状态下进行动态的完整性控制。例如，如果数量输入的值大于库存量的值，则应拒绝用户的操作。

动态数据完整性控制既可以由数据库应用系统的前台实现，也可以由后台 RDBMS 的触发器来完成。一般情况下，当发生键入错误时可以用前台 VB. NET 程序来控制数据录入的完整性；而当键入不存在数据类型及语法错误时，应该用触发器去控制数据的逻辑合法性，以保证数据库数据的正确性。例如，在订货时，用户无意中输入了负值但没有发现，当确认操作时，系统触发器会自动触发运行，在阻止数据更新的基础上，给出错误信息提示，给用户以反馈。

例 9.1　设计触发器，其功能是当对订单进行插入时，检查订货数量值的有效性，如果数量的值大于库存，给出信息提示"订货量大于库存量，请重新输入！"如果数量的值小于 0，则给出信息提示"订货量不能小于或等于 0，请重新输入！"

触发器代码设计如下：

```
CREATE TRIGGER  insert _ pamount
ON  orders
for INSERT
As
Begin
  Declare @ _ pamountint, @ _ pid char(10)
  Select  @ _ pamount= pamount, @ _ pid= pid from inserted
  If (@ _ pamount> (selectpstock from product where pid= @ _ pid))
  Begin
    Raiserror ('订货量大于库存量,请重新输入! ',16,1,@ @ error)
    Rollback transaction
  End
  If (@ _ pamount<= 0)
  Begin
    Raiserror (,订货量不能小于或等于零,请重新输入! ',16,1,@ @ error)
    Rollback transaction
  End
End
```

测试用例：

```
insert into orders values ('d000000013','Try','p000000018',200,'2016-9-10','平
```

邮','已付款','已发货')

运行结果:

消息 5000,级别 15,状态 1,过程 insert_pamount,第 10 行

订货数量大于库存量,请重新输入!

消息 3609,级别 16,状态 1,第 1 行

事务在触发器中结束。批处理已中止。

数据库的完整性控制是非常重要的,在实施任何实际应用项目时,都要作仔细周密的完整性控制方案,即根据需求分析报告详细规划静态完整性控制和动态完整性控制策略,只有这样才能保证数据库中数据的正确性。

9.2.4 存储过程和触发器设计

存储过程是一组 TransacT-SQL 语句,在一次编译后形成了一个可执行计划,不需要再编译,可以被调用执行,因此执行存储过程可以提高系统性能。触发器是一种特殊类型的存储过程,不由用户直接调用,但它能在一定条件下触发而自动执行。正因为有这些特点,使得存储过程和触发器在数据库应用程序开发中的应用日趋普及。

1. 设计存储过程

从实用的角度,存储过程的主要特点是能被调用多次和可以带参数,围绕这一特点,可以将实际项目中的数据访问过程,无论是数据查询还是数据更新,在后台 SQL Server 端设计为存储过程,以备前台调用。

例 9.2 商品库存查询是网上购物系统中频繁进行的一个操作,其具体过程是:给定商品 ID,查询库存商品的数量。完成库存查询的存储过程,输入参数为商品 ID。

```
Create PROC get_pstock
    @_pidchar(10)
As
    Select pstock from product where pid= @_pid
```

测试用例:

```
Exec get_pstock 'p000000001'
```

创建上述存储过程后,在系统运行状态下,可以通过调用该存储过程实现对任何商品库存量查询,这样既减轻了代码的编写量,也提高了系统访问数据库的速度,从而提高了系统的整体性能,因此在数据库应用系统开发实践中要有效利用这一技术。

2. 设计触发器

触发器的特点是自动触发自动运行。利用这一特性可以灵活处理很多事务,比如单

个数据表属性的完整性控制、在某种特定条件下自行处理一些事务等。

　　例 9.3　在网上购物系统中,存在着多个表的相互关联操作,如订单表中插入一条记录时,商品表中对应的商品数量将减少。在例 9.1 的基础上修改触发器 insert_pamount 设计如下。

```
ALTER TRIGGER  [dbo].[insert_pamount]
ON  [dbo].[Orders]
for INSERT
As
Begin
  Declare @_pamount INT, @_pid char(10)
  Select @_pamount= pamount, @_pid= pid from inserted
  If (@_pamount> (select pstock from product where pid= @_pid))
  Begin
    Raiserror ('订货量大于库存量,请重新输入! ',16,1,@ @ error)
    Rollback transaction
  End
  If (@_pamount<= 0)
  Begin
    Raiserror ('订货量不能小于或等于零,请重新输入! ',16,1,@ @ error)
    Rollback transaction
  End
  Update product Set pstock= pstock-@_pamount Where pid= @_pid
End
```

　　测试用例:

```
insert into orders values ('d000000013','Try','p000000018',2,'2016-9-10','平邮','已付款','已发货')
```

9.3　系统设计和实现

9.3.1　界面设计

　　一个数据库应用要完成一定的应用需求与功能,首先应将功能需求通过窗体设计以友好的操作界面体现出来。

1. 登录界面

　　如图 9.5 所示的登录界面是用户身份辨识界面,首先必须是合法用户,然后系统将使不同的用户进入不同权限的操作界面。本系统的用户共有两种类型：管理员和客户，根据图 9.2 所示的系统功能，管理员和客户的权限如表 9.2 所示。

图 9.5　系统登录界面

表 9.2　用户权限表

用户类型	操作权限
管理员	系统管理和统计查询
客户	客户操作

用户单击"登录"的代码如下：

```
Private Sub Button1 _ Click (ByVal sender As System.Object, ByVal e As
System. EventArgs) Handles Button1. Click
    If (TextBox1. Text<> "" And TextBox2. Text<> "") Then
        mysql= "select * from users where uid= '"& TextBox1. Text. Trim & "'
and upassword= '"& TextBox2. Text. Trim &"'"
        myadapter= New SqlClient. SqlDataAdapter(mysql, myconn)
        sqlbuilder= New SqlClient. SqlCommandBuilder(myadapter)
        mydataset. Clear()
        myadapter. Fill(mydataset, "users")
        myconn. Open()
        If mydataset. Tables("users"). Rows. Count= 0 Then
            MsgBox("用户名或密码错误!")
            TextBox1. Text= ""
            TextBox2. Text= ""
        Else
```

```
       网上购物操作界面.Show()
       Me.Hide()
       If (mydataset.Tables("users").Rows(0).Item(2)="管理员") Then
            网上购物操作界面.顾客菜单 ToolStripMenuItem.Visible=False
            网上购物操作界面.管理员菜单 ToolStripMenuItem.Visible=True
            网上购物操作界面.统计查询 ToolStripMenuItem.Visible=True
          TextBox1.Text=""
          TextBox2.Text=""
          TextBox1.Focus()
       Else
          网上购物操作界面.Show()
          网上购物操作界面.管理员菜单 ToolStripMenuItem.Visible=False
          网上购物操作界面.顾客菜单 ToolStripMenuItem.Enabled=True
          网上购物操作界面.统计查询 ToolStripMenuItem.Visible=False
          TextBox1.Text=""
          TextBox2.Text=""
          TextBox1.Focus()
       End If
     End If
     myconn.Close()
   Else
     MsgBox("您还未输入用户名或密码!")
   End If

 End Sub
```

2. 主要功能界面

主要功能界面简称主界面,主要表达功能需求,所以最重要的是通过界面的设计将系统要实现的功能准确无误地表示清楚,并以友好的界面呈现给用户。主界面设计的方法很多,既可以用通知菜单 MenuStrip 表示主要功能,也可以用 TreeView 来表示要实现的功能,还可以用 TabControl 显示多个选项卡来表示要实现的功能,总之 VB.NET 有很多方式设计功能窗体,可以依据实际需要选择并应用这些控件架构主界面。

图 9.6 中,用 MenuStrip 设计系统的主要功能界面。其他界面的设计这里不作说明,读者可以根据实际需求简明扼要地设计界面。

图 9.6 系统功能界面

9.3.2 功能代码设计

界面设计完成后,可以根据界面功能布局进行代码设计。实际项目开发的编码尽管复杂多变,但对于数据库访问来说,基本操作主要有两种:一是数据查询;二是数据更新。这里用两个实例介绍这两类数据库访问操作的编程方法。

1. 模块的定义

任何实际项目的设计可能涉及多个窗体的传递和多个窗体的数据共享,要设计高质量的代码,为后期维护带来便捷,应将多个窗体共用的变量、函数、过程、数据库访问方法都定义在模块中,这样既可以最大程度地缩减源程序编码量,又可以为后期的系统调试和维护带来方便。

用于数据库访问的基本对象和变量的定义应设计在模块中,这样每个 Form 和 Sub 都可以直接使用这些对象和变量。代码如下:

```
Module Module1
    //定义数据库连接字串
    Public strconn As String= "Data Source= .\SQLEXPRESS;Integrated;Initial
Catalog= Salesystem;Integrated Security= True"
    //定义数据库连接对象
    Public myconn As Data.SqlClient.SqlConnection = New Data.SqlClient.
SqlConnection(strconn)
    //定义 sql 语句字串
    Public mysql As String
```

//定义内存数据库——数据集对象,通过数据库与 `dataset` 之间的桥梁 `sqldatadapter`,
编写程序代码用于填充数据集和更新数据集。

```
        Public mydataset As New Data.DataSet
```
        //定义 `sqldataadapter` 对象,建立数据库和数据集之间的"桥"
```
        Public myadapter As SqlClient.SqlDataAdapter
```
        //定义 `Sqlcommand` 对象,用于执行 `sql` 语句
```
        Public mycmd As SqlClient.SqlCommand
```
        //定义 `SqlcommandBuilder` 对象,使 `sqldatadapter` 对象具有更新数据功能
```
        Public sqlbuilder As SqlClient.SqlCommandBuilder
    End Module
```

2. 数据查询

以数据查询中的"商品库存查询"为例介绍"按类别查询"的代码实现方法。运行界面如图 9.7 所示。

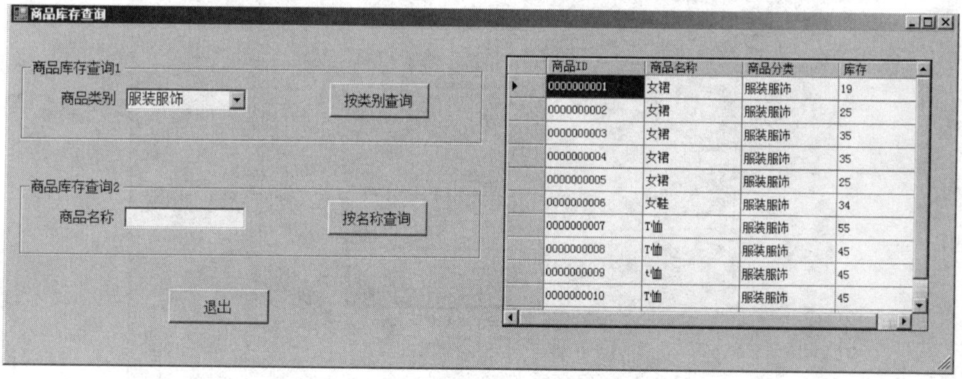

图 9.7 商品库存查询界面

编程思路:单击"按类别查询"按钮,根据商品类别组合框中的商品类别查询相应的商品 ID,商品名称,商品分类和商品库存。

```
Sub Button4 _ Click(ByVal sender As System.Object, ByVal e As System.EventArgs)
Handles Button4.Click
        If (ComboBox1.Text<> "") Then
            mysql= "select pid 商品 ID,pname 商品名称,ptype 商品分类,stock 库存
from product where ptype= " & ComboBox1.Text & ""
        Else
            MsgBox("请选择商品类别!")
            Exit Sub
        End If
        myadapter= New SqlClient.SqlDataAdapter(mysql, myconn)
```

```
    sqlbuilder= New SqlClient.SqlCommandBuilder(myadapter)
    mydataset.Clear()
    myadapter.Fill(mydataset, "product")
    myconn.Open()
DataGridView1.DataSource= mydataset.Tables("product")
    myconn.Close()
End Sub
```

3. 数据更新

以"用户信息修改"为例介绍编码实现方法。运行界面如图 9.8 所示。

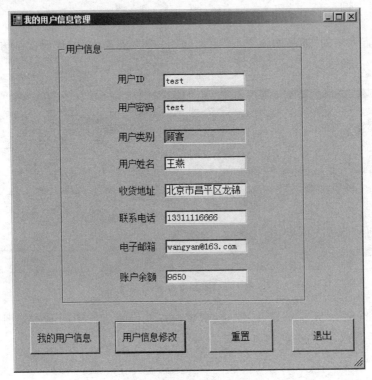

图 9.8 用户信息修改界面

```
 Sub Button3_Click(ByVal sender As System.Object, ByVal e As System.EventArgs)
Handles Button3.Click
    If (TextBox1.Text <> "" And TextBox2.Text <> "" And TextBox3.Text <> "" And
TextBox4.Text <> " " And TextBox5.Text <> "" And TextBox6.Text <> "" And
TextBox7.Text<> "" And TextBox8.Text<> "") Then
    mysql= "update users set uid= '" & TextBox1.Text & "',upassword= '" & TextBox2.Text
& "',utype = '" & TextBox3.Text & "', uname = '" & TextBox4.Text & "', uaddr = '" &
TextBox5.Text & "',utel= '" & TextBox6.Text & "', uemail= '" & TextBox7.Text & "',
```

```
uaccount= '" & TextBox8.Text & "' where uid= '" & TextBox1.Text & "'"
          mycmd= New SqlClient.SqlCommand(mysql, myconn)
          myconn.Open()
          Try
              mycmd.ExecuteNonQuery()    '执行 SQL 语句
              MsgBox("用户信息修改成功!")
          Catch ex As Exception
              MsgBox(ex.Message)           '显示异常信息
          End Try
      Else
              MsgBox("请输入完整信息!")
      End If
    myconn.Close()
End Sub
```

9.4　系统测试

9.4.1　软件测试的基本概念

1. 软件测试的目的

软件测试是程序的一种执行过程，是软件投入正式运行前的最后一个阶段，其目的是尽可能多地发现、改正软件中隐藏的错误，是软件生命周期中一项非常重要的工作，对软件可靠性保证具有极其重要的意义。因此，测试目的是使软件中蕴含的错误低于某一特定值，而非百分百地消除错误。

2. 软件测试的基本过程

软件测试是一个极为复杂的过程，如图 9.9 所示。

（1）拟订软件测试计划。测试计划详细规定测试的要求，包括测试的目的和内容、方法和步骤，以及测试的准则等。由于要测试的内容可能涉及软件的需求和软件的设计，因此必须及早开始测试计划的编写工作。不应在着手测试时才开始考虑测试计划。通

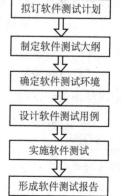

图 9.9　软件测试步骤

常，测试计划的编写从需求分析阶段开始，到软件设计阶段结束时完成。详细的测试计划可以帮助测试项目组之外的人了解为什么和怎样验证产品。有效的测试计划会驱动测试工作的顺利完成。

（2）制定软件测试大纲。软件测试大纲是软件测试的依据，它明确详尽地规定了在测试中针对系统的每一项功能或特性所必须完成的基本测试项目和测试完成的标准。

（3）确定软件测试环境。测试环境必须确定，不同的测试环境可以得出对同一软件的不同测试结果，说明了测试并非完全的客观行为，任何一个测试的结果都是建立在一定的测试环境之上的。这里还应包括人的因素，进行软件测试的人员必须是专业测试人员。

（4）设计软件测试用例。软件测试用例是指为实施一次测试而设计被测试系统提供的输入数据或各种环境设置。测试用例设计是在需求分析和系统设计时完成的。

（5）实施软件测试。根据软件测试计划和测试大纲，逐一记载软件测试用例的运行过程及结果，为软件产品是否满足用户需求及质量标准给出客观依据。

（6）形成软件测试报告。软件测试文件描述要执行的软件测试及测试的结果。由于软件测试是一个很复杂的过程，同时也涉及软件开发其他一些阶段的工作，对于保证软件的质量和运行有着重要意义，必须把对它们的要求、过程及测试结果以正式的文件写出。测试文件的编写是测试工作规范化的一个组成部分。

3. 软件测试方法

软件测试方法多种多样，常用的方法有以下三种。

（1）白箱测试或白盒测试（white-box testing 或 glass-box testing）通过程序的源代码进行测试而不使用用户界面。这类测试需要从源代码逻辑中发现内部代码在算法、溢出、路径、条件等设计中的缺点或者错误，进而加以修正。

（2）黑箱测试或黑盒测试（black-box testing）也称为功能测试，通过测试用例来检查软件的每个功能是否都能正常运行。在测试中，把整个程序看成一个黑盒子，不需要考虑程序的内部逻辑结构和编码方法，在程序提供给用户的接口——功能界面上进行测试。测试人员通过输入测试数据，检测程序的运行结果是否符合软件设计的预期目标。通常在进行功能测试时不仅会使用能得到正常运行结果的测试用例，还会使用可能导致错误结果的测试用例。

（3）灰箱测试或灰盒测试（Gray-box Testing）与黑箱测试类似，通过用户界面进行测试，但是测试人员对该软件或软件功能的源代码具体是如何设计的已经有所了解，甚至还读过部分源代码。因此测试人员要有的放矢地进行某种确定的条件和功能的测试。这样做的意义在于：如果对于软件系统内部的设计有深入了解，就能够更有效地从用户界面来测试系统的各项功能。

4. 软件测试用例的设计

软件测试用例的目的是在将测试用例作为输入数据时，检测工作或运行状态，确定应用程序的某个功能是否正常运转，即测试结果与预期结果或操作界面是否一致。

有效用例(Valid Case)或合法输入用例是那些已知软件程序能正确处理的测试用例,一般是指软件输入的测试用例。无效用例(Invalid Case)或不合法输入用例是那些事先就知道软件程序不支持处理的测试用例。

测试用例的基本格式为:

[输入数据|输入运作,一个期望的结果|运行界面]

从工程实践的角度出发,软件测试用例应遵循以下 3 点要求。

(1)要验证软件的功能和数据的正确性,测试用例要具有代表性。能够代表各种合理和不合理的、合法和非法的、边界和越界的,以及极限的输入数据、操作和环境设置等。

(2)测试的可判定性:测试执行结果的正确性是预先可判定的。

(3)测试结果的可再现性:对同样的测试用例,系统的执行结果应当是相同的。

9.4.2　软件测试实例

以基于黑箱测试方法的功能测试和用户界面测试为例,介绍应用软件的测试过程。

功能测试:测试应用软件功能在任何输入状态下能否正常工作,即对于不同的输入检测应用软件运行行为是否符合预期的功能设计要求。

用户界面测试:分析软件用户界面的设计是否合乎预期的要求。一般包括图形界面上的所有控件,例如,菜单、文本框、按钮、列表框、可选框、对话框、出错提示、帮助信息等界面设计方面的测试。

一般可以将功能测试和界面测试同时进行。例如,在软件运行状态下给定测试用例的输入操作,检查实际的运行结果与预期的功能及界面是否一致,如果一致,则说明软件运行正常,否则就说明应用软件有功能或界面设计错误,要及时予以更正。

例 9.4　"按名称查询"测试用例,输入商品名称"文具",查看系统运行功能结果及界面显示结果。预期结果是将弹出对话框报告,报告信息为"无该商品名称,请重新输入!"

(1)执行程序并键入测试用例的输入信息。

(2)结论:测试用例输出界面如图 9.10 所示,程序运行结果与预期一致,程序运行正常。

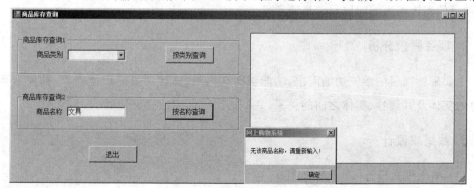

图 9.10　测试用例"文具"输出界面

例 9.5 "按名称查询"测试用例,输入商品名称"女裙",查看系统运行功能结果及界面显示结果。预期结果是在查询结果框内显示商品的相关信息。

(1) 执行程序并键入测试用例的输入信息。

(2) 结论:测试用例输出界面如图 9.11 所示,程序运行结果与预期一致,程序运行正常。

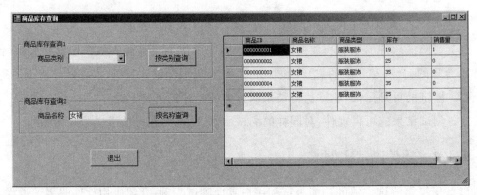

图 9.11 测试用例"女裙"输入和输出界面

通过以上测试用例的执行及执行结果的分析,说明该应用软件的商品库存查询功能及界面工作正常。仿照上述方法进行所有功能及界面的测试,以求发现错误并及时更正,并给应用软件做出测试结论,软件是否能正常运行。所有软件测试用例及其运行结果形成软件测试报告。

9.5 应用系统开发文档

项目开发完成后,应提供项目开发报告,包括以下内容。

1. 项目开发背景及意义

主要陈述项目产生的背景,将采用什么技术和软件开发平台来完成项目的设计和开发,项目的实施解决的问题和带来的意义。

2. 项目需求分析

主要阐述项目的系统功能需求,功能层次结构图;描述项目的数据需求,抽象出客观世界的实体及其属性、实体之间的关系,并概括出数据库的完整性需求。

3. 数据库设计

(1) 概念模式设计:设计 E-R 图。

(2) 逻辑模式设计:将 E-R 图转换为关系模式。

（3）规范化处理：关系模式设计要达到 3NF。

（4）创建表并进行静态完整性控制。

（5）存储过程设计。

（6）触发器设计。

4. 界面与功能设计

系统的每个界面功能描述及相应的代码描述。

5. 软件测试

指出软件运行环境，系统的界面及功能测试用例及运行结果。

6. 系统评述

系统自评，说明有待改进的设计。

本章以网上购物系统为例，详细地介绍了需求分析、数据库设计与实现、系统设计和实现、系统测试以及应用系统开发文档。需求分析包括系统功能的需求分析和数据的需求分析；数据库设计与实现包括数据库的概念模型设计、逻辑模型设计、完整性控制以及存储过程和触发器设计；系统设计和实现包括界面设计和功能代码设计；系统测试包括软件测试的基本概念和软件测试实例。

习 题

1. 数据库应用系统开发的基本过程是怎样的？

2. 在项目开发中，数据库完整性控制是如何体现的？

3. 软件测试的主要目的是什么？

第 **10** 章　实　验　指　导

10.1　初识 SQL Server Management Studio

10.1.1　实验目的

(1) SQL Server 登录。

(2) 掌握使用 SQL Server Management Studio 工具创建数据库的方法。

(3) 掌握使用 SQL Server Management Studio 工具创建数据表的方法。

(4) 掌握使用 SQL Server Management Studio 工具查看、修改表的定义及属性的方法。

(5) 掌握使用 SQL Server Management Studio 工具分离/附加、备份/还原数据库的方法。

10.1.2　实验内容

1. 创建数据库和表

(1) 参考 4.1 节,连接到 SQL Server 2012 服务器,创建数据库 salesystem。

(2) 参照 4.2 节,在 salesystem 中创建 users(用户表)、product(商品信息表)和 order(订单表)。要求为每个属性定义恰当的数据类型和长度,实验如表 10.1 所示。

表 10.1　salesystem 数据库的定义

表名	属性名	描述	类型	允许空	约　　束
users	uid	用户 ID	varchar(20)	否	主键
	upwd	用户密码	varchar(6)	否	
	utype	用户类型	varchar(10)	否	只能取管理员或客户两种值
	uname	用户姓名	varchar(20)	否	
	uaddr	用户地址	varchar(50)	否	
	utel	用户电话	varchar(20)	否	必须为数字字符
	uemail	用户 E-mail	varchar(30)	否	必须为含有字母"@"的字符串
	uaccount	账户余额	float	否	$\geqslant 0$

续表

表名	属性名	描述	类型	允许空	约　　束
product	pid	商品ID	char(10)	否	主键,首字符为'p',后跟9位数字字符
	pname	商品名称	varchar(30)	否	
	ptype	商品类型	varchar(20)	否	只能取外套上衣、休闲零食、日用百货或手机数码
	price	商品价格	float	否	$\geqslant 0$
	stock	库存量	int	否	$\geqslant 0$
	sale	销售量	int	否	$\geqslant 0$
	profile	商品描述	text	是	
	picture	商品图片	varchar(100)	是	
orders	oid	订单ID	char(10)	否	主键,首字符为'd',后跟9位数字字符
	uid	用户ID	varchar(20)	否	外键
	pid	商品ID	int	否	外键
	pamount	订货数量	int	否	$\geqslant 0$
	otime	订货时间	date	否	
	deliver	送货方式	varchar(4)	否	只能取平邮或快递两种值
	payment	付款状态	varchar(6)	否	只能取未付款、已付款或退款三种值
	status	订单状态	varchar(8)	否	只能取未发货、已发货、已收货或取消订单四种值

（3）参考4.2.3节分别为users（用户）表、product（商品信息）表和orders（订单）表设置约束。

① 分别为users（用户）表、product（商品信息）表和orders（订单）表设置主键。

② 分别为users（用户）表、product（商品信息）表和orders（订单）表设置检查约束。

③ 为orders表添加外键。

（4）参考4.2.5节,为users（用户表）、product（商品信息表）和orders（订单表）输入数据。实验数据如表10.2、表10.3和表10.4所示。

表 10.2　users（用户表）

uid	Upwd	utype	uname	uaddr	utel	uemail	uaccount
admin	admin	管理员	赵剑	上海	654321	admin@qq.com	0
test	test	客户	王燕	北京龙锦街1号	133111166	ywang@qq.com	1000
try	try	客户	袁玫	南京民生街10号	157157157	myuan@qq.com	1050
Emile	Try	客户	王广	上海四平路12号	158158158	gwang@qq.com	1100
Lily	Try	客户	李平	杭州西湖路40号	159159159	pli@qq.com	1200
Yogo	Try	客户	于凡	上海杨浦路20号	160160160	fyu@qq.com	1250

表 10.3 product(商品表)

pid	pname	ptype	price	pstock	psale	profile	picture
p000000001	外套	外套上衣	128	50	6	女士外套	C:\图片\外套上衣\外套.jpg
p000000002	皮衣	外套上衣	980	51	5	女士皮衣	C:\图片\外套上衣\皮衣.jpg
p000000003	套装	外套上衣	500	52	4	女士套装	C:\图片\外套上衣\套装.jpg
p000000004	风衣	外套上衣	400	53	3	女士风衣	C:\图片\外套上衣\风衣.jpg
p000000005	卫衣	外套上衣	150	54	2	女士卫衣	C:\图片\外套上衣\卫衣.jpg
p000000006	马甲	外套上衣	100	55	1	女士马甲	C:\图片\外套上衣\马甲.jpg
p000000007	小西装	外套上衣	200	56	0	女士小西装	C:\图片\外套上衣\西装.jpg
p000000008	巧克力	休闲零食	100	60	0	松露巧克力	C:\图片\休闲零食\巧克力.jpg
p000000009	开心果	休闲零食	34	61	1	盐局开心果	C:\图片\休闲零食\开心果.jpg
p000000010	红枣	休闲零食	30	62	2	红枣夹核桃	C:\图片\休闲零食\红枣.jpg
p000000011	核桃仁	休闲零食	30	63	3	蜂蜜核桃仁	C:\图片\休闲零食\核桃仁.jpg
p000000012	口香糖	休闲零食	16	64	4	Extra 口香糖	C:\图片\休闲零食\口香糖.jpg
p000000013	牛肉干	休闲零食	29	65	5	沙嗲牛肉干	C:\图片\休闲零食\牛肉干.jpg
p000000014	花生	休闲零食	5	66	6	五香花生	C:\图片\休闲零食\花生.jpg
p000000015	晴雨伞	日用百货	50	70	6	黑胶防晒伞	C:\图片\日用百货\晴雨伞.jpg
p000000016	电蚊拍	日用百货	59	71	5	USB 充电	C:\图片\日用百货\电蚊拍.jpg
p000000017	密封罐	日用百货	22	72	4	强密封罐	C:\图片\日用百货\密封罐.jpg
p000000018	毛巾	日用百货	16	73	3	棉毛巾	C:\图片\日用百货\毛巾.jpg
p000000019	口罩	日用百货	78	74	2	防雾霾口罩	C:\图片\日用百货\口罩.jpg
p000000020	饭盒	日用百货	48	75	1	保温饭盒	C:\图片\日用百货\饭盒.jpg
p000000021	收纳箱	日用百货	40	76	0	牛津布收纳	C:\图片\日用百货\收纳箱.jpg
p000000022	手机	手机数码	2800	80	0	iPhone 6	C:\图片\手机数码\手机.jpg
p000000023	iPad	手机数码	4105	81	1	iPad Pro	C:\图片\手机数码\iPad.jpg
p000000024	MacBook	手机数码	5341	82	2	一体机	C:\图片\手机数码\MacBook.jpg
p000000025	照相机	手机数码	3000	83	3	佳能 1300D	C:\图片\手机数码\照相机.jpg
p000000026	充电宝	手机数码	30	84	4	移动电源	C:\图片\手机数码\充电宝.jpg
p000000027	U 盘	手机数码	22	85	5	金山 U 盘	C:\图片\手机数码\U 盘.jpg
p000000028	耳机	手机数码	279	86	6	Sony 耳机	C:\图片\手机数码\耳机.jpg
p000000029	USB 连线	手机数码	10	87	7	NULL	NULL

表 10.4 orders(订单表)

oid	uid	pid	pamount	otime	deliver	payment	status
d000000001	Try	p000000001	1	2016-9-1	快递	已付款	已收货
d000000002	Try	p000000008	2	2016-9-3	快递	已退款	取消订单
d000000003	Try	p000000015	3	2016-9-5	快递	未付款	未发货
d000000004	E-mile	p000000001	4	2016-9-2	快递	已付款	未发货
d000000005	E-mile	p000000009	5	2016-9-3	快递	已付款	已收货
d000000006	E-mile	p000000016	6	2016-9-5	快递	未付款	未发货
d000000007	Lily	p000000003	1	2016-9-4	快递	已付款	未发货
d000000008	Lily	p000000010	2	2016-9-5	快递	已付款	取消订单
d000000009	Lily	p000000017	3	2016-9-6	快递	已付款	未发货

续表

oid	uid	pid	pamount	otime	deliver	payment	status
d000000010	Yogo	p000000004	4	2016 - 9 - 7	平邮	未付款	未发货
d000000011	Yogo	p000000011	5	2016 - 9 - 7	平邮	已退款	取消订单
d000000012	Yogo	p000000018	6	2016 - 9 - 9	平邮	已付款	已发货

2. 数据库的备份和还原

（1）备份 salesystem 数据库。

（2）还原 salesystem 数据库。

（3）分离 salesystem 数据库。

（4）附加 salesystem 数据库。

10.1.3 实验指导

1. 以 users（用户）表为例，设置检查约束的步骤

展开 users 表，右键单击"约束"，如图 10.1 所示，在右键菜单中选择"新建约束"，出现如图 10.2 所示 CHECK 约束界面，单击（常规）表达式右边的按钮，出现如图 10.3 所示。

为 user 表建立 4 个约束表达式，分别为：

```
utype= '管理员'orutype= '客户'
isnumeric(utel)= 1
uemaillike'% @ % '
uaccount≥0
```

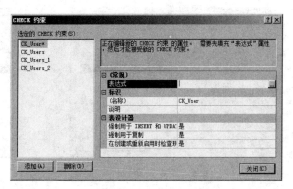

图 10.1　右键"新建约束"菜单　　　　图 10.2　CHECK 约束界面

2. 参考 4.2.3 节，为 orders 表添加外键

（1）展开 orders，右键单击"键"，如图 10.4 所示，在右键菜单中选择"新建外键"，出

图 10.3　CHECK 约束表达式确定

现如图 10.5 所示外键关系界面,单击表和列规范右边的"…"按钮,出现如图 10.6 所示。

(2)选择外键表 orders 的外键 uid,选择主键表 user 表的列 uid,如图 10.7 所示,单击"确定"按钮,完成外键 uid 的添加;选择外键表 orders 的外键 pid,选择主键表 product 表的列 pid,如图 10.8 所示,单击"确定"按钮,完成外键 pid 的添加。

图 10.4　右键"新建外键"菜单

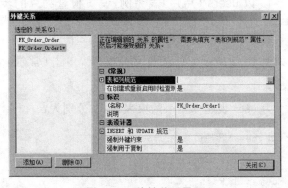

图 10.5　外键关系界面

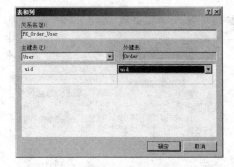

图 10.6　设置外键 uid

图 10.7　设置外键 pid

3. 数据加的分离/附加

(1)分离操作步骤:打开对象资源管理器,右击 salesystem 数据库,在弹出的快捷菜单中选择"任务"—"分离"命令。在弹出的分离数据库对话框架中选择"删除连接"后,单击"确定"按钮,完成分离数据库的操作,如图10.8所示。

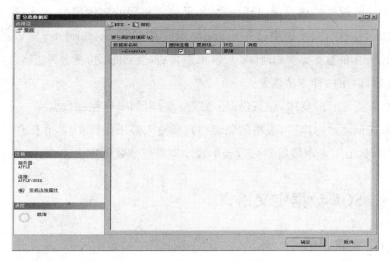

图10.8　分离数据库时删除连接

（2）附加操作步骤:打开对象资源管理器,选中数据库,在右击弹出的快捷菜单中选择"附加"命令,在弹出的附加数据库对话框架中,单击"添加"按钮选择要附加的数据库数据文件 salesystem. mdf,单击"确定"按钮,完成附加数据库的操作,如图10.9所示。

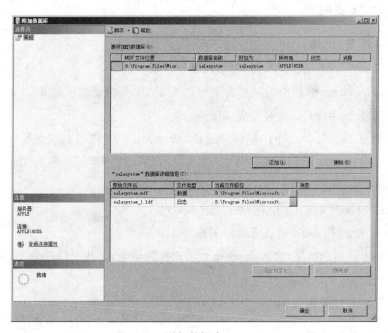

图10.9　附加数据库 salesystem

10.1.4　常见调试问题与回答

（1）系统提示:"违反了 PRIMARY KEY 约束'PK _ user'。不能在对象' user '中插入

重复键。语句已终止。"

答：作为主键属性的值只能出现一次，如果输入相同的主键值的记录，系统就会出现上述错误提示。例如，user 表中已有 userid=' try'，又输入 userid=' try'。

（2）SQL 产生的数据库表如何保存？SQL 备份后，换了机器可能会无法还原，如何解决？

答：一般可以用两种方法恢复：

① 在对象资源管理器中，做备份/还原或分离/附加操作保存数据库。

② 首先在创建数据库时，表格的创建和数据输入都用代码实现，并保存代码脚本，以后在其他计算机上用查询编辑器运行脚本程序即可创建数据库表。

10.2 SQL 数据定义语言

10.2.1 实验目的

（1）使用 SQL 数据定义语言操作数据库。

（2）使用 SQL 数据定义语言操作数据表。

（3）使用 SQL 数据定义语言操作索引。

10.2.2 实验内容

参考 5.2.1 节，用 SQL 语言完成以下练习。

（1）创建 salesystem 数据库，各项参数取系统默认值。

（2）将 salesystem 数据库的初始容量修改为 3MB，并查看修改结果。

参考 5.2.2 节，用 SQL 语言完成以下练习。

（3）创建如表 8.1 所示的 users（用户）表、product（商品信息）表和 orders（订单）表。

（4）向 users（用户）表增加一个 sex（性别）列，字符型，长度为 2。

（5）删除 users（用户）表中存储性别的 sex 列。

参考 5.2.3 节，用 SQL 语言完成以下练习。

（6）在 users（用户信息）表的 uaccount（用户账户余额）上建立降序索引，名为 users_uaccountindex。

（7）删除刚创建的索引 users_uaccountindex。

10.2.3 实验指导

（1）向 users（用户）表增加一个 sex（性别）列，字符型，长度为 2。

SQL 语句：

```
Alter Table users Add sex char(2) Null
```

（2）删除 users（用户）表中存储性别的 sex 列。

SQL 语句：

```
Alter Table  users  Drop Column sex
```

10.3 SQL 数据操纵语言

10.3.1 实验目的

（1）熟悉使用 INSERT 语句插入记录。

（2）熟悉使用 UPDATE 语句修改数据。

（3）熟悉使用 DELETE 语句删除数据。

10.3.2 实验内容

参考 5.3.1 节，完成以下练习(1)～(4)。

（1）将表 10.2～表 10.4 的实验数据，使用 INSERT 语句，分别插入 users（用户表）、product（商品信息表）和 orders（订单表）。

（2）创建新表 users_1，其列来自 users 表的所有项。

（3）创建新表 product_1，其列来自 product 表的所有项。

（4）创建新表 orders_1，其列来自 orders 表的所有项。

参考 5.3.2 节，完成以下练习(5)～(11)。

（5）将 product_1 表中所有的商品库存都减少 1。

（6）将 product_1 表中外套上衣类商品的价格都提高 10%。

（7）将 product_1 表中高于外套上衣类平均价格的商品都降低 10%。

（8）将 users_1 表中 uid 为'Yogo'的用户地址修改为'上海杨树浦路 2 号'。

（9）将 orders_1 表中 pid 为'p000000001'的订单状态修改为'未发货'。

（10）将 orders_1 表中订单时间为 2016-9-10 的订货数量都加 5。

（11）修改 product_1 表，将外套上衣类商品库存量修改成外套上衣类商品平均库存量。

参考 5.3.3 节，完成以下练习(12)～(14)

（12）删除 orders_1 表中订货量小于 2 的订单记录。

（13）删除 orders_1 表中核桃仁的订单记录。

（14）删除 orders_1 表中王燕的订单记录。

10.3.3 实验指导

（1）创建新表 product_1，其列来自 product 表的所有项。

SQL 语句：

```
select * intoproduct_1 from product
```

（2）修改 product_1 表，将外套上衣类商品库存量修改成外套上衣类商品平均库存量。

SQL 语句：

```
update product_1 set price= (select avg(price) from product_1 where ptype= '
外套上衣') where ptype= '外套上衣'
```

（3）删除 orders_1 表中王燕的订单记录。

SQL 语句：

```
delete from orders_1 where uid= (select uid from users where uname= '王燕')
```

10.4 使用 SQL 语句实现单表查询

10.4.1 实验目的

（1）熟悉使用简单查询。

（2）熟悉使用条件选择子句。

（3）熟悉使用查询结果排序。

（4）熟悉使用聚合函数和分组查询。

（5）熟悉使用集合查询。

10.4.2 实验内容

参考 5.4.1 节单表查询，用 SQL 语言完成下列练习，查询结果返回列用中文命名。

第（1）～（9）题为简单查询。

（1）查询 users 表中用户的用户 ID、用户姓名、用户地址和用户电话。

（2）查询 users 表中用户的全部信息。

（3）查询 orders 表中所有订单的订单 ID、用户 ID、商品 ID、订货量和订货时间。

（4）查询 orders 表中订单的全部信息。

（5）查询 product 表中所有商品的商品 ID、商品名称、商品类型、商品价格、商品库存和销量。

（6）查询 product 表中商品的全部信息。

（7）查询 product 表中具体包含哪些类型的商品，并将返回的列命名为"商品类型"。

（8）查询 product 表中前 5 条记录的商品 ID、商品名称、商品类型和商品价格。

（9）查询 product 表中前 5％的商品 ID、商品名称、商品类型和商品价格。

第（10）～（33）题为 Where 子句。

（10）查询 users 表中用户 ID 为' test '的用户 ID、用户姓名、用户地址和用户电话。

(11) 查询 product 表中商品 ID 为' p000000006 '的商品 ID、商品名称、商品类型及商品价格。

(12) 查询 orders 表中订单 ID 为' d000000002 '的订单 ID、用户 ID、商品 ID、订货量和订货时间。

(13) 查询 product 表中商品价格大于 100 的商品 ID、商品名称、商品分类及商品价格。

(14) 查询 orders 表中订货时间在' 2016 - 9 - 5 '之后的订单 ID、用户 ID、商品 ID、订货量和订货时间。

(15) 查询 product 表中商品 ID 为' p000000006 '或' p000000007 '且价格大于 100 的商品 ID、商品名称、商品类型及商品价格。

(16) 查询 orders 表中订单 ID 为' d000000002 '或' d000000008 '且订货时间在' 2016 - 9 - 5 '之后的订单 ID、用户 ID、商品 ID、订货量和订货时间。

(17) 查询 product 表中价格大于 100 的外套上衣类商品 ID、商品名称、商品类型及商品价格。

(18) 查询 orders 表中订货量大于等于 2 的已发货或未发货的订单 ID、用户 ID、商品 ID、订货量和订单状态。

注:第(19)~(23)题,请分别用 SQL 语言两种方式完成。

(19) 查询 product 表中商品价格在 10~50 的商品 ID、商品名称、商品类型及商品价格。

(20) 查询 orders 表中订货时间在' 2016 - 9 - 1 '到' 2016 - 9 - 5 '之间的订单 ID、用户 ID、商品 ID、订货量和订货时间。

(21) 查询 product 表中商品价格在 100~1 000 的日用百货或手机数码类商品 ID、商品名称、商品类型及商品价格。

(22) 查询 orders 表中付款状态为已付款或已退款的订单 ID、用户 ID、商品 ID、订货量和付款状态。

(23) 查询 orders 表中订单状态不是未发货或已收货的订单 ID、用户 ID、商品 ID、订货量和订单状态。

(24) 查询 users 表中,所有地址在上海的用户 ID、用户姓名、用户地址和用户电话。

(25) 查询 users 表中,所有姓'王'的用户 ID、用户姓名、用户地址和用户电话。

(26) 查询 product 表中,商品描述含有'女士'的商品 ID、商品名称、商品类型及商品描述。

(27) 查询 product 表中,商品描述中第二个汉字是'香'的商品 ID、商品名称、商品类型及商品描述。

(28) 查询 product 表中,商品描述中以'红'或'黑'开头的商品 ID、商品名称、商品类型及商品描述。

（29）查询 product 表中，商品名称以'衣'结尾的外套上衣类的商品 ID、商品名称、商品类型及商品描述。

（30）查询 product 表中，没有商品描述的商品 ID、商品名称、商品分类及商品描述。

（31）查询 product 表中，外套上衣类商品的商品名称、商品类型、商品价格及库存量，并将查询结果按照商品价格降序排列。

（32）查询 product 表中，价格大于 100 的商品名称、商品类型、库存量及商品价格，并将查询结果按照价格升序排列，价格相同的再按库存量降序排列。

（33）查询 orders 表中，所有已付款的快递订单的订单 ID、用户 ID、商品 ID、订货量和订货时间，并将查询结果按照订货量升序排列，订货量相同的再按订货时间升序排列。

第（34）～（60）题为聚合函数和分组查询。

（34）查询 product 表中共有多少商品，返回商品数量。

（35）查询 users 表中共有多少用户，返回用户数量。

（36）查询 orders 表中共有多少订单，返回订单数量。

（37）查询 product 表中日用百货类商品的平均价格，返回日用百货类平均价格。

（38）查询 users 表中客户的平均账户余额，返回客户平均账户余额。

（39）查询 orders 表中快递的订货数量平均值，返回快递订货量平均值。

（40）查询 product 表中外套上衣类商品的总库存，返回外套上衣总库存。

（41）查询 users 表中客户的总账户余额，返回客户账户总额。

（42）查询 orders 表中平邮的订货数量总数，返回平邮总订货量。

（43）查询 product 表中最高商品的价格，返回最高商品价格。

（44）查询 users 表中最高账户余额，返回最高账户余额。

（45）查询 orders 表中最晚订单时间，返回最晚订单时间。

（46）查询 product 表中最小商品库存，返回最小商品库存。

（47）查询 users 表中最小账户余额，返回最小账户余额。

（48）查询 orders 表中最早订单时间，返回最早订单时间。

（49）查询 product 表中每类商品的商品数量，返回商品类型和商品数量。

（50）查询 users 表中每类用户的数量，返回用户类型和用户数量。

（51）查询 orders 表中每类递送方式的递送数量，返回递送类型和递送数量。

（52）查询 product 表中每类商品的平均价格，返回商品类型和平均价格。

（53）查询 users 表中每类用户的平均账户余额，返回用户类型和平均余额。

（54）查询 orders 表中每类递送方式的平均订货量，返回递送类型和平均订货量。

（55）查询 product 表中每类商品，总库存量在 300～500 的商品类型和总库存。

（56）查询 users 表中每类用户的总账户余额，返回账户总额大于 3 000 的用户类型和账户总额。

(57) 查询 orders 表中每类递送方式的订货总量,返回总订单量大于 3 的递送类型、总订单量和总订货量。

(58) 查询 product 表中每类商品的最高价格和最低价格,返回商品类型、最高价格和最低价格,并将查询结果按最高价格升序排列,最高价格相同的最低价格升序排列。

(59) 查询 users 表中每类用户的最高账户余额和最低账户余额,返回用户类型、最高余额和最低余额,并将查询结果按最高账户余额降序排列。

(60) 查询 orders 表中每类递送方式的最晚订单时间和最早订单时间,返回递送类型、最晚订单时间和最早订单时间,并将查询结果按最晚订单时间降序排列。

10.4.3 实验指导

(1) 查询 users 表中用户的用户 ID、用户姓名、用户地址和用户电话。

SQL 语句:

```
select uid 用户 ID,uname 用户姓名,uaddr 用户地址,utel 用户电话 from users
```

(2) 查询 orders 表中订货时间在'2016 - 9 - 5'之后的订单 ID、用户 ID、商品 ID、订货量和订货时间。

SQL 语句:

```
select oid 订单 ID, uid 用户 ID, pid 商品 ID, pamount 订货量, otime 订货时间 from
orders where otime> '2016 - 9 - 5'
```

(3) 查询 product 表中商品价格在 10~50 的商品 ID、商品名称、商品类型及商品价格。

SQL 语句 1:

```
select pid 商品 ID,pname 商品名称, ptype 商品类型, price 商品价格 from product
where price< = 50 and stock> = 10
```

SQL 语句 2:

```
select pid 商品 ID,pname 商品名称, ptype 商品类型, price 商品价格 from product
where price between 10 and 50
```

(4) 查询 product 表中,商品描述中第二个汉字是'香'的商品 ID、商品名称、商品类型及商品描述。

SQL 语句:

```
select pid 商品 ID, pname 商品名称, ptype 商品类型, profile 商品描述 from product
where profile like '_香% '
```

(5) 查询 product 表中每类商品,总库存量在 300~500 的商品类型和总库存。

SQL 语句:

```
select ptype 商品类型, sum(stock) 总库存 from product group by ptype having sum
```

(stock) between 300 and 500

（6）查询 orders 表中每类递送方式的订货总量，返回总订单量大于 3 的递送类型、总订单量和总订货量。

SQL 语句：

```
select deliver 递送类型,sum(pamount) 总订货量,count(*) 总订单量 from orders
group by deliver having count(*)> 3
```

10.5 使用 SQL 语句实现连接查询和嵌套查询

10.5.1 实验目的

（1）熟悉使用连接查询。
（2）熟悉使用嵌套查询。

10.5.2 实验内容

参考 5.4.2 节连接查询和 5.4.3 节嵌套查询，用 SQL 语言完成下列练习，查询结果返回列用中文命名。

（1）查询 orders 表中用户 ID 为'test'的用户信息，返回订单 ID、订单时间、用户 ID、用户姓名、用户地址和用户电话。

（2）查询 orders 表中商品 ID'p000000001'的商品信息，返回订单 ID、订单时间、商品 ID、商品名称、商品类型、库存量及价格。

（3）查询 orders 表中用户 ID 出现次数最多的用户信息，返回订单 ID、订单时间、用户 ID、用户姓名、用户地址和用户电话。

（4）查询 orders 表中商品 ID 出现次数最多的商品信息，返回订单 ID、订单时间、商品 ID、商品名称、商品类型、库存量及价格。

（5）查询 orders 表中每个订单的用户信息，返回订单 ID、订单时间、用户 ID、用户姓名、用户地址和用户电话。

（6）查询 orders 表中每个订单的商品信息，返回订单 ID、订单时间、商品 ID、商品名称、商品类型、库存量及价格。

（7）查询 orders 表中总订货量最大的用户信息，返回订单 ID、订单时间、用户 ID、用户姓名、用户地址和用户电话。

（8）查询 orders 表中总订货量最大的商品信息，返回订单 ID、订单时间、商品 ID、商品名称、商品类型、库存量及价格，并将查询结果按商品价格升序排列，价格相同的按库存量降序排列。

（9）查询每个用户的订单次数和订货总量，返回用户 ID、用户姓名、用户地址、用户电话和订单次数和订货总量，并将查询结果按订单次数升序排列。

（10）查询每个商品被订货的次数和订货总量，返回商品 ID、商品名称、商品价格、订货次数和订货总量,并将查询结果按订货次数降序排列,订货次数相同的按订货量降序排列。

(11)嵌套查询 orders 表中用户 ID 为' try '的用户信息,返回用户 ID、用户姓名、用户地址和用户电话。

(12)嵌套查询一直未被订购的商品信息,返回商品 ID、商品名称、商品类型、库存量及商品价格。

(13)嵌套查询日用百货中价格高于日用百货平均价格的商品 ID、商品名称、商品类型、库存量及商品价格。

(14)嵌套查询休闲零食中价格低于休闲零食平均价格的商品 ID、商品名称、商品类型、库存量及商品价格。

(15)嵌套查询 orders 表中用户 ID 为' try '的用户信息,返回用户 ID、用户姓名、用户地址和用户电话。

(16)嵌套查询没有订单的用户信息,返回用户 ID、用户姓名、用户地址和用户电话。

(17)嵌套查询订单次数最多的用户信息,返回用户 ID、用户姓名、用户地址和用户电话。

(18)嵌套查询订货数量前两位的商品信息,返回商品 ID、商品名称、商品类型、库存量及商品价格。

(19)嵌套查询被订购次数最少的商品信息,返回商品 ID、商品名称、商品类型、库存量及商品价格。

(20)嵌套查询订货数量高于平均订货数量的用户信息,返回用户 ID、用户姓名、用户地址和用户电话。

(21)嵌套查询总订货量最大的用户信息,返回用户 ID、用户姓名、用户地址和用户电话。

(22)将 orders 表中的 uid、status 和 product 表中的 pid、pname 组成一组数据。

10.5.3 实验指导

(1)查询 orders 表中用户 ID 为' test '的用户信息,返回订单 ID、订单时间、用户 ID、用户姓名、用户地址和用户电话。

SQL 语句:

```
select a.oid 订单号,a.otime 订货时间,b.uid 用户 ID, uname 用户姓名, uaddr 用户地址,
utel 用户电话 from orders a, users b where a.uid= b.uid and a.uid= 'test'
```

(2)查询 orders 表中用户 ID 出现次数最多的用户信息,返回订单 ID、订单时间、用户 ID、用户姓名、用户地址和用户电话。

SQL 语句:

```
select a.oid 订单号,a.otime 订货时间,b.uid 用户 ID, uname 用户姓名, uaddr 用户地址,
utel 用户电话 from orders a, users b where a.uid= b.uid and a.uid= (select top 1 uid
from orders group by uid order by count(*) desc)
```

（3）查询 orders 表中总订货量最大的用户信息，返回订单 ID、订单时间、用户 ID、用户姓名、用户地址和用户电话。

SQL 语句：

```
select a.oid 订单号,a.otime 订货时间,b.uid 用户 ID, uname 用户姓名, uaddr 用户地址,
utel 用户电话 from orders a, users b where a.uid= b.uid and a.uid= (select top 1 uid
from orders group by uid order by sum(pamount) desc)
```

（4）嵌套查询日用百货中价格高于日用百货平均价格的商品 ID、商品名称、商品类型、库存量及商品价格。

SQL 语句：

```
select distinct pid 商品 ID,pname 商品名称,ptype 商品类型,stock 库存量, price 商品
价格 from product where price> (select avg(price) from product where ptype= '日用百
货') and ptype= '日用百货'
```

10.6 使用 SQL 语句创建与更新视图

10.6.1 实验目的

（1）熟悉视图创建和查询的方法。
（2）熟悉视图更新和删除的方法。

10.6.2 实验内容

参考 5.5.2 节，完成以下练习。

（1）建立客户类用户的用户 ID、收货人姓名和收货人地址的视图 users_view。

（2）建立休闲零食类商品的商品 ID、商品名称和商品价格的视图 product_view。

（3）创建一个视图 orders_detail1，查询每张订单的订单 ID、订货数量、商品名称和商品价格。

（4）创建一个视图 orders_detail2，查询每张订单的订单 ID、送货方式、收货人姓名和收货人地址。

（5）创建一个视图 orders_detail，查询每张订单的订单 ID、商品名称、商品价格、收货人姓名、收货人地址。

（6）查询创建的视图 orders_detail 中所有信息。

（7）修改 orders_detail1，将订单号 d000000001 的商品价格增加 1。

（8）修改视图 orders_detail，查询每张订单的订单 ID、商品名称、商品价格、商品类型、商品库存、收货人姓名和收货人地址。

（9）修改 orders_detail，将'日用百货'类的商品库存都减少 1。

（10）删除视图 users _ view 和 product _ view。

10.6.3　实验指导

（1）修改视图 orders _ detail，查询每张订单的订单 ID、商品名称、商品价格、商品类型、商品库存、收货人姓名和收货人地址。

SQL 语句：

```
Alter View orders _ detail As Select a.oid, pname, price, ptype, stock, uname,
uaddr From orders a, product b, users c Where (a.pid= b.pid) And (a.uid= c.uid)
```

（2）删除视图 users _ view 和 product _ view。

SQL 语句：

```
drop view users _ view, product _ view
```

10.7 流程控制语句

10.7.1　实验目的

（1）熟悉使用 BEGIN-END 语句。

（2）熟悉使用 IF-ELSE 语句。

（3）熟悉使用 CASE 语句。

（4）熟悉使用 WHILE、CONTINUE 和 BREAK 语句。

（5）熟悉使用 GOTO 语句。

10.7.2　实验内容

参考 6.1 节，完成以下练习。

（1）利用 IF-ELSE 语句判断 product 表中，若外套上衣平均价格低于 400，则查询所有外套上衣类商品的商品 ID，商品名称和商品价格；否则系统提示：外套上衣类商品平均价格高于 400。

（2）使用简单 CASE 语句，更改 orders 表的用户姓名分类显示、输出用户姓名和订货量，并计算各用户平均订货量。

（3）使用搜索 CASE 语句，根据 product 表的价格范围将价格显示为'便宜'（price＜50），'中等价格'（price＞＝50 AND price＜1000）和'高价格'（price≥1000），查询分类价格和商品号，并将查询结果按分类价格升序排列。

（4）创建新表 product _ 1，其列来自 product 表的所有项。如果平均价格 700，就将价格增加 100，然后查询最高价格。如果最高价格小于或等于 9 000，WHILE 循环重新启动并再次将价格增加 100。该循环不断地将价格增加直到最高价格超过 1 000,然后退出 WHILE 循环并查询最高价格。

(5) 用 GOTO 语句,改写练习 4,实现同样的功能。

10.7.3 实验指导

创建新表 product_1,其列来自 product 表的所有项。如果平均价格 700,就将价格增加 100,然后查询最高价格。

T-SQL 语句:

```
USE salesystem
select * into product _ 1 from product
label _ 1:
UPDATE product _ 1 SET price= price+ 100
IF(SELECT AVG(price) FROM product _ 1)< 700
GOTO label _ 1
SELECT MAX(price) FROM product _ 1
```

10.8 使用 T-SQL 语句创建与更新存储过程

10.8.1 实验目的

(1) 熟悉触发器的创建和查看方法。

(2) 熟悉触发器的修改和删除方法。

10.8.2 实验内容

参考 6.2 节,完成以下练习。

(1) 建立存储过程 Proc1,其功能为显示所有用户的基本信息。

① 写出建立存储过程的代码。

② 写出执行存储过程的代码。

(2) 建立存储过程 Proc2,其功能是查询给定商品类型的商品 ID、商品名称、商品类型、商品价格、商品库存和商品销量。

① 写出建立存储过程的代码。

② 写出执行存储过程的代码。

(3) 建立存储过程 Proc3,其功能是将参数值作为数据添加到 users 表中。要求:输入参数 8 个:uid,upwd,utype,uname,uaddr,utel,uemail,uaccount。

① 写出建立存储过程的代码。

② 写出执行存储过程的代码。

（4）建立存储过程 Proc4,其功能是查询给定类别的商品平均价格、商品数量和商品库存。要求:输入参数 1 个:商品类别;输出参数 3 个:商品平均价格、商品数量、商品库存。

① 写出建立存储过程的代码。

② 写出执行存储过程的代码。

（5）创建返回存储过程执行状态的存储过程 proc5,查询给定商品名称的商品有无订单记录,如果无则返回 0;否则返回 1 并输出该商品的订单记录。

① 写出建立存储过程的代码。

② 写出执行存储过程的代码。

（6）修改存储过程 proc5,查询给定商品名称的商品有无订单记录,如果无则返回 0 并输出提示:该商品无订单记录;否则返回 1 并输出该商品的订单记录。

① 写出建立存储过程的代码。

② 写出执行存储过程的代码。

（7）删除存储过程 Proc1。

10.8.3 实验指导

（1）建立存储过程 Proc4,其功能是查询给定类别的商品平均价格、商品数量和商品库存。要求:输入参数 1 个:商品类别;输出参数 3 个:商品平均价格、商品数量、商品库存。

① 写出建立存储过程的代码。

② 写出执行存储过程的代码。

创建代码:

```
create proc Proc4
@_ptype varchar(20),@_avg float output,@_num int output, @_stock
int output
   as
   select @_avg= avg(price),@_num= count(*),@_stock= sum(stock) from
product where ptype= @_ptype group by ptype
```

执行代码:

```
declare @_ptype varchar(20),@_avg float,@_num int, @_stock int
set @_ptype= '手机数码'
exec Proc4 @_ptype,@_avg out,@_num out, @_stock out
print @_ptype+ cast(@_avg as varchar(100))+ cast(@_num as varchar(100))+
```

```
cast(@ _ stock as varchar(100))
```

（2）修改存储过程 proc5，查询给定商品名称的商品有无订单记录，如果无则返回 0
并输出提示：该商品无订单记录；否则返回 1 并输出该商品的订单记录。

① 写出建立存储过程的代码。

② 写出执行存储过程的代码。

创建代码：

```
ALTER PROCEDURE proc5
      @ _ pname varchar(30)
      As
        IF EXISTS(SELECT * FROM orders WHERE pid= (select pid from product
where pname= @ _ pname))
        Begin
        SELECT * FROM orders WHERE pid= (select pid from product where pname=
@ _ pname)
        RETURN 1
      End
      ELSE
      Begin
        print @ _ pname+ '无订单记录'
        RETURN 0
        End
```

执行代码：

```
exec Proc5 'iPad'
```

10.9 使用 T-SQL 语句创建与更新触发器

10.9.1 实验目的

（1）熟悉触发器的创建和查看方法。

（2）熟悉触发器的修改和删除方法。

10.9.2 实验内容

（1）建立一个 INSERT 和 UPDATE 触发器 tr1 _ users，向 users 表插入数据时，获
取插入的用户 ID，系统显示插入或更新的用户 ID。

① 写出建立触发器的代码。

② 写出测试用例。

(2) 创建一个 UPDATE 触发器 tr2_users,如果修改 users 表的 uid,则修改被拒绝,系统提示:不能修改用户 ID!

① 写出建立触发器的代码。

② 写出测试用例。

(3) 创建一个触发器 tr3_users,当删除表 users 中的记录时,自动将被删除的记录存放到 users1 表中,系统提示:删除记录已存放到 users1 表。

① 写出建立触发器的代码。

② 写出测试用例。

(4) 创建一个触发器 tr1_orders,在 orders 表中插入一条订单记录,若订购数量大于 product 表中商品库存数量,则这个插入就被拒绝,系统提示:"库存不足!";反之,商品库存量和销售量更新,并且系统提示:"插入订单成功!"。

① 写出建立触发器的代码。

② 写出测试用例。

(5) 更新触发器 tr1_orders,在 orders 表中插入一条订单记录,若订购金额大于用户账户余额,则这个插入就被拒绝,系统提示:"账户余额不足!";反之,用户账户余额更新,并且系统提示:"插入订单成功!"。

① 写出建立触发器的代码。

② 写出测试用例。

(6) 更新触发器 tr1_orders,在 orders 表中插入一条订单记录,若订购金额小于等于用户账户余额,且订购数量小于等于 product 表中商品库存数量,则用户账户余额更新,商品库存量和销售量更新,并且系统提示:"插入订单成功!";反之,这个插入就被拒绝,若订购金额大于用户账户余额,系统提示:"账户余额不足!",若订购数量大于库存数量,系统提示:"商品库存不足!"。

① 写出建立触发器的代码。

② 写出测试用例。

10.9.3 实验指导

更新触发器 tr1_orders,在 orders 表中插入一条订单记录,若订购金额大于用户账户余额,则这个插入就被拒绝,系统提示:"账户余额不足!";反之,用户账户余额更新,并且系统提示:"插入订单成功!"。

① 写出建立触发器的代码。

② 写出测试用例。

T-SQL 语句:

```
ALTER TRIGGER tr1_orders ON orders AFTER INSERT
AS
  declare @_pamount as int, @_pid as char(10), @_uid as varchar(20), @_
uaccount as float, @_price as float
  select @_pamount= i.pamount, @_pid= i.pid, @_uid= i.uid from inserted i
  select @_uaccount= (select uaccount from users where uid= @_uid)
  select @_price= (select price from product where pid= @_pid)
  if @_uaccount> = @_pamount * @_price
    Begin
      Update users set uaccount= uaccounT-@_pamount* @_price where uid= @_uid
      print '插入订单成功!'
    End
  else
    begin
      print '账户余额不足!'
      rollback tran
    end
```

测试用例：

```
Insert intoorders values ('d000000013','Tom','p000000014',3,'2016-10-2','快
递','已付款', '未发货')
```

10.10 建立 VB. NET 和数据库的连接

10.10.1 实验目的

(1) 掌握 VB. NET 的数据库访问方法。

(2) 学习 SqlConnectin、SqlDataAdapter 和 DataSet 对象的基本编程方法。

(3) 学习 SqlCommand 对象实现数据库查询和更新的基本方法。

(4) 学习前台调用存储过程的基本方法。

10.10.2 实验内容

1. 完成商品信息管理的功能界面的设计

运行结果参考界面如实验图 10.10 所示。包括以下控件：Label、textbox、picturebox、button、groupbox 和 datagridview。

2. 商品信息查看功能

（1）用程序的方式建立 salesystem 数据库中的数据表与 VB. NET 控件之间的数据关系。

（2）单击"商品信息查看"按钮，查询所有商品信息。

（3）单击 datagridview，上方显示对应的商品信息。

3. 商品信息新增/修改/删除功能

（1）用程序的方式建立 salesystem 数据库中的数据表与 VB. NET 控件之间的数据关系。

（2）单击"商品新增""商品修改"和"商品删除"按钮，更新商品信息。

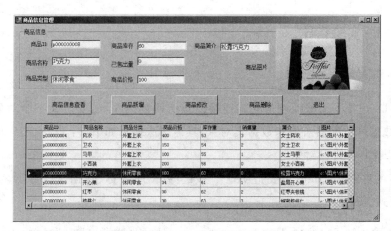

图 10.10 商品信息管理参考界面

4. 前台调用存储过程

实验调用的存储过程 Proc1。

（1）不带参数的存储过程 Proc1 的访问方法。主要功能为通过调用存储过程 Proc1 显示用户信息，运行结果参考实验图 10.11。

（2）带输入参数的存储过程 Proc2 的访问方法。主要功能为通过调用存储过程 Proc2，实现查找指定商品类型的商品信息，运行结果参考实验图 10.12。

（3）带输出参数的存储过程 Proc4 的访问方法。主要功能为通过调用存储过程 Proc4，实现查询抒写商品类型的商品平均、商品数量和库存量，运行结果参考实验图 10.13。

图 10.11 调用不带参数的
存储过程参考界面

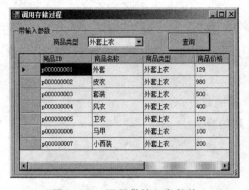

图 10.12 调用带输入参数的
存储过程参考界面

图 10.13 调用带输入和输出参数的
存储过程参考界面

10.10.3 实验指导

1. 定义数据库连接对象

通过 ADO.NET 对象模型的隐式连接模式访问数据库,需要定义三个对象:数据库连接对象、数据库适配器对象和数据集对象,具体语法提示如下。

1) 定义数据库连接对象

定义连接对象 myconn,主要指明三个参数:数据库名称、数据库服务器名称和数据访问安全模式。

```
Dim strconn As String= "Data Source= Localhost;Initial Catalog= Salesystem;
Integrated Security= True"
Dim myconn As Data.SqlClient.SqlConnection = New Data.SqlClient.SqlConnec
tion(strconn)
```

2) 定义数据适配器对象

由于数据适配器对象需要设定两个参数:命令串和数据库连接对象,所以一般在定义数据适配器对象之前必须定义这两个参数。

```
Dim mysql As String
Dim myadapter As SqlClient.SqlDataAdapter
myadapter= New SqlClient.SqlDataAdapter(mysql, myconn)
```

说明:这里 mysql 是查询命令串;myconn 是上面定义的数据库连接对象。

3) 定义数据集对象

数据集对象用以存放前台要访问的数据信息,一个数据集对象可以存放多张前台查询命令串生成的表,这些数据表可以来源于多个数据库。

```
Dim mydataset As New Data.DataSet
```

2. 使用 dataset 对象，存放前台要访问的数据行信息

1）获得数据集

```
myadapter.Fill(mydataset, "product")
```

2）读取数据记录

```
mydataset.Tables("product").Rows(0).Item(0) 第 1 行第 1 列
```

3. 采用 SqlCommand 对象实现数据更新

定义 SqlCommand 对象要设定两个参数：数据库连接对象和命令串，因此在定义 SqlCommand 对象之前必须定义这两个参数，然后再进行 SqlCommand 对象的定义。

```
Dimmycmd= New SqlClient.SqlCommand(mysql, myconn)
myconn.open()
mycmd.ExecuteNonQuery
myconn.Close()
```

4. 前台调用存储过程

1）前台存储过程的定义方法
以下代码定义了 mycmd 对象并声明命令类型为存储过程。

```
Dim mycmd As New SqlCommand("Proc4",myconn)
mycmd.CommandType= CommandType.storedprocedure
```

2）输入参数的定义
```
Dim mypara As New SqlParameter("@ _ptype",SqlDbtype.varchar,20)
mypara.Value= Me.ComboBox1.Text
mycmd.Parameters.Add(mypara)
```

3）输出参数的定义
```
Dim _ avg As New SqlClient.SqlParameter("@ _avg", SqlDbType.Float)
Dim _ num As New SqlClient.SqlParameter("@ _num", SqlDbType.Int)
Dim _ stock As New SqlClient.SqlParameter("@ _stock", SqlDbType.Int)
mycmd.Parameters.Add(_ avg)
mycmd.Parameters.Add(_ num)
mycmd.Parameters.Add(_ stock)
_ avg.Direction= ParameterDirection.Output
_ num.Direction= ParameterDirection.Output
_ stock.Direction= ParameterDirection.Output
```

4）获取输出参数的值

```
myconn. Open()
mycmd. ExecuteNonQuery()
TextBox1. Text= _ avg. Value. ToString
TextBox2. Text= _ num. Value. ToString
TextBox3. Text= _ stock. Value. ToString
```

5）Datagridview 获取存储过程的数据集

```
Dim myrd As SqlClient. SqlDataReader
Dim bs As New BindingSource
myrd= mycmd. ExecuteReader()
bs. DataSource= myrd
DataGridView1. DataSource= bs
```

10.11 数据库应用系统设计

10.11.1 实验目的

（1）掌握一个数据库应用系统的数据库设计方法。
（2）熟练利用完整性、安全性控制机制管理数据库。
（3）运用 ADO. NET 技术完成应用项目的数据库访问任务。
（4）用 VB. NET 设计对用户友好的数据库应用程序界面。

10.11.2 实验内容

在 VB. NET 和 SQL Server 平台上，完成第 9 章的网上购物系统设计。

1. 系统分析报告

（1）项目开发意义。
（2）技术可行性分析。

2. 数据库设计

（1）E-R 图。
（2）逻辑模式设计。
（3）CREATE 命令及完整性控制。
（4）触发器设计。
（5）存储过程设计。

3. 系统功能及界面设计

每个功能界面设计及代码解释。

4. 系统测试

5. 能运行的系统软件

6. 评分指标与评分细则(如表 10.5 所示)

表 10.5 评分指标与评分细则

评分指标	评分细则
功能完整程度	功能完善,界面布局合理
ADO. NET 技术的应用	能进行数据库的查询、更新操作
数据库后台管理技术	完整性控制、触发器或存储过程
项目设计报告	报告书写规范、描述详细认真
答辩	讲解清楚,回答问题正确

10. 11. 3 实验指导

1. 数据库设计

1) E-R 图及逻辑模式设计
参考 9. 2. 2 节数据库的逻辑模型设计。
2) CREATE 命令及完整性控制
参考 9. 2. 3 节完整性控制。
3) 触发器及存储过程设计
参考 9. 2. 4 节存储过程和触发器设计。

2. 系统功能及界面设计

参考 9. 3 节系统设计和实现。

3. 系统测试

参考 9. 4 节系统测试。

4. 系统分析报告

参考 9. 5 节应用系统开发文档。

参 考 文 献

[1]　袁科萍,杨志强,龚沛曾．数据库技术及应用 [M].北京:高等教育出版社,2015.

[2]　郭玲．SQL Server 2012 数据库技术与应用 [M].北京:清华大学出版社,2016.

[3]　鲁宁,寇卫利,林宏．SQL Server 2012 数据库原理与应用 [M].北京:人民邮电出版社,2016.

[4]　刘玉红,郭广新．SQL Server 2012 数据库应用案例课堂[M].北京:清华大学出版社,2016.

[5]　李岩,张瑞雪．SQL Server 2012 实用教程 [M].北京:清华大学出版社,2015.

[6]　李萍,黄可望,黄能耿．SQL Server 2012 数据库应用与实训 [M].北京:机械工业出版社,2015.

[7]　邝劲筠,杜金莲．数据库原理实践 [M].北京:清华大学出版社,2015.

[8]　郑阿奇,刘启芬,顾韵华．SQL Server 2012 数据库教程.第 3 版 [M].北京:人民邮电出版社,2015.

[9]　李春葆,曾平,喻丹丹．SQL Server 2012 数据库应用与开发教程[M].北京:清华大学出版社,2015.

[10]　詹英,林苏映．数据库技术与应用[M].2 版．北京:清华大学出版社,2014.

[11]　贾祥素．SQL Server 2012 案例教程 [M].北京:清华大学出版社,2014.

[12]　约根森 (Jorgensen, Adam).SQL Server 2012 宝典 [M].北京:清华大学出版社,2014.

[13]　胡艳菊,申野．数据库原理及应用 [M].北京:清华大学出版社,2014.

[14]　廖梦怡,王金柱．SQL Server 2012 宝典[M].北京:电子工业出版社,2014.

[15]　特利 (Turley, Paul).SQL Server 2012 Reporting Services 高级教程[M].北京:清华大学出版社,2014.

[16]　勒布朗 (LeBlanc, Patrick).SQL Server 2012 从入门到精通[M].北京:清华大学出版社,2014.

[17]　博尔顿 (Bolton, Christian).SQL Server 2012 深入解析与性能优化 [M].北京:清华大学出版社,2013.

[18]　乔根森 (Jorgensen, Adam).SQL Server 2012 管理高级教程 [M].北京:清华大学出版社,2013.

[19]　奈特 (Knight, Brian).SQL Server 2012 Integration Services 高级教程[M].北京:清华大学出版社,2013.

[20]　本-甘 (Ben-Gan, Itzik).SQL Server 2012T-SQL 基础教程 [M].北京:人民邮电出版社,2013.

[21]　哈里那特 (Harinath, Sivakumar).SQL Server 2012 Analysis Services 高级教程[M].北京:清华大学出版社,2013.

［22］　阿特金森（Atkinson，Paul），维埃拉（Vieira，Robert）．SQL Server 2012 编程入门经典［M］.北京:清华大学出版社,2013.

［23］　叶符明,王松．SQL Server 2012 数据库基础及应用［M］.北京理工大学出版社,2013.

［24］　陈会安．SQL Server 2012 数据库设计与开发实务［M］.北京:清华大学出版社 2013.

［25］　俞榕刚 等．SQL Server 2012 实施与管理实战指南［M］.北京:电子工业出版社 2013.

［26］　董翔英．SQL Server 基础教程［M］.3 版.北京:清华大学出版社 2016.

［27］　李春翔,谢晓艳,杨圣洪．SQL Server 数据库及 PHP 技术［M］.北京:人民邮电出版社,2016.

［28］　青宏燕,王宏伟．数据库应用技术案例教程［M］.北京:清华大学出版社,2016 .

［29］　尹志宇,郭晴．数据库原理与应用教程［M］.2 版.北京:清华大学出版社,2015.

［30］　梁玉英,江涛.SQL Server 数据库设计与项目实践［M］.北京:清华大学出版社,2015.

［31］　谢邦昌．SQL Server 数据挖掘与商业智能基础及案例实战［M］.北京:中国水利水电出版社,2015.

［32］　郑阿奇．SQL Server 教程［M］.3 版.北京:机械工业出版社,2015.

［33］　魏新年,魏晓超．SQL Server 数据库基础与进阶［M］.北京:清华大学出版社,2015.

［34］　邝劲筠,杜金莲．数据库原理实践［M］.北京:清华大学出版社,2015.

［35］　姚策．数据库原理与应用［M］.北京:北京理工大学出版社,2015.

［36］　高春艳,陈威,张磊．SQL Server 应用与开发范例宝典［M］.北京:人民邮电出版社,2015.

［37］　张秋生,张星云,谢永平．SQL Server 数据库原理及应用［M］.武汉:华中科技大学出版社,2015.

［38］　王冰,费志民．SQL Server 数据库应用技术［M］.2 版.北京:北京理工大学出版社,2014.

［39］　陈艳平．SQL Server 数据库技术及应用［M］.北京:北京理工大学出版社,2014.

［40］　张伟,卢鸣.SQL Server 数据库原理及应用［M］.南京:东南大学出版社,2014.

［41］　詹英,林苏映．数据库技术与应用［M］.2 版.北京:清华大学出版社,2014.

教学支持说明

任课教师扫描二维码
可获取配套教学课件

尊敬的老师：

　　您好！为方便教学，我们为采用本书作为教材的老师提供教学辅助资源。鉴于部分资源仅提供给授课教师使用，请您填写如下信息，发电子邮件给我们，或直接手机扫描上方二维码实时申请教学资源。

　　（本表电子版下载地址：http://www.tup.com.cn/subpress/3/jsfk.doc）

课程信息

书　　名			
作　　者		书号（ISBN）	
开设课程1		开设课程2	
学生类型	□本科　　□研究生　　□MBA/EMBA　　□在职培训		
本书作为	□主要教材　　□参考教材	学生人数	
对本教材建议			
有何出版计划			

您的信息

学　　校			
学　　院		系/专业	
姓　　名		职称/职务	
电　　话		电子邮件	
通信地址			

清华大学出版社教师客户服务：

电子邮件：tupfuwu@163.com
电话：010-62770175-4506/4903
地址：北京市海淀区双清路学研大厦 B 座 509 室
邮编：100084

清华大学出版社投稿服务：

投稿邮箱：tsinghuapress@126.com
投稿咨询电话：010-62770175-4339